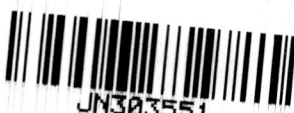

現代物理学［基礎シリーズ］

倉本義夫・江澤潤一 編集

1

量子力学

倉本義夫・江澤潤一

［著］

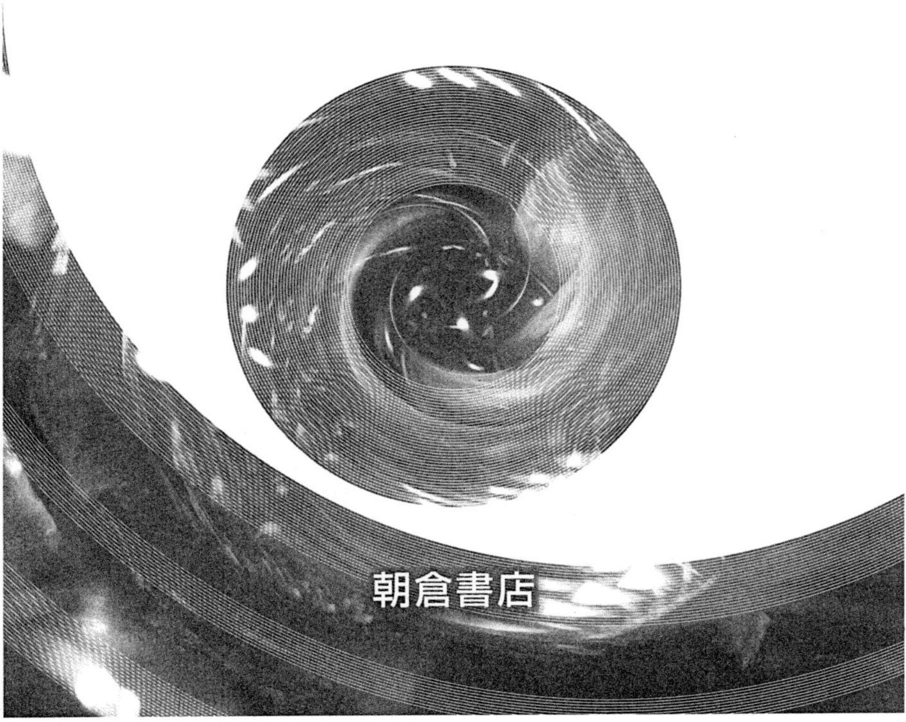

朝倉書店

まえがき

本書の目的は，読者が量子力学の基本的な考え方を習得し，自ら使えるようにすることである．世の中にはすでに多くの量子力学の教科書があるが，これに加えてあえて本書を上梓するのは以下のような観点からである．

- 物理を専門とする，あるいは必須とする学科で量子力学を初歩から１年間あるいは１年半かけて教えるコースで，必要かつ十分な内容をもつ教科書を選ぼうとすると，意外なことにほとんど見つからない．たとえばランダウ−リフシッツの有名な教科書は，多くの内容を深くカバーしている良書ではあるが，学部の講義で用いるには敷居が高すぎる．
- 一方で，わかりやすさを強調した教科書は，水素原子や量子力学的遷移を扱っていないなど，実際に量子力学を使うには不十分なものが多い．
- 中心力場中の波動関数の動径部分を導出することなど，基礎的な結果を他の文献を参照せずに導いている教科書は，非常に大部のものを別にするとほとんど見当たらない．
- 将来の研究や開発で遭遇する問題に，量子力学を適用できる力をつけるように，現場の研究者が新しい問題にアプローチする際に用いている技術を伝えたい．これを，見通しのよい解説と重要な例題で行いたい．
- 量子力学の原理はわかりにくいので，これを誤解なく把握できるよう，微妙な論点を正確かつ丁寧に解説したい．
- 量子力学は，完成した学問と考えられてきたが，最近の発展により，量子力学の基本的理解に重要な進展が見られた．このような中で初等的にも扱えるトピックを取り入れたい．

最後の２つの観点は，観測問題にも絡んでいる．観測問題はデリケートな要素を含むため，哲学的見地からの議論もあり，古くから論争の的であった．もちろん初等的な教科書ではタブーに属するトピックであった．しかし，近年では量子コンピュータや量子暗号のように量子力学のもっともデリケートな部分を応用する方向で急速な発展がある．このような状況を鑑み，量子力学の基礎に関するアインシュタインの有名な「逆説」による問題提起と，これに関連してベルが提案した不等式の実験的検証，また量子計算の基本概念についても，予備知識なしでわかるように説明した．

量子力学は，数学的な手法をマスターするためにも最適な例題を提供する．たとえば，直交多項式の性質と構造を理解するには，数学として切り離して学ぶよりも，調和振動子や水素原子の波動関数と結びつけて学ぶ方がイメージをつかみやすい．そのため，本書では数学的部分を他の参考書にゆだねることを避け，すべての結果を簡明な方法で導出している．すなわち，本書では数学書との往復を要求せずに，物理数学の実践的素養をつけることもねらっている．

ただし，読者が数学の海におぼれてしまうことを防ぐために，いきなり完全な結果を出そうとはしない．本書の基本的姿勢は，まず単純化した例で見通しをつけ，その後で議論を一般化する，という手法である．たとえば，従来の教科書にある調和振動子や水素原子などの解法では，級数展開を用いるものが多い．このやり方は波動関数の一部とエネルギー準位を求めるのに適しているが，波動関数全体の構造を見ようとすると，非常に見通しが悪くなる．本書では，水素原子の概要を知るためにまず級数展開を用い，さらに詳しく議論する際には，超対称量子力学とよばれる手法を用いる．後者は一般化された生成・消滅演算子を利用する方法であり，若干の準備が必要である．しかし，規格化定数も含めて波動関数を完全に求めることができる強力な方法である．

物理学では，計算を避けて通ることはできない．量子力学を学習するに際しては，計算のコツを習得することが極めて重要で，これを達成するとかなり複雑な計算にも立ち向かえるようになる．本書で計算法を記述する際には，筆者らが実際に用いている現場の雰囲気をできるだけ伝えるようにした．物理量には次元が付随するので，数学の計算とは少し異なるところがある．次元を強調するあまり，途中の計算にもすべて次元のついた量を用いる扱いも見受けられるが，これは煩雑で実際的ではない．物理量の次元は計算をはじめる前に整理しておくべきもので，これを済ませたあとでは無次元量を構成して計算を行うのが，能率的な方法である．また実際には，単位系を簡略化して計算を進め，最後に注意深く物理量の次元を吟味することもしばしば行われている．本書では，単位系について十分な注意を払いつつ，もっとも簡明に正しい結果に到達するコツを伝えるように努力した．本書には，いわゆる練習問題はついていないが，読者の能動的理解を助けるために随所に例題を配してある．このうち，やや程度が高いものは，「研究課題」として区別している．

筆者らは東北大学の物理学科で長年にわたって量子力学の講義をしてきたが，いままでは，コースのはじめにいくつかの参考書を挙げ，その中からトピックを取捨選択して，講義することが多かった．いうまでもなく，習う方にも教える方にも，1 冊の教科書で順を追って議論を進められれば，これに越したことはない．専門学科のある多くの大学と同様に，東北大学の物理学科では量子力学のコースは I, II, III と分かれており，4 セメスター（学部 2 年後半）から 6 セメスター（3 年後半）まで開講されている．本書の内容は，I, II を完全にカバーしたものになっている．III については，題材の選び方に自由度があるが，どの場合にも入れたほうが望ましいと思われるトピックを含んでいる．すなわち，本書は学部中級から上級まで 2 セメスター分ないし，3 セメスター分の題材を厳選して，教える側と習う側の資料を提供するものである．場合によっては，大学院初級コースの教材として用いることもできる．

読者が本書をじっくりと読み，難解とされている量子力学の美しく，かつ堅牢な姿がイメージされれば，筆者らの喜びである．

2008 年 3 月

倉本義夫・江澤潤一

目　次

1 なぜ量子力学か?

本章では，まず量子力学が誕生するきっかけとなった実験結果とその解釈について簡単にまとめる．これは，量子力学が古典力学の一般化として位置づけられることを，歴史を踏まえて理解することにつながる．量子力学の論理は古典力学とかなり異なっているので，誕生のきっかけを学ぶことは，以後の学習の動機づけに役立つはずである．

1.1 粒子と波動の二重性

量子力学が対象とするミクロな実体，すなわち電子や光子のような粒子は，波動としての性質も備えている．このような二重性を記述することは，古典力学の枠内では不可能である．本書では，粒子と波動の性質を兼ね備えているとはどういうことか，またこれをどのようにして記述するのか，という基本問題について，順序を追って解説する．

われわれの素朴な描像では，粒子と波動には共通性がない．たとえば，砂粒や花粉，もう少し大きな例ではビー球やパチンコ玉などは古典的な粒子であり，これに対して水の波や空気中の音波は古典的な波動である．これが光になると事情は異なってくる．「光の実体は粒子なのか波動なのか」という問題は，量子力学が 20 世紀のはじめに建設されるまで，長い間の論争の種であった．まず光の直線的な伝播や反射などの性質は，光が粒子であることを示唆している．ニュートン (Newton) はその著書 “*Opticks*”(1704) の中で「光は波ではなく粒子である」と述べている．ヤング (Young) は 1801～1804 年に 2 個のスリットを通った光が干渉する実験を行い，光の波動性をはじめて明らかにした[*1)]．光の直線的な伝播や反射などはどちらの理論でも説明できるが，干渉は波でなければ起こらない．19 世紀後半に提唱されたマックスウェル (Maxwell) の電磁力学は波動説の正しさを決定的なものにした．その当時知られていた光のかかわる現象は，光は電磁気的な波であるとするマックスウェルの電磁力学によってすべて説明でき，人々は光はある種の波動であると信じるようになった．

ところが 1887 年にヘルツ (Hertz) が発見した光電効果はこうした流れを大きく変えた．光電効果とは，光によって金属の表面から電子がたたき出される現象である．実験結果によれば，このとき放出される個々の電子のエネルギーは入射する光の振動数で決まっており，光の強度を上げても放出される電子数が増えるだけで個々の電子のエネルギーは変わらなかった．照射した光の振動数が ω のとき，1 個の電子のエネルギー E は次式で与えられることがわかった．

$$E = \hbar\omega - E_0. \tag{1.1}$$

ここで比例係数 $\hbar$ は作用の次元をもち，実験から

$$\hbar \equiv \frac{h}{2\pi} = 1.05 \times 10^{-34} \mathrm{J \cdot s} \tag{1.2}$$

のように決められる．これはプランク定数とよばれ，量子力学を特徴づける量である．また E_0 は仕事関数とよばれ，金属の種類に依存している．実験式 (1.1) を光の波動説で説明するのは難しい．波動説における波のエネルギーは波の強度によって決まる．つまり，低振動数でも強い光を当てればエネルギーの高い電子が出てくるはずであり実験結果と合わない．

1905 年にアインシュタイン (Einstein) は振動数 ω の光はエネルギー $\hbar\omega$ をもつ粒子（光子）であると仮定して，光電効果を説明した．式 (1.1) は，放出された 1 個の電子のエネルギー E は 1 個の光子のエネルギー $\hbar\omega$ から，電子が金属から飛び出すのに必要な解離エネルギー E_0 を差し引いたもの，と解釈される．光の強度は光子の個数で決まる．したがって，光の強度を増すと放出される電子の個数を増すだけである．

光が粒子として振る舞うことは，1923 年にコンプトン (Compton) が光の電子による散乱現象の研究で確立した．古典電磁気学によれば，電磁波は電子を自分と同じ振動数で振動させ，その電子は光を再放射する．したがって光の振

[*1)] ヤングが波動説を提唱した当時，ニュートンの権威は絶大であり波動説は受け入れられなかった．

動数の変化は起こらないはずである．ところが，実験すると光の振動数は変化している．光は決まった運動量とエネルギーをもった粒子（光子）であると考え，電子による光の散乱を粒子と粒子の衝突現象として計算すると，実験結果は見事に説明できる．

一方，粒子と考えられてきた電子について，量子力学の誕生当時の状況を述べる．電子が波動としても振る舞うことは，デビッソン (Davisson) とガーマー (Germer) により 1927 年に発見された．すなわち単結晶に電子線を当てると，X 線を当てたときのブラッグ反射と同様の回折現象が観測されたのである．その後，光の場合と同様に，2 個のスリットを通った電子が干渉するという実験結果も得られ，電子線の波動性は確立した．

このように光も電子も粒子であると同時に波動でもある．物質のもつ粒子性と波動性の二重性は古典力学でも古典電磁気学でも理解できない．これを正しく理解するためには量子力学が必要である．

1.2 物　質　波

粒子は運動量 $\boldsymbol{p}$ とエネルギー E で特徴づけられる．古典力学において質量 m の粒子は，速度が光速 c よりはるかに小さければニュートン力学で扱うことができる．運動量 $\boldsymbol{p}$ をもつ粒子のエネルギーは

$$E = \frac{\boldsymbol{p}^2}{2m} \tag{1.3}$$

である．速度が光速に近ければ特殊相対論で扱う必要があり，そのエネルギーはアインシュタインの公式

$$E^2 = \boldsymbol{p}^2 c^2 + m^2 c^4 \tag{1.4}$$

で与えられる．速度が十分小さい ($|\boldsymbol{p}| \ll mc$) なら

$$E = \sqrt{\boldsymbol{p}^2 c^2 + m^2 c^4} = mc^2 + \frac{\boldsymbol{p}^2}{2m} + O\left(\frac{\boldsymbol{p}^4}{m^3 c^2}\right) \tag{1.5}$$

となる．すなわち，定数項 mc^2 を除いてニュートンの運動エネルギーに帰着する．光子の質量はゼロであり，$E = |\boldsymbol{p}|c$ となる．

波動は波数ベクトル $\boldsymbol{k}$ と振動数 ω で特徴づけられる．さて，光電効果の実験によると光子のエネルギー E は対応する波の振動数 ω によって決まり，$E = \hbar\omega$ と書ける．光に対して 2 つの関係式

$$E = |\boldsymbol{p}|c = \hbar\omega \tag{1.6}$$

が成り立つことになる．光の振動数 ω は波数ベクトル $\boldsymbol{k}$ を用いて $\omega = |\boldsymbol{k}|c$ と表されるので，上の式は

$$|\boldsymbol{p}| = \frac{\hbar\omega}{c} = \hbar|\boldsymbol{k}| \tag{1.7}$$

となる．光子の運動量の方向と光の波の伝播方向は一致するから，$\boldsymbol{p} = \hbar\boldsymbol{k}$ を得る．以上の議論をまとめて，関係式

$$\boldsymbol{p} = \hbar\boldsymbol{k}, \qquad E = \hbar\omega \tag{1.8}$$

を得る．この関係式は光子（質量 $m = 0$）に対して導かれたが，ド・ブロイ (de Broglie) はすべての粒子（質量 $m \neq 0$）について成り立つと主張した．すなわち，運動量 $\boldsymbol{p}$ とエネルギー E をもつ自由粒子には，波数ベクトル $\boldsymbol{k}$ と振動数 ω をもつ波

$$\psi(\boldsymbol{r}, t) = e^{i(\boldsymbol{k}\cdot\boldsymbol{r}-\omega t)} = e^{i(\boldsymbol{p}\cdot\boldsymbol{r}-Et)/\hbar} \tag{1.9}$$

が付随していると要請した．これを**物質波**という．

ド・ブロイの関係式 (1.8) は物質のもつ粒子性と波動性の二重性から導かれる自然な帰結である．自由粒子は決まった運動量 $\boldsymbol{p}$ とエネルギー E をもつ．他方，自由な波である平面波は波数ベクトル $\boldsymbol{k}$ と振動数 ω をもつ．粒子性と波動性の二重性とは，粒子と波をそれぞれ特徴づける物理量の組 $(\boldsymbol{p}, E)$ と $(\boldsymbol{k}, \omega)$ が同じ情報をもつということを意味している．ド・ブロイの関係式は物質のもつ粒子と波動の二重性を統一するので量子力学の基礎となる式である．

1.3 波の重ね合わせとシュレーディンガー方程式

波の特徴は**重ね合わせ**ができるという事である．一般の波は色々な波数ベクトル $\boldsymbol{k}$ をもつ平面波の重ね合わせで与えられる．量子力学では波数ベクトルの代わりに運動量を用いる．粒子の一般的状態は，運動量成分 $f(\boldsymbol{p}, t)$ を重ね合わせて，波動関数

$$\psi(\boldsymbol{r}, t) = \int \frac{d^3p}{\sqrt{(2\pi\hbar)^3}} f(\boldsymbol{p}) e^{i(\boldsymbol{p}\cdot\boldsymbol{r}-Et)/\hbar} = \int \frac{d^3p}{\sqrt{(2\pi\hbar)^3}} f(\boldsymbol{p}, t) e^{i\boldsymbol{p}\cdot\boldsymbol{r}/\hbar} \tag{1.10}$$

で記述される[*2)]．これはフーリエ変換の公式そのものである．時刻 t での運動量成分 $f(\boldsymbol{p},t)$ は逆フーリエ変換の公式を用いて

$$f(\boldsymbol{p},t)=\int\frac{d^3x}{\sqrt{(2\pi\hbar)^3}}\,\psi(\boldsymbol{r},t)e^{-i\boldsymbol{p}\cdot\boldsymbol{r}/\hbar} \tag{1.11}$$

と表される．関数 $f(\boldsymbol{p},t)$ は運動量表示での波動関数といえる．

粒子のエネルギーと運動量は波の描像ではどのように記述されるかを考えよう．ド・ブロイの関係式 (1.8) と波動関数 (1.10) より

$$E\psi(\boldsymbol{r},t)=i\hbar\frac{\partial}{\partial t}\int\frac{d^3p}{\sqrt{(2\pi\hbar)^3}}\,f(\boldsymbol{p})e^{i(\boldsymbol{p}\cdot\boldsymbol{r}-Et)/\hbar}=i\hbar\frac{\partial}{\partial t}\psi(\boldsymbol{r},t) \tag{1.12}$$

$$\boldsymbol{p}\psi(\boldsymbol{r},t)=\frac{\hbar}{i}\frac{\partial}{\partial\boldsymbol{r}}\int\frac{d^3p}{\sqrt{(2\pi\hbar)^3}}\,f(\boldsymbol{p})e^{i(\boldsymbol{p}\cdot\boldsymbol{r}-Et)/\hbar}=\frac{\hbar}{i}\frac{\partial}{\partial\boldsymbol{r}}\psi(\boldsymbol{r},t) \tag{1.13}$$

という関係式を得る．すなわちエネルギーと運動量は，波動関数に微分演算子を作用させることで求められる．そこで古典力学での物理量を，次のように微分演算子へ置き換える：

$$E\to i\hbar\frac{\partial}{\partial t},\qquad p_j\to\hat{p}_j\equiv\frac{\hbar}{i}\frac{\partial}{\partial x_j}. \tag{1.14}$$

運動量演算子ベクトルは

$$\hat{\boldsymbol{p}}=(\hat{p}_x,\hat{p}_y,\hat{p}_z)=\frac{\hbar}{i}\left(\frac{\partial}{\partial x},\frac{\partial}{\partial y},\frac{\partial}{\partial z}\right)\equiv\frac{\hbar}{i}\frac{\partial}{\partial\boldsymbol{r}} \tag{1.15}$$

と表される．このような置き換えによって，物理量を古典的な数ではなく演算子とみなすことを**量子化**という．ポテンシャル $V(\boldsymbol{r})$ の中にある質量 m の非相対論的粒子のエネルギーは，

$$E=\frac{\boldsymbol{p}^2}{2m}+V(\boldsymbol{r}) \tag{1.16}$$

で与えられる．これを量子化して得られる演算子を

$$\hat{H}\equiv\frac{\hat{\boldsymbol{p}}^2}{2m}+V(\boldsymbol{r}) \tag{1.17}$$

と書き，ハミルトニアンとよぶ．具体的な表式は

$$\hat{H}=-\frac{\hbar^2}{2m}\left(\frac{\partial^2}{\partial x^2}+\frac{\partial^2}{\partial y^2}+\frac{\partial^2}{\partial z^2}\right)+V(\boldsymbol{r}) \tag{1.18}$$

である．ここで (1.12) を用いれば

$$i\hbar\frac{\partial}{\partial t}\psi(\boldsymbol{r},t)=\hat{H}\psi(\boldsymbol{r},t) \tag{1.19}$$

が得られる．**これをシュレーディンガー方程式という．**

---

*2)　積分記号を $d^3p=d\boldsymbol{p}=dp_xdp_ydp_z$，$d^3x=d\boldsymbol{r}=dxdydz$ などと略記する．

ポテンシャルが時間に依存しないとき，微分方程式 (1.19) には変数分離法を適用できる．波動関数 $\psi(\boldsymbol{r},t)$ を変数分離して

$$\psi(\boldsymbol{r},t) = e^{-iEt/\hbar}\varphi(\boldsymbol{r}) \tag{1.20}$$

とおき，微分方程式 (1.19) に代入して

$$\hat{H}\varphi(\boldsymbol{r}) = \left[-\frac{\hbar^2}{2m}\left(\frac{\partial^2}{\partial x^2}+\frac{\partial^2}{\partial y^2}+\frac{\partial^2}{\partial z^2}\right)+V(\boldsymbol{r})\right]\varphi(\boldsymbol{r}) = E\varphi(\boldsymbol{r}) \tag{1.21}$$

を得る．波動関数 $\varphi(\boldsymbol{r})$ は微分方程式 (1.21) の固有関数として，エネルギー E は固有値として求まる．これは 2 階の微分方程式だから，波動関数 $\varphi(\boldsymbol{r})$ を一意に決めるためには，空間のある 1 点における波動関数とその微分，あるいは空間の異なる 2 点における波動関数の値が必要である．微分方程式 (1.21) を定常状態に対するシュレーディンガー方程式という．単にシュレーディンガー方程式といったときは，(1.19) をさす場合も (1.21) をさす場合もある．

なお，相対論的粒子に対する方程式は，アインシュタインの公式 (1.4) に対して量子化 (1.14) を行って

$$\left(\frac{\hbar^2}{c^2}\frac{\partial^2}{\partial t^2} - \hbar^2\Delta + m^2c^2\right)\psi(\boldsymbol{r},t) = 0 \tag{1.22}$$

となる．これをクライン–ゴルドン (Klein-Gordon) 方程式という．この方程式には負エネルギーの解が存在し，それを正しく解釈するためには場の量子論の知識が必要になる．本書では，もっぱら非相対論的粒子の量子力学を扱う．

1.4 正準交換関係

運動量は波動関数に作用する演算子としてすでに (1.14) で定義した．次に，位置座標に対応する演算子 $\hat{x}_i$ を，波動関数 $\psi(\boldsymbol{r},t)$ に作用して引数 x_i を返す演算子として定義する．つまり，これら 2 つは，

$$\hat{x}_i = x_i, \qquad \hat{p}_i = -i\hbar\partial_i \tag{1.23}$$

と書ける．ここで座標に関する微分を

$$\frac{\partial}{\partial x} = \partial_x, \qquad \frac{\partial}{\partial y} = \partial_y, \qquad \frac{\partial}{\partial z} = \partial_z \tag{1.24}$$

のように略記している．

古典力学において，位置と運動量の積は，$x_i p_j$ と書いても $p_j x_i$ と書いてもどちらでもよかった．対応する演算子は $\hat{x}_i\hat{p}_j$ と $\hat{p}_j\hat{x}_i$ であるが，これらは等し

くない．実際，任意の波動関数 $\psi(\boldsymbol{r},t)$ に $\hat{x}_i$ と $\hat{p}_j$ を作用させると，$\partial_j x_i = \delta_{ij}$ だから[*3)]，

$$\hat{p}_j \hat{x}_i \psi = -i\hbar\partial_j \left(x_i \psi\right) = -i\hbar\delta_{ij}\psi - i\hbar x_i \partial_j \psi = \left(\hat{x}_i \hat{p}_j - i\hbar\delta_{ij}\right)\psi \qquad (1.25)$$

となる．演算子間の関係式は

$$\hat{x}_i \hat{p}_j - \hat{p}_j \hat{x}_i = i\hbar\delta_{ij} \qquad (1.26)$$

である．

さて，一般に演算子 $\hat{A}$ と $\hat{B}$ の**交換子** (あるいは**交換積**ともいう) を

$$[\hat{A}, \hat{B}] \equiv \hat{A}\hat{B} - \hat{B}\hat{A} \qquad (1.27)$$

で定義する．この定義を用いて，(1.26) は

$$[\hat{x}_i, \hat{p}_j] = i\hbar\delta_{ij} \qquad (1.28)$$

と書かれる．この式を特に**正準交換関係**とよぶ．正準交換関係 (1.28) は量子力学を古典力学から区別する重要な関係で，量子力学の基礎となる式である．

---

*3)　ここに δ_{ij} はクロネッカーのデルタとよばれる量で，$i = j$ なら $\delta_{ij} = 1$ で $i \neq j$ なら $\delta_{ij} = 0$ である．

2 確　率　解　釈

本章では，量子力学のもっとも革新的な概念である波動関数の意味について説明する．シュレーディンガー方程式は波の運動を記述する方程式であり，数学的扱いとしては通常の微分方程式そのものである．しかし，この波は粒子の存在確率を記述するものであり，古典的な実体とは程遠い．このような解釈は，アインシュタインをはじめとする多くの人にとって，すぐには受け入れがたいものであった．しかし量子力学は，さまざまな実験結果をことごとく定量的に説明し，揺るぎのない理論として浸透していった．

2.1　確　　率　　波

1 個の粒子からなる系を考える．量子力学ではこの粒子の状態を波動関数 $\psi(\boldsymbol{r},t)$ で表す．ところで，この波動関数 $\psi(\boldsymbol{r},t)$ は水の波のような**実在波**であろうか．水の波では任意に分割したその部分も水である．しかし，波動関数を実在波と考えると電子などの素粒子が分割できないという事実に矛盾する．ボルン (Born) は，電子ビームの散乱を研究し波動関数の確率解釈に至った．すなわち粒子の位置を測定すれば，必ずある一点に観測されるが，どこに観測されるかは観測を実行するまでわからない．わかるのは，時刻 t において粒子が (x,y,z) と $(x+dx,y+dy,z+dz)$ の間に見いだされる確率が

$$\rho(\boldsymbol{r},t)d\boldsymbol{r} \equiv |\psi(\boldsymbol{r},t)|^2 d\boldsymbol{r} \tag{2.1}$$

で与えられるということである．確率密度 $\rho(\boldsymbol{r},t)$ は粒子が存在する可能性が高いところで大きい．このため波動関数 $\psi(\boldsymbol{r},t)$ は**確率波**といえる．波動関数を確率振幅ということもある．

確率解釈が成り立つためには，全空間での確率密度の積分が収束しなくては

ならない．積分 $\int d\boldsymbol{r}\,|\psi(\boldsymbol{r},t)|^2$ が収束するためには，ε を任意の微小な正の数として

$$\lim_{|\boldsymbol{r}|\to\infty}|\psi(\boldsymbol{r},t)|<|\boldsymbol{r}|^{-\frac{3}{2}-\varepsilon} \tag{2.2}$$

という境界条件が必要である．束縛状態に対応する波動関数は，この条件を満たす．それに対して平面波 (1.9) はこの条件を満たしていない．実際，平面波 (1.9) に対して，積分 $\int d\boldsymbol{r}\,|\psi(\boldsymbol{r},t)|^2$ は発散している．平面波に関しては 4.1 節で議論する．

物理量（実験によって観測可能な量）は波動関数 $\psi(\boldsymbol{r},t)$ ではなく確率密度 $|\psi(\boldsymbol{r},t)|^2$ である．したがって，位相は重要でないように見えるが，これは正しくない．波は重ね合わせができるので，$\phi_1(\boldsymbol{r},t)$ と $\phi_2(\boldsymbol{r},t)$ がシュレーディンガー方程式 (1.19) の解なら，その和

$$\psi(\boldsymbol{r},t)=\phi_1(\boldsymbol{r},t)+\phi_2(\boldsymbol{r},t) \tag{2.3}$$

も解である．$\phi_i(\boldsymbol{r},t)=e^{i\theta_i(\boldsymbol{r},t)}|\phi_i(\boldsymbol{r},t)|$ とするなら，波動関数 $\psi(\boldsymbol{r},t)$ で記述される状態での粒子の確率密度は

$$\begin{aligned}|\psi(\boldsymbol{r},t)|^2 =&|\phi_1|^2+|\phi_2|^2+|\phi_1\phi_2|(e^{i\theta_1(\boldsymbol{r},t)}e^{-i\theta_2(\boldsymbol{r},t)}+e^{i\theta_2(\boldsymbol{r},t)}e^{-i\theta_1(\boldsymbol{r},t)})\\ =&|\phi_1|^2+|\phi_2|^2+2|\phi_1\phi_2|\cos(\theta_1-\theta_2)\end{aligned} \tag{2.4}$$

であり，相対位相 $\theta_1-\theta_2$ に依存する．波動関数 $\psi(\boldsymbol{r},t)$ は複素数であるから，相対位相による量子力学的干渉が実際に観測される．

2.2　確率の保存と確率密度流

シュレーディンガー方程式 (1.19) は線形微分方程式であるから，$\psi(\boldsymbol{r},t)$ が解なら，任意の定数 c をかけた $c\psi(\boldsymbol{r},t)$ も解である．この自由度を用いて，時刻 $t=0$ で

$$\int d\boldsymbol{r}\,|\psi(\boldsymbol{r},0)|^2=1 \tag{2.5}$$

と規格化できる．ある時刻で規格化すれば，任意の時刻で規格化条件

$$\int d\boldsymbol{r}\,|\psi(\boldsymbol{r},t)|^2=1 \tag{2.6}$$

が成り立つ．

確率の保存則 (2.6) を示すために，まず確率密度 $\rho(\boldsymbol{r},t)=|\psi(\boldsymbol{r},t)|^2$ の時間微分を計算する．シュレーディンガー方程式 (1.19) とその複素共役を用いて

$$\frac{\partial\rho(\boldsymbol{r},t)}{\partial t} = \psi^*\frac{\partial\psi}{\partial t} + \frac{\partial\psi^*}{\partial t}\psi = -\frac{\hbar}{2mi}\left[\psi^*\Delta\psi - \Delta\psi^*\cdot\psi\right] \tag{2.7}$$

となる．いま，確率密度流 $\boldsymbol{j} = (j_x, j_y, j_z)$ を次の式で定義する．

$$j_k(\boldsymbol{r},t) = \frac{\hbar}{2mi}\left[\psi^*(\boldsymbol{r},t)\partial_k\psi(\boldsymbol{r},t) - \partial_k\psi^*(\boldsymbol{r},t)\cdot\psi(\boldsymbol{r},t)\right]. \tag{2.8}$$

これらの式から次の関係式が導かれる．

$$\frac{\partial\rho(\boldsymbol{r},t)}{\partial t} + \sum_{k=x,y,z}\partial_k j_k(\boldsymbol{r},t) = 0. \tag{2.9}$$

この式は流体力学での湧き出しや吸い込みがない場合の流体の保存法則（連続の方程式ともいう）と同じ形をしている．ここでは確率密度 ρ と確率密度流 $\boldsymbol{j}$ の保存法則と解釈される．

確率の局所的保存法則 (2.9) を全空間で積分して

$$\frac{\partial}{\partial t}\int d\boldsymbol{r}\,\rho(\boldsymbol{r},t) = -\sum_{k=x,y,z}\int d\boldsymbol{r}\,\partial_k j_k(\boldsymbol{r},t). \tag{2.10}$$

右辺の積分を x 成分に関して実行すると

$$\int d\boldsymbol{r}\,\partial_x j_x(\boldsymbol{r},t) = \int dydz\,j_x(\boldsymbol{r},t)|_{x=-\infty}^{x=+\infty} \tag{2.11}$$

となる．これは境界条件 (2.2) によりゼロになる．同様にして y 成分や z 成分の積分もゼロになる．ゆえに，$\psi(\boldsymbol{r},t)$ が時間とともに変化しても，$\int d\boldsymbol{r}\,|\psi(\boldsymbol{r},t)|^2$ は一定値をとる．ある時刻でこれが 1 なら，他の時刻でも 1 である．シュレーディンガー方程式が確率の保存を保証していることが示された．

規格化された確率密度 ρ に粒子の電荷 q をかけた $q\rho$ は電荷密度と解釈できる．確率の流れ $\boldsymbol{j}$ に電荷 q をかけた $q\boldsymbol{j}$ は電流密度である．このとき，(2.9) は電荷の保存を示している．電荷と電流に関しては後の章で詳しく述べる．

2.3 物理量の期待値

波動関数 $\psi(\boldsymbol{r},t)$ で記述される 1 個の粒子の状態を考える．粒子の位置を測定すればその位置はある一点に確定する．しかし，同じ状態で再び位置を測定しても同じ位置に見つかるとは限らない．なぜなら粒子の位置は確率密度 $\rho(\boldsymbol{r},t)$ に従っているだけだからである．同じ状態で何度も測定するときの位置ベクトルの平均値は期待値

$$\langle\boldsymbol{r}\rangle = \int d\boldsymbol{r}\,\boldsymbol{r}\rho(\boldsymbol{r},t) = \int d\boldsymbol{r}\,\psi^*(\boldsymbol{r},t)\boldsymbol{r}\psi(\boldsymbol{r},t) \tag{2.12}$$

で与えられる．位置ベクトルの任意の関数 $V(\boldsymbol{r})$ の平均値は期待値

$$\langle V(\boldsymbol{r})\rangle = \int d\boldsymbol{r}\, V(\boldsymbol{r})\rho(\boldsymbol{r},t) = \int d\boldsymbol{r}\, \psi^*(\boldsymbol{r},t)V(\boldsymbol{r})\psi(\boldsymbol{r},t) \tag{2.13}$$

で与えられる．

速度は $\boldsymbol{v} = d\boldsymbol{r}/dt$ であるから，この平均値は

$$\begin{aligned}\langle \boldsymbol{v}\rangle &= \frac{d}{dt}\langle \boldsymbol{r}\rangle = \int d\boldsymbol{r}\, \boldsymbol{r}\frac{d}{dt}\rho(\boldsymbol{r},t)\\ &= \int d\boldsymbol{r}\, \left[\frac{\partial}{\partial t}\psi^*(\boldsymbol{r},t)\right]\boldsymbol{r}\psi(\boldsymbol{r},t) + \int d\boldsymbol{r}\, \psi^*(\boldsymbol{r},t)\boldsymbol{r}\frac{\partial}{\partial t}\psi(\boldsymbol{r},t)\end{aligned} \tag{2.14}$$

である．ここにシュレーディンガー方程式 (1.19) とその複素共役を代入して

$$\langle \boldsymbol{v}\rangle = \frac{i\hbar}{2m}\int d\boldsymbol{r}\, \left[\psi^*(\boldsymbol{r},t)\boldsymbol{r}\Delta\psi(\boldsymbol{r},t) - \Delta\psi^*(\boldsymbol{r},t)\cdot\boldsymbol{r}\psi(\boldsymbol{r},t)\right]. \tag{2.15}$$

この式の右辺の第 2 項目に関して次の変形を行う．

$$\begin{aligned}\partial_k\partial_k\psi^*\cdot\boldsymbol{r}\psi &= -\,\partial_k\psi^*\cdot\partial_k\left(\boldsymbol{r}\psi\right) + \partial_k\left(\partial_k\psi^*\cdot\boldsymbol{r}\psi\right)\\ &= \psi^*\partial_k\partial_k\left(\boldsymbol{r}\psi\right) - \partial_k\left(\psi^*\partial_k\left(\boldsymbol{r}\psi\right)\right) + \partial_k\left(\partial_k\psi^*\cdot\boldsymbol{r}\psi\right).\end{aligned} \tag{2.16}$$

これを (2.15) に代入して積分すると，最後の 2 項は境界条件 (2.2) によりゼロになるので，

$$\langle \boldsymbol{v}\rangle = \frac{i\hbar}{2m}\int d\boldsymbol{r}\, \left[\psi^*(\boldsymbol{r},t)\boldsymbol{r}\Delta\psi(\boldsymbol{r},t) - \psi^*(\boldsymbol{r},t)\Delta\left\{\boldsymbol{r}\psi(\boldsymbol{r},t)\right\}\right] \tag{2.17}$$

となる．ここでラプラス演算子 Δ を含む最終項は，

$$\Delta\left\{x_j\psi\right\} = \sum_k \partial_k\partial_k\left\{x_j\psi\right\} = \sum_k \partial_k\left\{\delta_{kj}\psi + x_j\partial_k\psi\right\} = x_j\Delta\psi + 2\partial_j\psi \tag{2.18}$$

と変形できるので，整理して

$$\langle \boldsymbol{v}\rangle = \frac{1}{m}\int d\boldsymbol{r}\, \psi^*(\boldsymbol{r},t)\frac{\hbar}{i}\nabla\psi(\boldsymbol{r},t) \tag{2.19}$$

を得る．さて，運動量は $\boldsymbol{p} = m\boldsymbol{v}$ だから，運動量の平均値として

$$\langle \boldsymbol{p}\rangle = \int d\boldsymbol{r}\, \psi^*(\boldsymbol{r},t)\frac{\hbar}{i}\nabla\psi(\boldsymbol{r},t) = \int d\boldsymbol{r}\, \psi^*(\boldsymbol{r},t)\hat{\boldsymbol{p}}\psi(\boldsymbol{r},t) \tag{2.20}$$

を得る．ここに $\hat{\boldsymbol{p}}$ は (1.15) で与えられる微分演算子である．この式は，フーリエ変換に対応する波動関数の表式 (1.10) を代入して

$$\begin{aligned}\langle \boldsymbol{p}\rangle &= \int \frac{d^3q\,d^3p}{(2\pi\hbar)^3}\, f^*(\boldsymbol{q},t)\boldsymbol{p}f(\boldsymbol{p},t)\int d\boldsymbol{r}\, e^{i(\boldsymbol{p}-\boldsymbol{q})\cdot\boldsymbol{r}/\hbar}\\ &= \int d^3p\, f^*(\boldsymbol{p},t)\boldsymbol{p}f(\boldsymbol{p},t)\end{aligned} \tag{2.21}$$

と書き直せる．この式より運動量表示での確率密度は $|f(\boldsymbol{p},t)|^2$ であることがわかる．したがって運動量の任意の関数 $U(\boldsymbol{p})$ の平均値は期待値

$$\langle U(\boldsymbol{p})\rangle = \int d^3p\, f^*(\boldsymbol{p},t)U(\boldsymbol{p})f(\boldsymbol{p},t) = \int d\boldsymbol{r}\, \psi^*(\boldsymbol{r},t)U(\hat{\boldsymbol{p}})\psi(\boldsymbol{r},t) \tag{2.22}$$

で与えられる．

エネルギー (1.16) の期待値は

$$\langle E\rangle = \int d\boldsymbol{r}\, \psi^*(\boldsymbol{r},t)\left[\frac{1}{2m}\hat{\boldsymbol{p}}^2 + V(\boldsymbol{r})\right]\psi(\boldsymbol{r},t) = \frac{1}{2m}\langle \boldsymbol{p}^2\rangle + \langle V(\boldsymbol{r})\rangle \tag{2.23}$$

である．一般に，物理量 A の期待値は対応する演算子 $\hat{A}$ を用いて

$$\langle A\rangle = \int d\boldsymbol{r}\, \psi^*(\boldsymbol{r},t)\hat{A}\psi(\boldsymbol{r},t) \tag{2.24}$$

で定義される．物理量 A を繰り返し測定すれば，その平均値は期待値 $\langle A\rangle$ に落ち着く．なお，物理量と演算子に関しては第 5 章で詳しく議論する．

2.4 波束と不確定性原理

位置や運動量の平均値と標準偏差を少し詳しく調べる．標準偏差とは平均値の周りに観測値がどのくらい揺らいでいるかの指標である．任意の波動関数はフーリエ変換の公式 (1.10) のように平面波の重ね合わせで表される．空間の一点の周りに局在している波を波束という．

簡単のため，時刻 $t=0$ で原点の周りに半径 a で広がっている規格化されたガウス型波束

$$\psi(\boldsymbol{r},0) = \frac{1}{(a\sqrt{\pi})^{3/2}}e^{-|\boldsymbol{r}|^2/2a^2} \tag{2.25}$$

を考える．座標 x 方向の標準偏差 Δx は

$$(\Delta x)^2 = \langle x^2\rangle = \frac{1}{a\sqrt{\pi}}\int_{-\infty}^{\infty} dx\, x^2 e^{-x^2/a^2} = \frac{a^2}{2} \tag{2.26}$$

である．運動量表示での波動関数は (2.25) を (1.11) に代入して

$$\begin{aligned} f(\boldsymbol{p},0) &= \frac{1}{(a\sqrt{\pi})^{3/2}}\int \frac{d\boldsymbol{r}}{\sqrt{(2\pi\hbar)^3}}e^{-|\boldsymbol{r}|^2/2a^2}e^{-i\boldsymbol{p}\cdot\boldsymbol{r}/\hbar} \\ &= \left(\frac{a}{\hbar\sqrt{\pi}}\right)^{3/2} e^{-a^2\boldsymbol{p}^2/2\hbar^2} \end{aligned} \tag{2.27}$$

と求まる．計算の詳細は以下の例題で示す．

運動量表示での波動関数も (2.27) によるとガウス型になる．したがって，運

動量の期待値は，$\langle \boldsymbol{p} \rangle = 0$ であり，座標 x 方向の標準偏差は

$$(\Delta p_x)^2 = \langle p_x^2 \rangle = \frac{\hbar^2}{2a^2} \tag{2.28}$$

である．標準偏差 (2.26) と (2.28) から，各座標成分 x_j に対して

$$\Delta x_j \Delta p_j = \frac{\hbar}{2} \tag{2.29}$$

という関係式が導かれる．

この関係式はガウス型波束を仮定して導いた特殊なものである．一般の波動関数に対しては，5.4 節で示すように，正準交換関係 (1.28) を用いて不等式

$$\Delta x_j \Delta p_j \geq \frac{\hbar}{2} \tag{2.30}$$

が導かれる．これを位置と運動量に関する**ハイゼンベルグの不確定性関係**といい，このような関係が存在するということを**不確定性原理**という．5.4 節で詳細に説明するように，ガウス型波動関数で記述される状態は不確定性が一番少ない状態である．

ハイゼンベルグの不確定性関係は古典力学には存在しなかった量子力学特有のものである．量子力学の世界では，粒子の位置と運動量が同時に確定した値をもつことは不可能である．量子力学の創成期には，不確定性関係の解釈をめぐって，ボーア (Bohr) を代表とするコペンハーゲン学派とアインシュタインの間で深く激しい論争が繰り返された．アインシュタインの批判については，一通り量子力学の枠組みを述べた後，第 16 章で説明する．

例題：　積分を実行して (2.27) を導出せよ．

解説：　各成分ごとに積分を実行する．座標 x 方向の積分は

$$\begin{aligned}\int_{-\infty}^{\infty} dx\, e^{-x^2/2a^2} e^{-ipx/\hbar} &= e^{-a^2p^2/2\hbar^2} \int_{-\infty}^{\infty} dx\, \exp\left[-\frac{1}{2a^2}\left(x + i\frac{a^2 p}{\hbar}\right)^2\right] \\ &= a\sqrt{2\pi} e^{-a^2p^2/2\hbar^2} \end{aligned} \tag{2.31}$$

である．各成分からの寄与をまとめて，(2.27) を得る．

2.5　ゼ ロ 点 振 動

ハイゼンベルグの不確定性関係 (2.30) によると，粒子の位置を Δx_i の範囲に決めることができたなら，その粒子の運動量は $\Delta p_i \geq \hbar/\Delta x_i$ 位の大きさをも

つ．この粒子は

$$E = \frac{\boldsymbol{p}^2}{2m} \geq \frac{\hbar^2}{2m(\Delta x)^2} + \frac{\hbar^2}{2m(\Delta y)^2} + \frac{\hbar^2}{2m(\Delta z)^2} \tag{2.32}$$

程度の運動エネルギーをもつ．したがって，最低エネルギー状態（**基底状態**）の粒子は，古典的には静止しているが，量子論的には静止できない．これを**ゼロ点振動**，このときのエネルギーを**ゼロ点エネルギー**という．

ハイゼンベルグの不確定性関係を用いてゼロ点エネルギー E_0 を見積もることができる．最初に，一辺の長さが a である箱に閉じこめられた粒子を考察する．この問題では，$\Delta x = \Delta y = \Delta z = a$ だから，エネルギーの程度は

$$E_0 \simeq \frac{\hbar^2}{2m\,(\Delta x)^2} + \frac{\hbar^2}{2m\,(\Delta y)^2} + \frac{\hbar^2}{2m\,(\Delta z)^2} = \frac{3\hbar^2}{2ma^2} \tag{2.33}$$

である．厳密な結果は (3.21) で与えるように，$E_0 = 3\pi^2\hbar^2/2ma^2$ である．

次に，水素原子のゼロ点エネルギーを見積もる．陽子と電子が距離 r だけ離れていれば，ポテンシャルは SI 単位系では $V(r) = -e^2/(4\pi\varepsilon_0 r)$，CGS ガウス単位系では，$V(r) = -e^2/r$ と書ける．CGS ガウス単位系の方が，真空の誘電率 ε_0 が出ない分だけ記述が簡明なので，以後は主に CGS 単位系を用いることにする．古典的には電子はクーロン・エネルギーを最小化するために陽子に落ち込んでいくはずである．しかし量子論的にはそうではない．電子が陽子から距離 r_0 の領域に閉じこめられていると考えれば，電子は $p = \hbar/r_0$ 程度の大きさの運動量をもつことになる．エネルギーの程度は

$$E = \frac{\hbar^2}{2mr_0^2} - \frac{e^2}{r_0} \tag{2.34}$$

である．このエネルギーを r_0 に関して最小化するために，$\partial E/\partial r_0 = 0$ とおくと，

$$r_0 = a_{\mathrm{B}} \equiv \frac{\hbar^2}{me^2} = 5.29 \times 10^{-11}\mathrm{m} = 0.529\text{Å} \tag{2.35}$$

となる．ここで質量として電子の値 $m = m_{\mathrm{e}} = 9.11 \times 10^{-31}\mathrm{kg}$ を用いた．この a_{B} を**ボーア半径**とよぶ．エネルギーは

$$E_0 = -\frac{me^4}{2\hbar^2} = -\frac{\hbar^2}{2ma_{\mathrm{B}}^2} = -\frac{e^2}{2a_{\mathrm{B}}} \sim -13.6\ \mathrm{eV} \tag{2.36}$$

となるが，後で与える厳密な結果 (9.42) に一致している．このように不確定性原理のおかげで原子の最小の大きさが保たれている．ボーア半径 a_{B} は原子の量子力学で基本的な長さの役割を果たす．たとえば，電場をかけて原子の双極子モーメントを誘起すると，その大きさは ea_{B} のオーダーになる．

ここで，a_{B} とは別の基本的長さも説明しよう．原子に磁場をかけると磁気モーメントが誘起される．CGS ガウス単位系では，磁気モーメントの次元は電気双極子 ea_{B} と等しくなるが，その大きさの程度は後に示すように ea_{B} よりも 2 桁小さく，$e\hbar/(m_{\mathrm{e}}c) = e\lambda_{\mathrm{e}}$ となる．ここで出てきた λ_{e} は電子のコンプトン波長とよばれており，長さの次元をもつ．ボーア半径との大きさの比 $\lambda_{\mathrm{e}}/a_{\mathrm{B}} = e^2/(\hbar c) \equiv \alpha \sim 1/137$ は微細構造定数とよばれている．コンプトン波長は，電磁場と電子の相互作用に現れる．さらに小さい量 $r_e = \alpha^2 a_{\mathrm{B}} = \alpha\lambda_{\mathrm{e}} = e^2/(m_{\mathrm{e}}c^2) \sim 2.8 \times 10^{-13}\mathrm{m}$ は古典電子半径とよばれている．これは，クーロン・エネルギーと相対論的静止質量が等しくなる大きさに対応する．

ゼロ点エネルギーは基底状態のエネルギーである．基底状態エネルギーの値は観測にかかりにくいが，固体では圧縮率を決めるものになっている．すなわち，固体を圧縮すると，結晶を構成する各原子のゼロ点エネルギーが変化する．これが圧縮率を与える．この場合にも，エネルギー原点のとり方には任意性があることに注意する．すなわち，エネルギー原点を各圧力で共通にしておけば，観測量である圧縮率に任意性はない．その際，固体中の単位体積あたりの振動モードの数は有限であることに注意する．一方，真空中の電磁場を量子化すると，単位体積あたりの振動モードが無限個存在するので，ゼロ点エネルギーが発散する．この発散はどのような観測にもかからず，したがって物理的意味はない．

例題： 不確定性原理を用いて調和振動子のゼロ点エネルギーを見積もれ．

解説： 簡単のため原点におかれた粒子の 1 次元的振動を扱う．微少距離 x だけずれるとバネ定数を k として復元力 $-kx$ が働く．それに伴うポテンシャルエネルギーと運動エネルギーと合わせて全エネルギーは

$$E = \frac{p^2}{2m} + \frac{m\omega^2}{2}x^2 \simeq \frac{\hbar^2}{2mx^2} + \frac{m\omega^2}{2}x^2 \tag{2.37}$$

である．ここに $\omega = \sqrt{k/m}$ である．また，$p \simeq \hbar/x$ とおいた．このように微少振動は調和振動子で近似できる．このエネルギーを最小化すると，$\partial E/\partial x = 0$ から $|x| = \sqrt{\hbar/m\omega}$ を得る．このときのエネルギーは $E = \hbar\omega$ である．厳密な結果は (7.26) で与えるように，$E_0 = \hbar\omega/2$ である．

3 井戸型ポテンシャル中の束縛状態

第１章では，ド・ブロイによる物質波のアイディアと重ね合わせの原理を組み合わせてシュレーディンガー方程式を導いた．波動関数や演算子の一般的な性質を議論する前に，シュレーディンガー方程式に慣れるために，簡単な１次元ポテンシャル問題を解いてみよう．本章では井戸型ポテンシャルに閉じ込められた粒子のエネルギー固有値が離散的になることを見る．

3.1 無限に高い井戸

定常状態に対するシュレーディンガー方程式は (1.21) で与えられる．ポテンシャル V が x 座標のみによる場合を考える．波動関数を $\psi(\boldsymbol{r}) = u(x)v(y)w(z)$ とおくと，シュレーディンガー方程式 (1.21) は変数分離される．y 座標と z 座標に依存する部分の波動関数は平面波である．平面波については，4.1 節で詳しく議論する．ハミルトニアンの x 座標に依存する部分は

$$\hat{H} = -\frac{\hbar^2}{2m}\frac{d^2}{dx^2} + V(x) \tag{3.1}$$

である．したがって，x 成分のシュレーディンガー方程式は

$$\left[-\frac{\hbar^2}{2m}\frac{d^2}{dx^2} + V(x)\right] u(x) = Eu(x) \tag{3.2}$$

である．これを変形して

$$u''(x) = \frac{2m}{\hbar^2}\left[V(x) - E\right] u(x) \tag{3.3}$$

となる．これは１次元問題だから，波動関数の規格化のための境界条件は，(2.2) の代わりに

$$\lim_{|x|\to\infty} |\psi(t,x)| < |x|^{-\frac{1}{2}-\varepsilon} \tag{3.4}$$

となる．

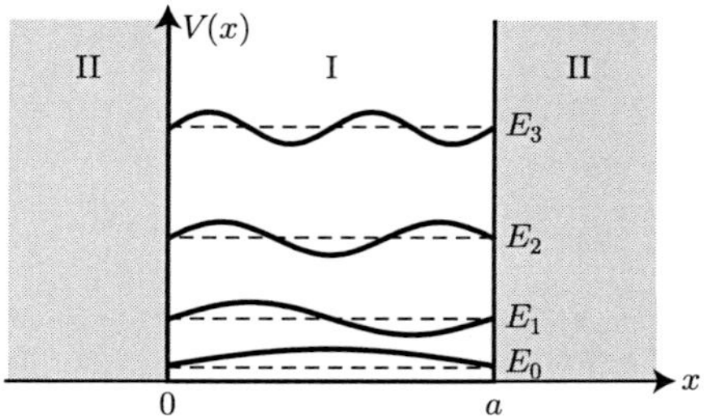

図 3.1　無限に高いポテンシャル井戸と井戸の中の粒子に対する固有解
第 n 励起状態を表す波動関数 $u_n(x)$ は，壁の両端のゼロ点は別として，n 個のゼロ点をもつ．

このようなハミルトニアンで記述されるもっとも単純な物理系は，厚さ a の半導体を絶縁体で挟んだ構造で実現される．この構造中で電子は半導体の部分に閉じ込められる．状況を単純化すると，ポテンシャルは

$$V(x) = \begin{cases} 0 & (0 < x < a) \quad \text{領域 I} \\ \infty & (x < 0, \quad a < x) \quad \text{領域 II} \end{cases} \tag{3.5}$$

となる．図 3.1 は，この構造の模式図である．シュレーディンガー方程式 (3.3) は，領域 I で

$$u''(x) = -\frac{2mE}{\hbar^2}u(x) \tag{3.6}$$

となる．一方，領域 II では $V(x) = \infty$ だから，**有限なエネルギー E をもつためには $u(x) = 0$ が必要である**．これは電子が領域 II に入れないことを意味する．さらに，波動関数は連続でなければならない．結局，シュレーディンガー方程式 (3.6) を境界条件

$$u(x) = 0 \qquad (x = 0, \quad x = a) \tag{3.7}$$

で解くことに帰着する．

まず，この方程式に $E < 0$ の解がないことを示す．$E < 0$ として

$$\kappa \equiv \sqrt{\frac{2m|E|}{\hbar^2}} \tag{3.8}$$

とおけば，(3.6) の解は，A と B を積分定数として

$$u(x) = Ae^{\kappa x} + Be^{-\kappa x} \tag{3.9}$$

となる．境界条件 (3.7) を課すと，

$$u(0) = A + B = 0, \qquad u(a) = Ae^{\kappa a} + Be^{-\kappa a} = 0 \tag{3.10}$$

となるので，$A = B = 0$ を得るが，これでは電子が存在しないことになり不適である．

次に，$E>0$ の解を求める．$k\equiv\sqrt{2mE/\hbar^2}$ とおけば，方程式 (3.6) の解は，A と B を積分定数として

$$u(x)=A\sin kx+B\cos kx \tag{3.11}$$

となる．境界条件 (3.7) を課すと，

$$u(0)=B=0,\qquad u(a)=A\sin ka+B\cos ka=0 \tag{3.12}$$

となる．ゆえに，$\sin ka=0$ であり，これを解くと

$$ka=(n+1)\pi \qquad (n=0,1,2,\cdots) \tag{3.13}$$

を得る．エネルギー固有値は k の定義式を用いて

$$E_n=\frac{\hbar^2k^2}{2m}=\frac{\hbar^2\pi^2}{2ma^2}(n+1)^2 \tag{3.14}$$

で与えられる．図 3.1 は，エネルギー準位と波動関数を模式的に示している．**エネルギー固有値は離散的な値をもつ**．これは古典的な粒子の運動とは大きく異なる点である．すなわち，古典的には任意のエネルギーが許されるが，量子論的には離散的な値しか存在しない．**最低エネルギー状態を基底状態という**．これは $n=0$ の場合である．

固有関数を規格化すると

$$u_n(x)=\sqrt{\frac{2}{a}}\sin\frac{(n+1)\pi x}{a} \tag{3.15}$$

となる（図 3.1）．図から明らかなように，第 n 励起状態を表す波動関数 $u_n(x)$ は，壁の両端のゼロ点は別として，n 個のゼロ点をもつ．さらに固有関数は次の直交条件を満たす（19 ページの例題参照）．

$$\langle n|m\rangle\equiv\int dx\,u_n^*(x)u_m(x)=\delta_{mn}. \tag{3.16}$$

さて，フーリエ級数定理によれば，$f(0)=f(a)=0$ を満たす任意の関数 $f(x)$ は，先に求めた $u_n(x)$ を用いて，

$$f(x)=\sum_{n=0}^{\infty}c_n\sin\frac{(n+1)\pi x}{a}=\sqrt{\frac{a}{2}}\sum_{n=0}^{\infty}c_nu_n(x) \tag{3.17}$$

と書けるので，任意の関数は固有関数 $u_n(x)$ で展開できることになる．(3.16) と (3.17) が成り立つことを，**固有状態の全体 $\{u_n(x)\}$ が正規直交完全系をなす**，という．任意の関数を

$$f(x)=\sum_{n=0}^{\infty}f_nu_n(x) \tag{3.18}$$

と展開したときの展開係数は

$$f_n = \int_0^a dx\, u_n^*(x) f(x) \tag{3.19}$$

である．状態 $f(x)$ に対する測定を行うと離散的なエネルギー固有値が観測される．このとき，固有値 E_n を見いだす確率密度は $|f_n|^2$ である．

完全系の別の表現として，デルタ関数を用いたもの

$$\sum_{n=0}^{\infty} u_n^*(x) u_n(x') = \delta(x - x') \tag{3.20}$$

が非常に便利である．これの意味するところは，(3.18) と同じである．すなわち，(3.20) の両辺に $f(x')$ をかけて x' で積分すると，左辺からは (3.19) を含む式が得られ，右辺からは $f(x)$ が得られる．

以上の結果を応用して，粒子が一辺の長さ a の箱に閉じこめられている系を解析できる．波動関数を $\psi(\boldsymbol{r}) = u(x)v(y)w(z)$ と変数分離すれば，各波動関数成分がシュレーディンガー方程式 (3.2) で決定される．特にエネルギーは，$n_x, n_y, n_z = 0, 1, 2, \cdots$ として，

$$E_{n_x n_y n_z} = \frac{\hbar^2 \pi^2}{2ma^2}\left[(n_x+1)^2 + (n_y+1)^2 + (n_z+1)^2\right] \tag{3.21}$$

となる．

例題：　(3.16) を導出せよ．

解説：　波動関数 (3.15) を代入し，三角関数の公式を用いると

$$\begin{aligned}\langle n|m\rangle &\equiv \frac{2}{a}\int_0^a dx\, \sin\frac{(n+1)\,\pi x}{a}\sin\frac{(m+1)\,\pi x}{a} \\ &= \frac{1}{a}\int_0^a dx\left[\cos\frac{(n-m)\pi x}{a} - \cos\frac{(n+m+2)\pi x}{a}\right] \\ &= \frac{\sin(n-m)\pi}{(n-m)\pi} - \frac{\sin(n+m+2)\pi}{(n+m+2)\pi} = \delta_{nm} \end{aligned} \tag{3.22}$$

を得る．$n = m$ の場合には，2 段目の $n - m$ を含む被積分関数が定数になる．

3.2　1 次元ポテンシャル問題の一般的性質

前節で解いた 1 次元ポテンシャル問題は，もちろん座標系の選び方にはよらない．そこで，この系のもつ対称性を明示するために x 軸を $a/2$ だけ平行移動する．ポテンシャル (3.5) で，$x \to x + a/2$ とおけば，新しい座標系でのポテンシャル

$$V(x)=\begin{cases}0 & (-a/2<x<a/2) \quad \text{領域 I}\\ \infty & (x<-a/2,\quad a/2<x) \quad \text{領域 II}\end{cases} \tag{3.23}$$

を得る．このポテンシャルは偶関数であり，

$$V(-x)=V(x) \tag{3.24}$$

を満たす．この平行移動で，波動関数 (3.15) は

$$u_n(x)=\begin{cases}\sqrt{\dfrac{2}{a}}\cos\dfrac{(n+1)\pi x}{a} & (n=0,2,4,\cdots)\\ \sqrt{\dfrac{2}{a}}\sin\dfrac{(n+1)\pi x}{a} & (n=1,3,5,\cdots)\end{cases} \tag{3.25}$$

となる．すなわち，波動関数は偶関数か奇関数になる．

1 次元ポテンシャル問題で次のような性質が一般的に成り立つ．

(A) **離散的スペクトルに属するエネルギー固有状態には縮退がない．**

(B) **ポテンシャル $V(x)$ が偶関数なら，固有関数は偶関数か奇関数である．**

性質 (A) を示すため，エネルギー E に属する固有状態が 2 つあったと仮定する．すなわち，

$$\hat{H}u(x)=Eu(x), \qquad \hat{H}v(x)=Ev(x). \tag{3.26}$$

これらの式から $v(x)\hat{H}u(x)=Eu(x)v(x)=u(x)\hat{H}v(x)$ となるが，ここにハミルトニアン (3.1) を代入すると

$$\begin{aligned}v(x)\hat{H}u(x)-u(x)\hat{H}v(x)&=-\frac{\hbar^2}{2m}\left[v(x)u''(x)-u(x)v''(x)\right]\\ &=-\frac{\hbar^2}{2m}\frac{d}{dx}\left[v(x)u'(x)-u(x)v'(x)\right]=0\end{aligned} \tag{3.27}$$

となるが，これを積分して

$$v(x)u'(x)-u(x)v'(x)=(\text{定数}) \tag{3.28}$$

を得る．離散的スペクトルでは，境界条件 (3.4) から十分大きい $|x|$ を想定すると，この定数がゼロであることがわかる．したがって，この方程式は

$$\frac{u'(x)}{u(x)}=\frac{v'(x)}{v(x)} \tag{3.29}$$

と変形される．これは積分できて，$\ln u(x)=\ln v(x)+(\text{定数})$，すなわち，$u(x)=v(x)\times(\text{定数})$ を得る．したがって，$u(x)$ と $v(x)$ は同じ状態を記述するから，エネルギー E に属する固有状態が 1 つしか存在せず，固有状態には縮退がないことが示された．

次に性質 (B) を示すため，偶関数ポテンシャルをもつシュレーディンガー方

程式 $\hat{H}u(x) = Eu(x)$ を考察する．ポテンシャルが偶関数なら，ハミルトニアン (3.1) で $x \to -x$ とおいても変化しないから，$\hat{H}u(-x) = Eu(-x)$ が成り立つ．ゆえに，$u(x)$ と $u(-x)$ は同じ固有値に属する解である．前述したように縮退がないから，c を定数として $u(x) = cu(-x)$ となる．ここで $x \to -x$ とおけば，$u(-x) = cu(x) = c^2u(-x)$ となるので，$c^2 = 1$ である．すなわち $u(x) = u(-x)$ か $u(x) = -u(-x)$ である．したがって解は偶関数か奇関数のどちらかである．

1 次元問題で，座標を $x \to -x$ と置き換えることを**空間反転**，偶関数固有状態を**偶パリティ状態**，奇関数固有状態を**奇パリティ状態**という．

3.3 量子井戸の束縛状態

次にポテンシャルが

$$V(x) = \begin{cases} -V_0 & (-a < x < a) \quad \text{領域 I} \\ 0 & (x < -a, \quad a < x) \quad \text{領域 II} \end{cases} \tag{3.30}$$

で与えられる系を考察する．ここでは $V_0 > 0$ とする．このようなポテンシャルで近似できる物理系は，半導体を別の半導体で挟むことにより実現できる．この構造を図 3.2 に示す．シュレーディンガー方程式は (3.3)，すなわち

$$u''(x) = \frac{2m}{\hbar^2}\left[V(x) - E\right]u(x) \tag{3.31}$$

である．$E < -V_0$ のとき解は存在しない．また，$E > 0$ の解は 4.3 節で議論するように連続状態を記述する．ここでは，エネルギーが $-V_0 < E < 0$ の範囲にある場合を扱う．方程式 (3.31) は，領域 I で

$$u''(x) = -k^2u(x), \qquad \text{ただし} \quad k = \sqrt{\frac{2m(V_0 - |E|)}{\hbar^2}}, \tag{3.32}$$

領域 II で

$$u''(x) = \kappa^2u(x), \qquad \text{ただし} \quad \kappa = \sqrt{\frac{2m|E|}{\hbar^2}} \tag{3.33}$$

となる．ポテンシャル $V(x)$ は偶関数だから，前節の一般的性質に従って，束縛解は偶関数か奇関数のどちらかである．

(A) **偶関数解：** 方程式 (3.32) と (3.33) の偶関数の一般解は，A と B を積分定数として，それぞれ

$$u(x) = A\cos kx, \qquad u(x) = Be^{-\kappa|x|} \tag{3.34}$$

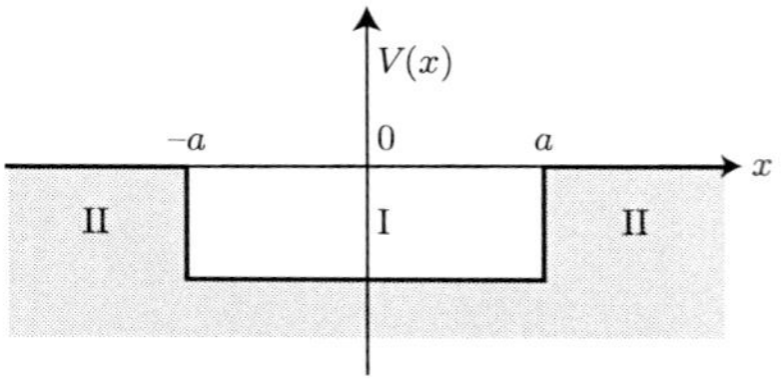

図 3.2 有限のポテンシャル障壁をもつ量子井戸

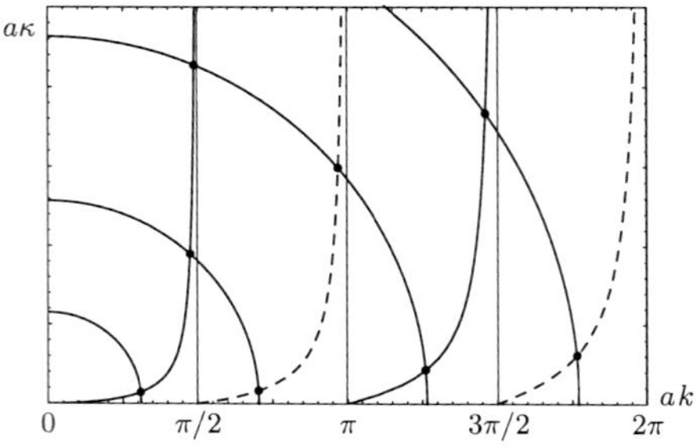

図 3.3 束縛状態の解は曲線の交点（黒丸）で与えられる
実線（波線）上の点は偶関数解（奇関数解）を表す．

と求まる．以下の例題で示すように，**波動関数とその微分はいたる所で連続**なので，境界 $x = a$ で

$$A\cos ka = Be^{-\kappa a} \qquad \text{（関数の連続）} \tag{3.35a}$$

$$-\,kA\sin ka = -\kappa Be^{-\kappa a} \qquad \text{（微係数の連続）} \tag{3.35b}$$

が成り立つ．これら 2 式から固有値条件

$$ak\tan ak = a\kappa \tag{3.36}$$

を得る．解の存在を見るには，(3.32) と (3.33) から導かれる関係式

$$(ak)^2 + (a\kappa)^2 = \frac{2ma^2V_0}{\hbar^2} \tag{3.37}$$

を使うのがよい．2 つの曲線 (3.36) と (3.37) の交点として k と κ は決まる．図 3.3 に解の構造を示す．この κ を (3.33) に代入して，エネルギー固有値 $E = -\kappa^2\hbar^2/2m$ の値が求めることができる．

(B) **奇関数解：** 方程式 (3.32) と (3.33) の奇関数の一般解は，C と D を積分定数として，$x > 0$ の範囲で

$$u(x) = C\sin kx, \qquad u(x) = De^{-\kappa x} \tag{3.38}$$

である．点 $x = a$ で解の接続条件から

$$C\sin ka = De^{-\kappa a} \qquad \text{（関数の連続）} \tag{3.39}$$

$$kC\cos ka = -\kappa De^{-\kappa a} \qquad \text{（微係数の連続）.} \tag{3.40}$$

これら 2 式から固有値条件は

$$-ak\cot ak = a\kappa \tag{3.41}$$

表 3.1 ポテンシャル V_0 の大きさと解の数の関係

$\left(2ma^2V_0/\hbar^2\right)^{1/2}$	0		$\frac{1}{2}\pi$		π		$\frac{3}{2}\pi$		2π	$\cdots$
偶関数解の数		1		1		2		2		$\cdots$
奇関数解の数		0		1		1		2		$\cdots$

である．2 つの曲線 (3.37) と (3.41) の交点として k と κ は決まる．図 3.3 には，奇関数の場合の解も示してある．

V_0 の関数として交点の数を数えるのは容易である．V_0 が十分小さいと交点は 1 個であり，V_0 が増えると交点の数も増える．表 3.1 にこの関係を示す．交点での κ がわかれば，エネルギー固有値 $E = -\kappa^2\hbar^2/2m$ の値が求まる．エネルギー・スペクトルは離散的である．一般的にはエネルギー固有値と固有関数を解析的に求めることはできないが，(3.43) 以下に示すように，V_0 が小さい極限では解析的な扱いができる．

例題： $V(x)$ **が有限なら，波動関数とその微分は連続であることを示せ．**

解説： 任意の点 $x = x_0$ での連続性は次のように導かれる．シュレーディンガー方程式 (3.31) を $x = x_0$ を含む微小区間 $(x_0 - \varepsilon, x_0 + \varepsilon)$ で積分すると

$$\left[u'(x_0+\varepsilon) - u'(x_0-\varepsilon)\right] = \frac{2m}{\hbar^2}\int_{x_0-\varepsilon}^{x_0+\varepsilon} dx\ [V(x) - E]\,u(x). \qquad (3.42)$$

右辺の被積分関数が区間 $(x_0 - \varepsilon, x_0 + \varepsilon)$ で有限ならば $\varepsilon \to 0$ で両辺はゼロになる．これは関数 $u'(x)$ が $x = x_0$ で連続であることを示している．上記から明らかなように，$V(x)$ がたとえ不連続であっても，有限である限り $u'(x)$ は連続である．したがって，その積分である $u(x)$ も連続である．一方，**無限大のポテンシャルがあると，右辺はゼロにならなくてもよい．この場合，波動関数の微分は不連続になる．** (3.15) はその例である．

例題： **(3.30) で，**V_0 **が小さい場合の近似解を解析的に求めよ．**

解説： 図 3.3 からわかるように解は偶関数である．(3.37) より k も κ も微少量である．さらに，(3.36) より

$$ak^2 \simeq \kappa \qquad (3.43)$$

である．κ は k よりも高次の微少量であることがわかる．この式と (3.37) から

$$\kappa \simeq ak^2 \simeq \frac{2maV_0}{\hbar^2} \tag{3.44}$$

を得る．これらの k と κ を用いて波動関数 (3.34) が決定される．積分定数 A と B は規格化条件より決まる．基底状態のエネルギー固有値は

$$E_0 = -\frac{\kappa^2\hbar^2}{2m} = -\frac{2ma^2V_0^2}{\hbar^2} \tag{3.45}$$

と求まる．

3.4 デルタ関数型ポテンシャル

図 3.2 に示した量子井戸の問題で，井戸の幅 $2a$ と深さ V_0 の積 $\beta \equiv 2aV_0$ を一定にして，幅 $2a$ がゼロの極限を考える．このような極限でポテンシャルはデルタ関数になる．すなわち

$$\lim_{a\to 0} V(x) = -\beta\delta(x) \tag{3.46}$$

である．式を見やすくするために，波数の次元をもつ量

$$\gamma \equiv \frac{2m\beta}{\hbar^2} = \frac{4maV_0}{\hbar^2} \tag{3.47}$$

を導入する．$a \to 0$ の極限を考えると，(3.37) は

$$(ak)^2 + (a\kappa)^2 = \frac{2maV_0}{\hbar^2}a = \frac{\gamma a}{2} \to 0 \tag{3.48}$$

となり，ak と $a\kappa$ はともに微小量である．ところが，(3.36) から

$$(ak)^2 = a\kappa \tag{3.49}$$

であり，(3.48) において $(a\kappa)^2$ は $(ak)^2$ に対して無視できる．ゆえに，(3.48) と (3.49) から $\kappa = ak^2 = \gamma/2$ を得る．よって，エネルギー固有値は

$$E_0 = -\frac{\kappa^2\hbar^2}{2m} = -\frac{\gamma^2\hbar^2}{8m} \tag{3.50}$$

と求められる．

以上の極限操作をハミルトニアンの段階で行い，デルタ関数のポテンシャル問題として定式化してみよう．シュレーディンガー方程式は

$$\left[-\frac{\hbar^2}{2m}\frac{d^2}{dx^2} - \beta\delta(x)\right]u(x) = Eu(x) \tag{3.51}$$

である．原点以外の点では，$\delta(x) = 0$ だから，この方程式は

$$u''(x) = \kappa^2 u(x), \qquad ただし \quad \kappa = \sqrt{\frac{2m|E|}{\hbar^2}} \tag{3.52}$$

となり，解は A を積分定数として

$$u(x) = Ae^{-\kappa|x|}, \qquad ただし \quad x \neq 0 \tag{3.53}$$

である．積分定数は領域 $x<0$ と $x>0$ で同じ値に選んでいるが，これは原点で波動関数が連続だからである．規格化条件を課して

$$A = \sqrt{\kappa} \tag{3.54}$$

となる．

波動関数 (3.53) の**微分はデルタ関数のため原点で不連続**である．数学的にこの不連続性を見るために，シュレーディンガー方程式 (3.51) を原点の周りの無限小区間 ($|x|<\varepsilon$) で積分する．

$$-\frac{\hbar^2}{2m}\left[u'(\varepsilon) - u'(-\varepsilon)\right] - \beta\int_{-\varepsilon}^{\varepsilon} dx\,\delta(x)u(x) = E\int_{-\varepsilon}^{\varepsilon} dx\,u(x). \tag{3.55}$$

ここで，デルタ関数の性質から

$$\int_{-\varepsilon}^{\varepsilon} dx\,\delta(x)u(x) = u(0). \tag{3.56}$$

また，$u(x)$ が原点で有限な値をとるので，$\lim_{\varepsilon\to 0}\int_{-\varepsilon}^{\varepsilon} dx\,u(x) = 0$ である．ゆえに

$$\lim_{\varepsilon\to 0}\left[u'(\varepsilon) - u'(-\varepsilon)\right] = -\frac{2m\beta}{\hbar^2}u(0) \equiv -\gamma u(0) \tag{3.57}$$

という微係数の跳びが原点に存在する．この式に解 (3.53) を代入して

$$\kappa = \frac{\gamma}{2} \tag{3.58}$$

を得る．したがって，エネルギー固有値は 1 つしかなく

$$E_0 = -\frac{\kappa^2\hbar^2}{2m} = -\frac{\gamma^2\hbar^2}{8m} \tag{3.59}$$

である．これは (3.50) に等しい．

デルタ関数ポテンシャル問題は解くのが簡単であり，問題を単純化して物理の本質を捉えるのに便利である．ただし，デルタ関数ポテンシャルを使う場合には波動関数の**微分の不連続性**に留意する必要がある．

3.5　二重量子井戸

図 3.4(a) に示すように，同じ幅と深さをもつ井戸を 2 つ並べた**二重量子井戸**に束縛されている 1 個の粒子のエネルギー準位を考察しよう．2 つの井戸が遠く離れている極限から非常に接近する極限まで，解の性質がどのようになっているか興味がある．この問題を解くのはかなり複雑なので，図 3.4(b) に示す

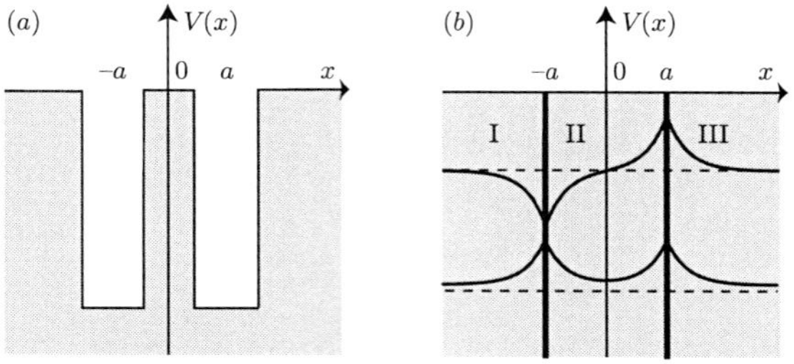

図 3.4 (a) 二重量子井戸，(b) 二つのデルタ関数ポテンシャルの作る二重量子井戸と波動関数 偶関数と奇関数の固有関数を示す．

ように単純化して，2 つのデルタ関数ポテンシャルが距離 $2a$ だけ離れておかれた模型を考える．ポテンシャルは

$$V(x) = -\beta\left[\delta(x+a) + \delta(x-a)\right] \tag{3.60}$$

である．以下 $\gamma \equiv 2m\beta/\hbar^2$ とおく．このポテンシャルは偶関数だから，解は偶関数 $u_+(x)$ か奇関数 $u_-(x)$ のいずれかである．点 $x = \pm a$ 以外ではポテンシャルはゼロであり，シュレーディンガー方程式は (3.52) となる．

（A）偶関数解は

$$u_+(x) = \begin{cases} Ae^{\kappa x} & (x < -a) \quad 領域\ \mathrm{I} \\ B\cosh\kappa x & (-a < x < a) \quad 領域\ \mathrm{II} \\ Ae^{-\kappa x} & (a < x) \quad 領域\ \mathrm{III} \end{cases} \tag{3.61}$$

である．偶関数なので点 $x = a$ における接続条件を解析すれば十分である．波動関数の連続性から

$$Ae^{-\kappa a} = B\cosh\kappa a. \tag{3.62}$$

波動関数の微分の不連続性を表す式

$$\lim_{\varepsilon\to 0}\left[u'_+(a+\varepsilon) - u'_+(a-\varepsilon)\right] = -\gamma u_+(a) \tag{3.63}$$

に (3.61) を代入して

$$-\kappa Ae^{-\kappa a} - \kappa B\sinh\kappa a = -\gamma Ae^{-\kappa a}. \tag{3.64}$$

固有値条件は，(3.62) と (3.64) を連立させ

$$\tanh\kappa a = \frac{\gamma}{\kappa} - 1 \tag{3.65}$$

となる．グラフを書くことで，任意の γa に対してこの方程式に解が存在することがわかる．図 3.5(a) は，上式の両辺を縦軸，横軸に κa を示したものである．

近似解を求めるためにこれを次のように変形する．

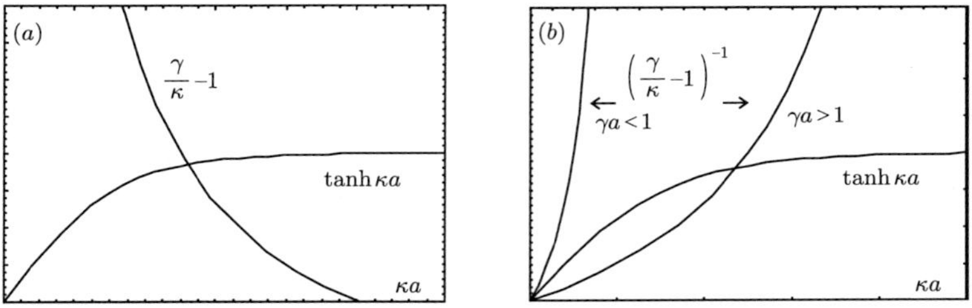

図 3.5　束縛状態のパラメーターを 2 つの曲線の交点として求める方法 (3.65) に対応するグラフを (a), (3.74) に対応するグラフを (b) に示す.

$$\frac{\gamma}{\kappa}=\frac{1-e^{-2\kappa a}}{1+e^{-2\kappa a}}+1=\frac{2}{1+e^{-2\kappa a}}. \tag{3.66}$$

さらに変形して

$$\frac{2\kappa}{\gamma}-1=e^{-2\kappa a}. \tag{3.67}$$

さて，2 つのデルタ関数ポテンシャルが十分離れているなら，$e^{-2\kappa a}\simeq 0$ であり，固有値条件は $\kappa\simeq\gamma/2$ と解ける．これは前節で求めた (3.58) にほかならない．互いのポテンシャルの存在を無視できるのだから当然の結果である．この解からの小さなズレを計算する．そこで

$$2\kappa=\gamma+\varepsilon \qquad (|\varepsilon|\ll\gamma) \tag{3.68}$$

とおく．これを (3.67) に代入すると，$\varepsilon=\gamma e^{-(\gamma+\varepsilon)a}\simeq\gamma e^{-\gamma a}$ となる．これを (3.68) に戻すことで，近似解は

$$\kappa\simeq\frac{\gamma}{2}\left(1+e^{-\gamma a}\right) \tag{3.69}$$

と求まる．エネルギー固有値は

$$E_+=-\frac{\kappa^2\hbar^2}{2m}\simeq-\frac{\gamma^2\hbar^2}{8m}\left(1+2e^{-\gamma a}\right) \tag{3.70}$$

である．固有関数を図 3.4(b) に示す．

(B)　奇関数解は

$$u_-(x)=\begin{cases}-Ae^{\kappa x} & (x<-a) \quad 領域\ \mathrm{I}\\ B\sinh\kappa x & (-a<x<a) \quad 領域\ \mathrm{II}\\ Ae^{-\kappa x} & (a<x) \quad 領域\ \mathrm{III}\end{cases} \tag{3.71}$$

である．波動関数の連続性から

$$Ae^{-\kappa a}=B\sinh\kappa a. \tag{3.72}$$

波動関数の微分の不連続性から

$$-\kappa A e^{-\kappa a} - \kappa B \cosh \kappa a = -\gamma A e^{-\kappa a}. \tag{3.73}$$

固有値条件は (3.72)，(3.73) より

$$\tanh \kappa a = \left(\frac{\gamma}{\kappa} - 1 \right)^{-1}. \tag{3.74}$$

この方程式の解は，$\gamma a > 1$ のときのみ存在する．これは図 3.5(b) のようなグラフを書き，(3.74) の両辺の関数の点 $\kappa = 0$ での傾きを比較してわかる．

近似解を求めるために，次の置き換えを用いる．

$$\frac{\gamma}{\kappa} = \frac{1 + e^{-2\kappa a}}{1 - e^{-2\kappa a}} + 1 = \frac{2}{1 - e^{-2\kappa a}}. \tag{3.75}$$

さらに変形して

$$\frac{2\kappa}{\gamma} - 1 = -e^{-2\kappa a} \equiv \frac{\varepsilon}{\gamma} \tag{3.76}$$

と微小量 ε を導入する．これから，$|\varepsilon| \ll \gamma$ の場合には $\varepsilon = -\gamma e^{-(\gamma+\varepsilon)a} \simeq -\gamma e^{-\gamma a}$ を得るので，(3.76) に戻して近似解として

$$\kappa \simeq \frac{\gamma}{2} \left(1 - e^{-\gamma a} \right) \tag{3.77}$$

が求まる．またエネルギー固有値は

$$E_- = -\frac{\kappa^2 \hbar^2}{2m} \simeq -\frac{\gamma^2 \hbar^2}{8m} \left(1 - 2e^{-\gamma a} \right) \tag{3.78}$$

と求まる．固有関数を図 3.4(b) に示す．

(3.70) と (3.78) を比較すると，偶関数状態の方が奇関数状態よりエネルギーは低く，そのエネルギー差は

$$\Delta E = E_+ - E_- \simeq -\frac{\gamma^2 \hbar^2}{2m} e^{-\gamma a} \tag{3.79}$$

であることがわかる．

3.6 トンネル効果

二重量子井戸は，量子力学特有の効果を調べることに適している．前節で見たように，この系には固有状態が 2 種類存在する．デルタ関数型ポテンシャルで最低エネルギーをもつ偶関数解は (3.61)，奇関数解は (3.71) で与えられている．

さて，粒子を右側の井戸に入れたとしよう．古典力学では一方の井戸に粒子を入れれば，そのまま井戸にとどまる．量子力学系でエネルギーを観測すれば，観測されるのは固有値であり，そのとき粒子は固有状態にいる．偶関数解でも奇関数解でも確率密度 $\rho(x)$ は偶関数だから，粒子を右井戸と左井戸に見いだす

確率は同じである．このとき，粒子はどちらの井戸にいるのかまったく不明である．

この現象を理解するために，2 つの井戸間の距離 $2a$ を十分に離し，場所 $x = a$ にある井戸の基底状態に粒子を 1 つおく．基底状態の波動関数は，波動関数 (3.53) で井戸の位置を平行移動して得られ，

$$u(x) = \sqrt{\kappa}e^{-\kappa|x-a|} \tag{3.80}$$

である．そのエネルギーは (3.59) で与えられる．

波動関数 (3.80) の特徴は右の井戸 $x = a$ の周りに粒子の確率密度が広がっていることである．指数 e の肩に注目して，広がりの程度は $1/\kappa$ と判断できる．左の井戸 $x = -a$ に粒子はいないが，存在しうる領域がやはり $1/\kappa$ 程度ある．徐々に井戸間の距離を小さくすると何が起こるか考察しよう．2 つの井戸の周りの粒子の存在し得る領域が重なると，その重なった領域を透過して，右側にいる粒子は左側の井戸に飛び移ることになる．

ちょうど 2 つの井戸の真ん中にいる粒子にとって，右の井戸も左の井戸もまったく同等に見える．このような状態は右井戸と左井戸の波動関数を重ね合わせ，$C_\pm$ を規格化定数として，近似的に

$$v_\pm(x) = C_\pm\left(e^{-\kappa|x-a|} \pm e^{-\kappa|x+a|}\right) \tag{3.81}$$

で与えられるはずである．実際には，波動関数 $v_+(x)$ は (3.61) で与えられる偶関数解 $u_+(x)$ に，$v_-(x)$ は (3.71) で与えられる奇関数解 $u_-(x)$ に等しいことが確かめられる．

波動関数の重なりのため，古典力学では許されない粒子の移動が起こる現象を**トンネル効果**という．系の基底状態は偶関数 $u_+(x)$ で記述され，片方の井戸に粒子がいる場合のエネルギーよりも低い．これは，トンネル効果によって生まれたもの，と解釈することができる．トンネル効果の詳しい扱いは，次章と第 10 章で行う．

4 粒子の反射と透過

前章に続き，簡単な1次元ポテンシャル問題を考察する．無限の遠方から入射してくる粒子のエネルギー固有値は連続的である．本章ではポテンシャル障壁により反射されたり，透過する粒子の問題を議論する．

4.1 平面波と連続スペクトル

ポテンシャルの影響を受けない粒子を**自由粒子**とよぶ．自由粒子は決まった運動量 $\boldsymbol{p}$ とエネルギー $E = \boldsymbol{p}^2/2m$ をもち平面波

$$\psi(\boldsymbol{r}, t) = Ae^{i(\boldsymbol{p}\cdot\boldsymbol{r} - Et)/\hbar} \tag{4.1}$$

で記述される．これはすでに1.3節で述べた．A は規格化定数である．平面波 (4.1) はハミルトニアン

$$\hat{H} = \frac{\hat{\boldsymbol{p}}^2}{2m} = -\frac{\hbar^2}{2m}\left(\frac{\partial^2}{\partial x^2} + \frac{\partial^2}{\partial y^2} + \frac{\partial^2}{\partial z^2}\right) \tag{4.2}$$

の固有状態である．1.3節では $A = 1$ としているが，シュレーディンガー方程式の解としては任意の定数をとれる．まず，この規格化定数の意味を考察しよう．

平面波 (4.1) 状態での確率密度 (2.1) は

$$\rho(\boldsymbol{r}, t) = |\psi(\boldsymbol{r}, t)|^2 = |A|^2 \tag{4.3}$$

であり，確率密度流 (2.8) は

$$j_k(\boldsymbol{r}, t) = \frac{p_k}{m}|A|^2 \tag{4.4}$$

である．すなわち，平面波 (4.1) は，速度 $\boldsymbol{v} = \boldsymbol{p}/m$ で運動している粒子の流れを記述している．全空間で積分して粒子の全存在確率は

$$\int d^3x\, \rho(\boldsymbol{r}, t) = |A|^2 V \tag{4.5}$$

となる．ここで

$$V = \int d^3x \tag{4.6}$$

とおいたが，これは全空間の体積であり，無限大になる．したがって，**自由粒子に対しては収束条件 (2.2) を課すことはできない．**

自由粒子の波動関数を扱う際には，有限の体積 V の領域を考え，計算の最後で $V \to \infty$ の極限をとればよい．この場合には $A = 1/\sqrt{V}$ となる．波動関数は変数分離できるから，x 成分を考察すれば十分である．有限領域を $(0, L)$ とすると，自由粒子の波動関数は

$$\psi(x,t) = \frac{1}{\sqrt{L}} e^{i(px-Et)/\hbar}, \qquad E = \frac{p^2}{2m} \tag{4.7}$$

である．領域の境界で波動関数に境界条件を課す必要がある．通常用いられるものは，周期的境界条件とよばれ，$\psi(x=L) = \psi(x=0)$，すなわち

$$e^{ip(x+L)/\hbar} = e^{ipx/\hbar} \tag{4.8}$$

を課す．これを満たすために，運動量の値は

$$p = \frac{2\pi\hbar}{L} n \qquad (n = 0, \pm 1, \pm 2, \cdots) \tag{4.9}$$

と離散的になる．エネルギーも

$$E = \frac{p^2}{2m} = \frac{1}{2m} \left(\frac{2\pi n\hbar}{L} \right)^2 \tag{4.10}$$

のように離散的になる．しかし，隣接する運動量の差は

$$\Delta p = \frac{2\pi\hbar}{L} [(n+1) - n] = \frac{2\pi\hbar}{L} \tag{4.11}$$

であり，$L \to \infty$ で無限小である．これは，無限に広がった領域では運動量は連続スペクトルになることを意味する．

4.2 ポテンシャルの階段

図 4.1 に示すように，原点で段差がある 1 次元ポテンシャル問題

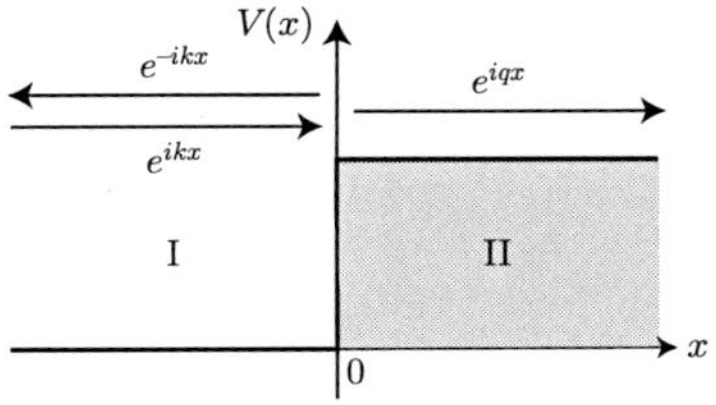

図 4.1 ポテンシャルの階段による反射と透過

$$V(x) = \begin{cases} 0 & (x < 0) \quad \text{領域 I} \\ V_0 & (0 < x) \quad \text{領域 II} \end{cases} \tag{4.12}$$

を考える．ここで $V_0 > 0$ とする．左側の無限遠から粒子が入射してくる場合を考える．領域 I でシュレーディンガー方程式 (3.3) は

$$u''(x) = -k^2 u(x), \qquad \text{ただし} \quad k = \sqrt{\frac{2mE}{\hbar^2}}. \tag{4.13}$$

この方程式の解は A と B を積分定数として

$$u(x) = Ae^{ikx} + Be^{-ikx} \tag{4.14}$$

である．この問題は定常状態に関するものであるが，各項の意味を知るために，時間を含む波動関数を考える．時間を含むシュレーディンガー方程式 (1.19) の解は

$$\psi(x,t) = Ae^{i(kx-\omega t)} + Be^{-i(kx+\omega t)} \tag{4.15}$$

である．第 1 項は右向き進行波，第 2 項は左向き進行波を記述している．右向き進行波は入射波を表し，この波が段差に当たり，左向き反射波が生成されたと解釈できる．それぞれの波の確率密度流は (4.4) から

$$j_{\text{in}} = \frac{\hbar k}{m}|A|^2, \qquad j_{\text{ref}} = -\frac{\hbar k}{m}|B|^2 \tag{4.16}$$

と計算される．全体では

$$j_{\text{tot}} = \frac{\hbar k}{m}\left(|A|^2 - |B|^2\right) = j_{\text{in}} + j_{\text{ref}} \tag{4.17}$$

である．

領域 II では，ポテンシャルの大きさが $V_0 < E$ の場合と $V_0 > E$ の場合で別々に扱わねばならない．

（A）**ポテンシャルの大きさが $V_0 < E$ の場合：**　このとき，シュレーディンガー方程式 (3.3) は

$$u''(x) = -q^2 u(x), \qquad \text{ただし} \quad q = \sqrt{\frac{2m}{\hbar^2}(E - V_0)}. \tag{4.18}$$

領域 II に反射波は存在しないので，この方程式の解は積分定数を C として

$$u(x) = Ce^{iqx} \tag{4.19}$$

で与えられる．確率密度流は (4.4) から

$$j_{\text{tras}} = \frac{\hbar q}{m}|C|^2 \tag{4.20}$$

である．2 つの解に点 $x = 0$ で接続条件

$$A + B = C \qquad \text{(関数の連続)} \tag{4.21}$$

$$k(A - B) = qC \qquad \text{(微係数の連続)} \tag{4.22}$$

を課し，これらを解いて

$$B = \frac{k-q}{k+q}A, \qquad C = \frac{2k}{k+q}A \tag{4.23}$$

を得る．領域 I には入射波と反射波が存在している．古典力学では，粒子速度は小さくなるが，常に段差を超えて飛んでいくのに対して，量子力学では，波の性質を反映して一部は反射し一部は透過する．そこで反射係数 R と透過係数 T を

$$R \equiv \frac{|j_{\mathrm{ref}}|}{j_{\mathrm{in}}}, \qquad T \equiv \frac{j_{\mathrm{tras}}}{j_{\mathrm{in}}} \tag{4.24}$$

で定義する．この問題では

$$R = \left(\frac{k-q}{k+q}\right)^2, \qquad T = \frac{q}{k}\left(\frac{2k}{k+q}\right)^2 \tag{4.25}$$

となる．両者の間には

$$R + T = 1 \tag{4.26}$$

という関係が成り立つ．これは確率密度流の保存，$j_{\mathrm{tot}} \equiv j_{\mathrm{in}} + j_{\mathrm{ref}} = j_{\mathrm{tras}}$，にほかならない．

(B) **ポテンシャルの大きさが $E < V_0$ の場合：**　このとき，シュレーディンガー方程式 (3.3) は

$$u''(x) = \kappa^2 u(x), \qquad \text{ただし} \quad \kappa = \sqrt{\frac{2m}{\hbar^2}(V_0 - E)}. \tag{4.27}$$

この方程式の解は積分定数を C として

$$u(x) = Ce^{-\kappa x} \tag{4.28}$$

であるが，これは上記の問題 (A) で $q = i\kappa$ とおいたことに相当する．よって，反射係数は

$$R = \left|\frac{k - i\kappa}{k + i\kappa}\right|^2 = 1 \tag{4.29}$$

となり，全反射していることがわかる．波動関数が実数だから確率密度流 (4.4) はゼロになり，したがって透過係数もゼロである．ただし，波動関数は $x > 0$ の領域に $1/\kappa$ 程度しみ込んでいる．

4.3 ポテンシャル障壁とトンネル効果

今度は，図 4.2 に示すように原点近傍に箱型のポテンシャル障壁がある 1 次元ポテンシャル問題

$$V(x) = \begin{cases} 0 & (x < 0) \quad \text{領域 I} \\ V_0 & (0 < x < a) \quad \text{領域 II} \\ 0 & (a < x) \quad \text{領域 III} \end{cases} \tag{4.30}$$

を考える．ここで $V_0 > 0$ とする．左側の無限遠から粒子が入射してくる場合，領域 I と III でのシュレーディンガー方程式は (4.13) と同じであり，解は A, B, F を積分定数として

$$u_1(x) = Ae^{ikx} + Be^{-ikx}, \tag{4.31}$$

$$u_3(x) = Fe^{ikx}, \qquad \text{ただし} \quad k = \sqrt{\frac{2mE}{\hbar^2}} \tag{4.32}$$

である．領域 II に関してはエネルギーの大きさによって場合分けして扱わねばならない．

(A) **エネルギー固有値が $E > V_0$ を満たす場合：** 領域 II でのシュレーディンガー方程式は，(4.18) と同じであり，解は C, D を積分定数として

$$u_1(x) = Ce^{iqx} + De^{-iqx}, \qquad \text{ただし} \quad q = \sqrt{\frac{2m}{\hbar^2}(E - V_0)} \tag{4.33}$$

である．領域 I と II では進行波と反射波が存在し，領域 III には進行波しかない．領域の境界における解の接続条件を考える．まず，$x = 0$ で

$$A + B = C + D, \tag{4.34a}$$

$$k(A - B) = q(C - D), \tag{4.34b}$$

また，$x = a$ で

$$Ce^{iqa} + De^{-iqa} = Fe^{ika}, \tag{4.35a}$$

$$q(Ce^{iqa} - De^{-iqa}) = kFe^{ika} \tag{4.35b}$$

となる．これらの条件を解いて，反射率 $R = |B/A|^2$ と透過率 $T = |F/A|^2$ を求めることができる．計算は 36 ページの例題で行うが，結果は

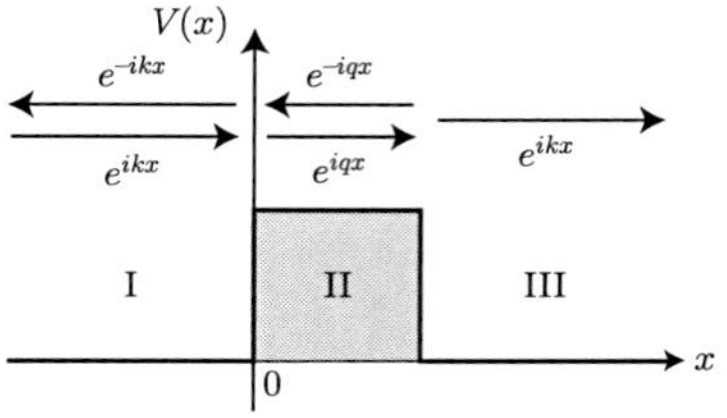

図 **4.2**　ポテンシャル障壁による反射と透過

$$R = \frac{\left(q^2 - k^2\right)^2 \sin^2(qa)}{4k^2q^2 + \left(q^2 - k^2\right)^2 \sin^2(qa)} = \frac{V_0^2 \sin^2(qa)}{4E(E - V_0) + V_0^2 \sin^2(qa)}, \tag{4.36a}$$

$$T = \frac{4k^2q^2}{4k^2q^2 + \left(q^2 - k^2\right)^2 \sin^2(qa)} = \frac{4E(E - V_0)}{4E(E - V_0) + V_0^2 \sin^2(qa)} \tag{4.36b}$$

と求められる．ただし，q は (4.33) で与えられる．両者の間には確率密度流の保存に対応して

$$R + T = 1 \tag{4.37}$$

という関係式が成り立つ．

量子力学における波の性質の反映として，粒子のエネルギーがポテンシャル障壁の高さより高くても ($E > V_0$) 反射が起こっている．しかし，特別な場合には $T = 1$ となり，反射が起こらずにすべて透過する．この現象が起こるのは，(4.36) において $\sin(qa) = 0$，すなわち

$$qa = \frac{a}{\hbar}\sqrt{2m(E - V_0)} = n\pi \qquad (n = 1, 2, 3, \cdots) \tag{4.38}$$

の場合である．ここで波長 λ と波数 q の関係式

$$\lambda = \frac{2\pi}{q} \tag{4.39}$$

を用いると，$a = n\pi/q = n\lambda/2$ である．ポテンシャルの幅 a がちょうど半波長 $\lambda/2$ の整数倍なら反射は起こらない．これを**共鳴透過**とよぶ．

(B) **エネルギー固有値が $E < V_0$ を満たす場合：**　領域 II でのシュレーディンガー方程式は，(4.27) と同じであり，解は C，D を積分定数として

$$u_2(x) = Ce^{\kappa x} + De^{-\kappa x}, \qquad ただし \quad \kappa = \sqrt{\frac{2m}{\hbar^2}(V_0 - E)} \tag{4.40}$$

である．これは (4.33) で $iq \to \kappa$ とおいたものである．反射率や透過率もこの置き換えを (4.36) で行うことで次のように求まる．

$$R=\frac{V_0^2\sinh^2(\kappa a)}{4E(V_0-E)+V_0^2\sinh^2(\kappa a)}, \tag{4.41a}$$

$$T=\frac{4E(V_0-E)}{4E(V_0-E)+V_0^2\sinh^2(\kappa a)}. \tag{4.41b}$$

古典力学では，$E<V_0$ の場合に粒子はポテンシャル障壁を超えられない．しかし，量子力学では $0<T<1$ だから，反射は起こるが必ず一部は透過する．これを**トンネル現象**という．トンネル確率は T で与えられる．

さて，3.3 節で量子井戸による束縛問題を扱った．そこでは粒子のエネルギーは負と限定した．エネルギーが正なら，固有値は連続的になり，量子井戸による散乱の問題になる．いま扱っている問題では（A）で $V_0\to -V_0$ とおき直せばよい．よって，この場合の反射率と透過率は (4.36) より

$$R=\frac{V_0^2\sin^2(qa)}{4E(E+|V_0|)+V_0^2\sin^2(qa)}, \tag{4.42a}$$

$$T=\frac{4E(E+|V_0|)}{4E(E+|V_0|)+V_0^2\sin^2(qa)} \tag{4.42b}$$

となる．遠方より飛んでくる古典的粒子はポテンシャル井戸があることに気がつかずに飛んでいくが，量子力学的粒子はその波動的側面によりポテンシャル井戸で一部反射される．しかし，ポテンシャルの幅 a が半波長 $\lambda/2$ の整数倍のときには，確率波の共鳴効果により全部が透過する．

例題：　反射率と透過率の結果 (4.36) を求めよ．

解説：　接続条件 (4.34) から

$$A=\frac{(k+q)C+(k-q)D}{2k},\qquad B=\frac{(k-q)C+(k+q)D}{2k} \tag{4.43}$$

が要求され，別の接続条件 (4.35) から

$$C=\frac{(k+q)F}{2q}e^{i(k-q)a},\qquad D=\frac{(q-k)F}{2q}e^{i(k+q)a} \tag{4.44}$$

が要求される．(4.44) を (4.43) に代入して

$$A=\left[\cos(qa)-i\frac{k^2+q^2}{2kq}\sin(qa)\right]e^{ika}F, \tag{4.45a}$$

$$B=i\frac{q^2-k^2}{2kq}\sin(qa)\,e^{ika}F \tag{4.45b}$$

を得る．これから (4.36) が求められる．

4.4　周期的ポテンシャル

二重井戸構造から発展して，ポテンシャルが周期的に配列する場合の粒子の運動を議論する．これは，結晶構造をもつ物質中で，周期的に並んだ原子が作るポテンシャルのモデルである．実際の物質は 3 次元構造をもつが，これを単純化して 1 次元モデルで考察を進める．ハミルトニアンは

$$\hat{H} = -\frac{\hbar^2}{2m}\frac{d^2}{dx^2} + V(x) \tag{4.46}$$

である．ポテンシャルが周期性 $V(x+a) = V(x)$ をもつとき，波動関数は q を実数として

$$u(x+a) = e^{iaq}u(x) \tag{4.47}$$

という性質を示す．これを**ブロッホ (Bloch) の定理**という．

ブロッホの定理の証明のため，任意の関数に対して

$$\hat{U}f(x) = f(x+a) \tag{4.48}$$

と引数をシフトする演算子 $\hat{U}$ を導入する．このような**平行移動演算子**は，運動量演算子 $\hat{p}$ を用いて

$$\hat{U} = \exp\left(\frac{ia\hat{p}}{\hbar}\right) = \sum_{n=0}^{\infty}\frac{1}{n!}\left(\frac{ia\hat{p}}{\hbar}\right)^n \tag{4.49}$$

で与えられる．実際，任意の関数に作用して

$$\hat{U}f(x) = \sum_{n=0}^{\infty}\frac{1}{n!}\left(\frac{ia\hat{p}}{\hbar}\right)^n f(x) = \sum_{n=0}^{\infty}\frac{a^n}{n!}(\partial_x)^n f(x) = f(x+a) \tag{4.50}$$

となる．これはテーラー展開公式そのものである．

ハミルトニアンもポテンシャルと同じ周期性をもつから，$\hat{H}(x+a) = \hat{H}(x)$ が成り立ち，任意の関数 $f(x)$ に対して，

$$\hat{U}\hat{H}f(x) = \hat{H}(x+a)f(x+a) = \hat{H}\hat{U}f(x) \tag{4.51}$$

が導かれる．すなわち $\hat{U}\hat{H} = \hat{H}\hat{U}$ であり，2 つの演算子 $\hat{H}$ と $\hat{U}$ は交換する．交換する 2 つの演算子に対しては，共通の固有関数を構築できる．この性質は 5.5 節で証明するが，いまの場合にはハミルトニアン $\hat{H}$ の固有関数 $u(x)$ を演算子 $\hat{U}$ の固有関数でもあるようにとれる．すなわち，この問題の解は

$$\hat{H}u(x) = Eu(x), \quad \text{かつ} \quad \hat{U}u(x) = \eta u(x) \tag{4.52}$$

を満たす．ここで固有値 η は複素数であり，$\eta = |\eta| e^{iaq}$ とおく．このような演算を N 回作用させると

$$\hat{U}^N u(x) = \eta^N u(x) = |\eta|^N e^{iNaq} u(x). \tag{4.53}$$

一方，(4.48) から

$$\hat{U}^N u(x) = u(x + Na) \tag{4.54}$$

である．これら 2 式を組み合わせ，$N \to \infty$ の極限をとると，

$$\lim_{N\to\infty} |u(x+Na)| = \lim_{N\to\infty} |\eta|^N |u(x)| = \begin{cases} 0 & (|\eta| < 1) \\ |u(x)| & (|\eta| = 1) \\ \infty & (|\eta| > 1) \end{cases} \tag{4.55}$$

となる．周期的な系において許されるのは $|\eta| = 1$ の場合のみである．ゆえに

$$\hat{U} u(x) = u(x+a) = e^{iaq} u(x) \tag{4.56}$$

であり，ブロッホの定理は証明された．

演算子 $\hat{U}$ の具体的な式 (4.49) を用いると，上の式は

$$e^{ia\hat{p}/\hbar} u(x) = e^{iaq} u(x) \tag{4.57}$$

となる．ゆえに，運動量演算子 $\hat{p}$ の固有値が $\hbar q$ である．ただし，指数関数の肩では，n を整数として，aq と $aq + 2\pi n$ は同一視しなければいけない．したがって，q の領域を $-\pi/a < q \leq \pi/a$ に限定することができる．このように限定することを**還元ブリユアン・ゾーン形式**という．また，$\hbar q$ を**結晶運動量**，q を**結晶波数**という．

一般の周期的ポテンシャルで具体的にシュレーディンガー方程式を解くのは困難である．そこで単純な周期的デルタ関数型ポテンシャル

$$V(x) = \beta \sum_n \delta(x + na) \tag{4.58}$$

を採用する．これを**クローニッヒ-ペニー** (Kronig-Penny) **模型**とよぶ．格子点以外では自由空間のシュレーディンガー方程式に帰着するから，たとえば，領域 $-a < x < 0$ で解 $u_0(x)$ は，積分定数 A と B を用いて

$$u_0(x) = Ae^{ikx} + Be^{-ikx} \tag{4.59}$$

である．他の任意の領域 $(n-1)a < x < na$ での解 $u_n(x)$ はブロッホの定理によって解 $u_0(x)$ から構成できる．特に，隣接する領域 $0 < x < a$ で解 $u_1(x)$ は，ブロッホの関係式 (4.47) で $x \to x - a$ と代入して

$$u_1(x) = e^{iaq} u_0(x-a) = e^{ia(q-k)} Ae^{ikx} + e^{ia(q+k)} Be^{-ikx} \tag{4.60}$$

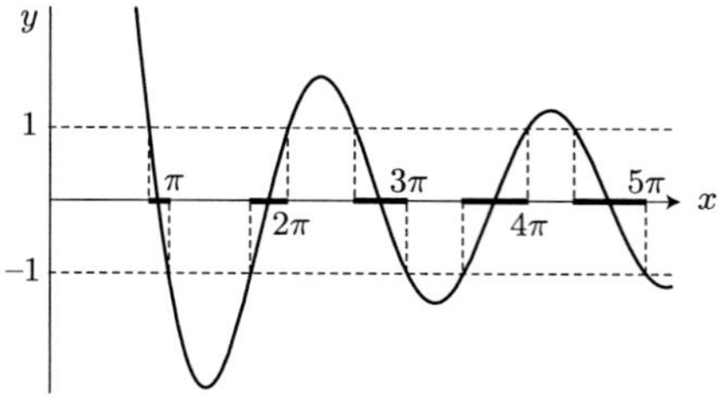

図 4.3 $\alpha = 8$ の場合の関数 $y = \cos x + \alpha \sin x/x$ のグラフ
水平な破線は限界値 ± 1 を表し，太線で示した x の領域は許容バンドを表す．

と求まる．結晶波数 q の関数として k が求まれば，エネルギー固有値は $E = k^2\hbar^2/2m$ で与えられる．$|\cos aq| \le 1$ だから，エネルギー固有値が存在するのは $\gamma \equiv 2m\beta/\hbar^2$ とおいて下記の条件を満たすときである．

$$-1 \le \cos ak + \frac{\gamma}{2k}\sin ak \le 1. \tag{4.61}$$

この条件の導出は以下の例題で行う．

いまポテンシャルは斥力とし，$x = ak$，$\alpha = \gamma a/2\ (>0)$ とおいて

$$y = \cos x + \alpha\frac{\sin x}{x} \tag{4.62}$$

のグラフを図 4.3 に示す．その上に $y = \pm 1$ という直線も書いてある．解が存在するのは x 軸上の太線を引いた部分である．

このようなスペクトルをバンド構造とよぶ．エネルギー固有状態が連続的に存在している領域を**エネルギーバンド**あるいは**許容バンド**，それ以外の部分を**エネルギーギャップ**あるいは**禁止バンド**という．禁止バンドのはじまりは条件

$$qa = n\pi \qquad (n = \pm 1, \pm 2, \pm 3, \cdots) \tag{4.63}$$

で与えられる．粒子のエネルギーは許容バンドの中でのみ連続的に変わることができる．周期ポテンシャル中の粒子の固有エネルギーはバンド構造を作り，**許容バンドの中の粒子は結晶運動量をもつ自由粒子として振る舞う**．ただし，運動量の保存則は変更を受ける．すなわち 2 体散乱において，通常の運動量保存は，$p_1 + p_2 = p_1' + p_2'$ であるが，結晶運動量に対しては n を整数として

$$p_1 + p_2 = p_1' + p_2' + \frac{2\pi\hbar n}{a} \tag{4.64}$$

となる．$n \ne 0$ の場合を**ウムクラップ散乱**という．

例題： k と q の満たすべき関係 **(4.61)** を求めよ．

解説： 境界 $x = 0$ での接続条件は，

$$u_1(0) = u_0(0), \tag{4.65}$$

$$u_1'(0) - u_0'(0) = \gamma u_0(0) \tag{4.66}$$

となる．これに (4.59) を代入して

$$e^{ia(q-k)}A + e^{ia(q+k)}B = A + B, \tag{4.67}$$

$$ik\left(e^{ia(q-k)}A - e^{ia(q+k)}B - A + B\right) = \gamma\,(A + B) \tag{4.68}$$

を得る．上式から A と B を消去して固有値条件

$$\frac{e^{-iak} - e^{iaq}}{e^{iak} - e^{iaq}} = \frac{\gamma e^{-iak} - ik\left(e^{-iak} - e^{iaq}\right)}{\gamma e^{iak} + ik\left(e^{iak} - e^{iaq}\right)} \tag{4.69}$$

が得られる．両辺の分母を払って展開し，整理すると，上式は

$$\cos ak + \frac{\gamma}{2k}\sin ak = \cos aq \tag{4.70}$$

とまとめられる．

5 量子力学とベクトル空間

量子力学のイメージができた所で，一般的な問題に適用するのに便利な数学的定式化を行う．これはディラック (Dirac) によってなされたものであり，シュレーディンガー (Schrödinger) の波動力学とハイゼンベルグ (Heisenberg) の行列力学が同じものの異なった表現であることを見抜いた結果の産物である．このような一段高い理解に到達すると，種々の量子力学の問題が見通しよく捉えられる．ここまでは，粒子の状態を表す波動関数と物理量を表す微分演算子を扱ってきた．本章では波動関数を一種のベクトルとみなすアイディアを説明する．

5.1 ブラケット表記

直感的理解を助けるために，まず 3 次元ベクトル空間とその中での演算子を復習する．その際，ディラックが導入した便利な表記を用いて議論する．3 次元空間において，複素数を要素としてもつベクトルを

$$|\psi\rangle = \begin{pmatrix} \psi_1 \\ \psi_2 \\ \psi_3 \end{pmatrix} \tag{5.1}$$

と書き，**ケットベクトル**とよぶ．これの複素共役転置ベクトルを

$$\langle\psi| = (\psi_1^*, \psi_2^*, \psi_3^*) \tag{5.2}$$

のように表記し，**ブラベクトル**とよぶ．ケットベクトルとブラベクトルはそれぞれ，3×1 行列と 1×3 行列である．ケットベクトル空間の基底ベクトルは

$$|1\rangle = \begin{pmatrix} 1 \\ 0 \\ 0 \end{pmatrix}, \qquad |2\rangle = \begin{pmatrix} 0 \\ 1 \\ 0 \end{pmatrix}, \qquad |3\rangle = \begin{pmatrix} 0 \\ 0 \\ 1 \end{pmatrix} \tag{5.3}$$

であり，ブラベクトル空間の基底ベクトルは

$$\langle 1| = (1,0,0), \qquad \langle 2| = (0,1,0), \qquad \langle 3| = (0,0,1) \tag{5.4}$$

である．ケットベクトル (5.1) とブラベクトル (5.2) は互いに**エルミート共役**として対をなす．ここで行列 $\hat{A}$ のエルミート共役 $\hat{A}^\dagger$ とは，転置行列を作り各構成要素を複素共役で置き換えたものである．

$$|\psi\rangle = \sum_{i=1,2,3} \psi_i |i\rangle \quad \Longleftrightarrow \quad \langle\psi| = \sum_{i=1,2,3} \psi_i^* \langle i|. \tag{5.5}$$

係数 ψ_i はケットベクトル $|\psi\rangle$ の $|i\rangle$-成分であり，$\psi_i = \langle i|\psi\rangle$ と表記する．

2 つのベクトルの内積は，1 行あるいは 1 列しかない特別な行列の積として

$$\langle\phi|\psi\rangle = \sum_i \sum_j \phi_i^* \psi_j \langle i|j\rangle = \sum_i \phi_i^* \psi_i \tag{5.6}$$

で与えられる．ここで，基底ベクトル $|i\rangle$ が**正規直交系**

$$\langle i|j\rangle = \delta_{ij} \tag{5.7}$$

をなすことを使った．数学の教科書では内積を (ϕ, ψ) と表記することが多いが，量子力学ではディラックの記法 $\langle\phi|\psi\rangle$ を用いる．

ケットベクトル $|\psi\rangle$ とブラベクトル $\langle\phi|$ から作った量 $|\psi\rangle\langle\phi|$ は 3×3 行列である．ここでケットベクトル $|\psi\rangle$ とブラベクトル $\langle\phi|$ を並べる順序に注意する．すなわち $\langle\phi|\psi\rangle$ は 1×1 行列（複素数）であり，$|\psi\rangle\langle\phi|$ は，いまの例では 3×3 行列である．特に，基底ベクトルは次の重要な関係式を満たす．

$$\sum_{i=1,2,3} |i\rangle\langle i| = \begin{pmatrix} 1 & 0 & 0 \\ 0 & 1 & 0 \\ 0 & 0 & 1 \end{pmatrix} = \mathbb{I}_3. \tag{5.8}$$

ここで，$\mathbb{I}_3$ は 3×3 単位行列であり，恒等変換の行列である．この恒等変換を任意のベクトル $|\psi\rangle$ に作用させて

$$|\psi\rangle = \mathbb{I}_3 |\psi\rangle = \sum_{i=1,2,3} |i\rangle\langle i|\psi\rangle \tag{5.9}$$

を得る．この式は，3 つの基底ベクトル $|i\rangle$ が**完全系**を張っていることを意味する．この式と (5.5) は同じベクトルを表しているから，$\psi_i = \langle i|\psi\rangle$ である．完全性条件 (5.8) は，任意のベクトルが基底 $|i\rangle$ で展開できることを表す．式 (5.7) と (5.8) を合わせて**正規直交完全性**という．

3 次元ベクトル空間における演算子 $\hat{A}$ は 3×3 行列である．ベクトル $|\phi\rangle$ と $\hat{A}|\psi\rangle$ の内積は，行列要素 $A_{ij} = \langle i|\hat{A}|j\rangle$ を用いて

$$\langle\phi|\hat{A}|\psi\rangle = \sum_{ij} \phi_i^* A_{ij} \psi_j \tag{5.10}$$

と表される．また，固有値方程式は

$$\hat{A}|\psi\rangle = a|\psi\rangle \tag{5.11}$$

となる．行列のエルミート共役がもとの行列と等しいとき，すなわち $\hat{A}^\dagger = \hat{A}$ であるとき，$\hat{A}$ を**エルミート行列**という．エルミート行列 $\hat{A}$ の固有値 a_i $(i = 1, 2, 3)$ は実数であり，これに属する固有ベクトル $|a_i\rangle$ は正規直交完全性条件

$$\langle a_i|a_j\rangle = \delta_{ij}, \qquad \sum_{i=1,2,3} |a_i\rangle\langle a_i| = \mathbb{I}_3 \tag{5.12}$$

を満たすように選べる．

ベクトルの内積 (5.6) は以下の 3 つの性質を満たす．

$$\textbf{双対性：}\ \langle\phi|\psi\rangle = \langle\psi|\phi\rangle^* \tag{5.13a}$$

$$\textbf{線形性：}\ \langle\psi|\left(\alpha|\phi\rangle + \beta|\varphi\rangle\right) = \alpha\langle\psi|\phi\rangle + \beta\langle\psi|\varphi\rangle \tag{5.13b}$$

$$\textbf{正値性：}\ \langle\psi|\psi\rangle \geq 0 \tag{5.13c}$$

これをエルミート形式の内積とよぶ．**双対性**，**線形性**，**正値性**を満たす内積が定義されている有限次元のベクトル空間はユニタリー空間ともよばれる．

5.2　ヒルベルト空間

ヒルベルト空間とは，エルミート形式の**内積が定義されているベクトル空間を，無限次元も許容するように拡張したもの**である．ヒルベルト空間でベクトルの役割を果たすのは，波動関数 $\psi(\boldsymbol{r})$ である．座標 $\boldsymbol{r}$ が離散的であれば，各格子点 $\boldsymbol{r}_i$ 上の値 $\psi(\boldsymbol{r}_i)$ をベクトルの i 番目の成分とみなす．一方，座標が連続的であれば，関数 $\psi(\boldsymbol{r})$ を，極限としての連続空間上のベクトルの $\boldsymbol{r}$ 成分としてイメージできる．さて，$\psi(\boldsymbol{r})$ がその成分になっているベクトルを $|\psi\rangle$ と表す．これは，有限次元のベクトルとその成分による表示に類推できる．時刻 t における量子状態はヒルベルト空間の元 $|\psi\rangle$ であり，その座標表示が波動関数 $\psi(\boldsymbol{r}, t)$ である．

量子力学では運動量やエネルギーといった物理量は状態に作用する演算子である．物理量 A に対応する演算子を $\hat{A}$ と書く．波動関数 $\psi(\boldsymbol{r}, t)$ に演算子 $\hat{A}$ を作用させて得られる関数 $\hat{A}\psi(\boldsymbol{r}, t)$ が記述する状態は $|\hat{A}\psi\rangle$ である．これを $\hat{A}|\psi\rangle$

とも表記する．重ね合わせ状態に対しては

$$\hat{A}|\psi\rangle = \hat{A}|\alpha\phi + \beta\varphi\rangle = \alpha\hat{A}|\phi\rangle + \beta\hat{A}|\varphi\rangle \tag{5.14}$$

が成り立つから，物理量は**線形演算子**である．

任意の 2 つの状態 $|\psi\rangle$ および $|\phi\rangle$ から，複素数

$$\langle\phi|\psi\rangle \equiv \int d\boldsymbol{r}\, \phi^*(\boldsymbol{r},t)\psi(\boldsymbol{r},t) \tag{5.15}$$

を計算できる．この複素数 $\langle\phi|\psi\rangle$ を 2 つの状態 $|\psi\rangle$，$|\phi\rangle$ の**内積**と定義する．この内積の性質を調べよう．まず，内積の複素共役を計算して

$$\langle\phi|\psi\rangle^* \equiv \int d\boldsymbol{r}\, \left[\phi^*\psi\right]^* = \int d\boldsymbol{r}\, \psi^*\phi = \langle\psi|\phi\rangle \tag{5.16}$$

となるから**双対性**を満足している．次に任意の 3 つの状態 $|\psi\rangle$，$|\phi\rangle$，$|\varphi\rangle$ に対して

$$\langle\psi|\alpha\phi + \beta\varphi\rangle = \alpha\int d\boldsymbol{r}\, \psi^*\phi + \beta\int d\boldsymbol{r}\, \psi^*\varphi = \alpha\langle\psi|\phi\rangle + \beta\langle\psi|\varphi\rangle \tag{5.17}$$

となるから**線形性**を満足している．最後に，

$$\langle\psi|\psi\rangle \equiv \int d\boldsymbol{r}\, \psi^*\psi = \int d\boldsymbol{r}\, \rho(\boldsymbol{r},t) \geq 0 \tag{5.18}$$

となるから**正値性**を満足している．ゼロになるのは $|\psi\rangle = 0$ のときである．この内積は前節の (5.13) に挙げた双対性，線形性，正値性を満たしているから粒子の状態が作る空間 $\mathbb{H}$ は**ヒルベルト空間**をなす．

ディラックに従い，1 つの状態に対して，ケットベクトル $|\psi\rangle$ とブラベクトル $\langle\psi|$ を導入する．2 つの状態 $|\psi\rangle$ と $|\phi\rangle$ の内積 $\langle\phi|\psi\rangle$ をブラベクトル $\langle\phi|$ とケットベクトル $|\psi\rangle$ の積と解釈する．この記法の特に有用な点は，$|\phi\rangle\langle\psi|$ と書かれる量を演算子とみなせる点である．実際，演算子はケットベクトル $|\omega\rangle$ に左から作用して別のケットベクトル $\langle\psi|\omega\rangle|\phi\rangle$ に移し，ブラベクトル $\langle\omega|$ に右から作用して別のブラベクトル $\langle\omega|\phi\rangle\langle\psi|$ に移す．

内積の定義式 (5.15) で，状態 $|\psi\rangle$ の代わりに $|\hat{A}\psi\rangle$ を用いれば，

$$\langle\phi|\hat{A}|\psi\rangle = \langle\phi|\hat{A}\psi\rangle = \int d\boldsymbol{r}\, \phi^*(\boldsymbol{r},t)\hat{A}\psi(\boldsymbol{r},t) \tag{5.19}$$

となる．状態 $|\psi\rangle$ での物理量 A の期待値は (2.24) で与えられるが，これは $\langle A\rangle = \langle\psi|\hat{A}|\psi\rangle$ にほかならない．

演算子 $\hat{A}$ が与えられたとき，任意の 2 つの状態 $|\psi\rangle$ と $|\phi\rangle$ に対して，

$$\langle\psi|\hat{A}^\dagger|\phi\rangle \equiv \langle\phi|\hat{A}|\psi\rangle^* \tag{5.20}$$

となるような演算子 $\hat{A}^\dagger$ を定義し，これを演算子 $\hat{A}$ の**エルミート共役**という．

ケットベクトル $|\phi\rangle = \hat{A}|\psi\rangle$ を考えよう．任意の状態 $|\omega\rangle$ に対して，双対性から

$$\langle\phi|\omega\rangle = \langle\omega|\phi\rangle^* = \langle\omega|\hat{A}|\psi\rangle^* \tag{5.21}$$

を得る．ここでエルミート共役の定義 (5.20) を用いると

$$\langle\phi|\omega\rangle = \langle\psi|\hat{A}^\dagger|\omega\rangle \tag{5.22}$$

となる．これが任意の状態 $|\omega\rangle$ に対して成り立つから，$|\phi\rangle$ と対になるブラベクトルは $\langle\phi| = \langle\psi|A^\dagger$ であることがわかる．つまり，対応関係

$$|\phi\rangle = \hat{A}|\psi\rangle \quad \Longleftrightarrow \quad \langle\phi| = \langle\psi|A^\dagger \tag{5.23}$$

がある．演算子のエルミート共役がもとの演算子と等しいとき，すなわち $\hat{A}^\dagger = \hat{A}$ であるとき，$\hat{A}$ を**エルミート演算子**という．エルミート演算子であるためには，任意の状態 $|\psi\rangle$ に対して

$$\langle\psi|\hat{A}|\psi\rangle = \langle\psi|\hat{A}^\dagger|\psi\rangle \tag{5.24}$$

が成り立てば十分である．証明は以下の研究課題で行う．

物理量に対応する演算子はエルミート演算子であることを証明する．物理量の測定値は実数であるから，期待値はその複素共役と等しい．すなわち

$$\langle\psi|\hat{A}|\psi\rangle = \langle\psi|\hat{A}|\psi\rangle^* = \langle\psi|\hat{A}^\dagger|\psi\rangle \tag{5.25}$$

となるから，(5.24) により $\hat{A}$ はエルミート演算子である．

基底 $|n\rangle$ として $\hat{A}$ の固有状態をとれば，行列 $A_{mn} = \langle m|\hat{A}|n\rangle$ は対角行列であり，対角成分は固有値にほかならない．したがって，**演算子 $\hat{A}$ の固有値と固有状態を求めることを，演算子 $\hat{A}$ を対角化する**ともいう．

例題：　運動量演算子 $\hat{p}_j = -i\hbar\partial_j$ はエルミート演算子であることを示せ．

解説：　定義より，

$$\begin{aligned}\langle\psi|\hat{p}_j|\psi\rangle - \langle\psi|\hat{p}_j|\psi\rangle^* &= \int d\boldsymbol{r}\,\psi^*\frac{\hbar}{i}\partial_j\psi - \int d\boldsymbol{r}\left(\frac{\hbar}{i}\partial_j\psi\right)^*\psi \\ &= \frac{\hbar}{i}\int d\boldsymbol{r}\,\partial_j\left(\psi^*\psi\right).\end{aligned} \tag{5.26}$$

これは表面積分であり，境界条件 (2.2) からゼロになる．ゆえに $\hat{p}_j$ はエルミート演算子である．平面波の場合には境界条件 (2.2) は成り立たないが，周期的境界条件 (4.8) によってゼロになる．

研究課題：　(5.24) を満たす $\hat{A}$ は，エルミート演算子であることを示せ．

解説： 状態 $|\psi\rangle$ を互いに異なる状態 $|\phi\rangle$ と $|\varphi\rangle$ を用いて $|\psi\rangle = |\phi\rangle + \lambda|\varphi\rangle$ と書く．これを $\langle\psi|\hat{A}|\psi\rangle = \langle\psi|\hat{A}^\dagger|\psi\rangle$ に代入すると，(5.24) が $|\phi\rangle$ と $|\varphi\rangle$ に対して成り立つ．これらを用い，(5.24) に $|\psi\rangle = |\phi\rangle + \lambda|\varphi\rangle$ を代入したものは

$$\lambda\left(\langle\phi|\hat{A}|\varphi\rangle - \langle\phi|\hat{A}^\dagger|\varphi\rangle\right) = \lambda^*\left(\langle\varphi|\hat{A}^\dagger|\phi\rangle - \langle\varphi|\hat{A}|\phi\rangle\right) \tag{5.27}$$

となる．これは任意の複素数 λ に対して成り立つから，任意の 2 つの状態に対して $\langle\phi|\hat{A}|\varphi\rangle = \langle\phi|\hat{A}^\dagger|\varphi\rangle$ となり，定義により $\hat{A}$ はエルミート演算子である．

5.3 観測可能量

エルミート演算子 $\hat{A}$ に対する固有値方程式は

$$\hat{A}|a\rangle = a|a\rangle \tag{5.28}$$

である．この方程式の解 $|a\rangle$ を固有値 a に属する固有状態という．固有値と固有状態は対応するから，同じ記号を使うことにする．以下も同様である．固有値方程式 (5.28) のすべての固有値と固有状態が求まったと仮定し，その固有値を a_i，固有状態を $|a_i\rangle$ とおく．つまり

$$\hat{A}|a_i\rangle = a_i|a_i\rangle \tag{5.29}$$

固有値は離散的な値をとることも連続的な値をとることもある．この節では離散的な固有値を扱うが，すぐ後の節で連続的な場合に変更する方法を記す．

物理量に対応するエルミート演算子を**観測可能量**あるいは**オブザーバブル**という．オブザーバブルに関して次の 2 つの重要な性質がある．

(A) **オブザーバブルの固有状態は正規直交条件を満たす．**

(B) **オブザーバブルの固有状態は完全系をなす．**

第 1 の命題 (A) の証明として，$\hat{A}$ がエルミート演算子なら

$$\langle a_i|a_j\rangle = \delta_{ij} \tag{5.30}$$

を満たすように固有状態を選べることを示す．(5.29) から，$\langle a_i|\hat{A}|a_j\rangle = a_j\langle a_i|a_j\rangle$ となる．(5.29) のエルミート共役は $\langle a_i|\hat{A} = a_i\langle a_i|$ であるから，$\langle a_i|\hat{A}|a_j\rangle = a_i\langle a_i|a_j\rangle$．ゆえに，

$$a_j\langle a_i|a_j\rangle = a_i\langle a_i|a_j\rangle \tag{5.31}$$

を得る．ここで，固有値が異なる場合 $(a_i \neq a_j)$ と同じ場合 $(a_i = a_j)$ に分けて扱う．まず，$a_i \neq a_j$ だと $\langle a_i|a_j\rangle = 0$ であり，状態 $|a_i\rangle$ と $|a_j\rangle$ は直交して

おり，直交条件 (5.30) を満たしている．

次に，$a_i = a_j$ の場合を議論する．固有値が同じとき，$|a_i\rangle$ と $|a_j\rangle$ は縮退しているという．固有値 a に属するすべての固有状態の張る部分空間 $\mathbb{H}_a$ を考察する．第 1 のステップとして，規格化された状態 $|a_1\rangle$ を任意にとる．すなわち，$\langle a_1|a_1\rangle = 1$．第 2 のステップとして，同じ固有値をもち $\langle a_1|b_2\rangle \neq 0$ であるような状態 $|b_2\rangle$ を任意に選ぶ．状態

$$|c_2\rangle \equiv |b_2\rangle - \langle a_1|b_2\rangle|a_1\rangle. \tag{5.32}$$

は $|a_1\rangle$ と直交している．この状態 $|c_2\rangle$ を規格化して状態 $|a_2\rangle \equiv |c_2\rangle/|\langle c_2|c_2\rangle|$ を作る．構成法からして，$|a_1\rangle$ と $|a_2\rangle$ は正規直交条件 (5.30) を満たす．第 3 のステップとして，同じ固有値をもち $\langle a_1|b_3\rangle \neq 0$ かつ $\langle a_2|b_3\rangle \neq 0$ である状態 $|b_3\rangle$ を任意に選ぶ．状態

$$|c_3\rangle \equiv |b_3\rangle - \langle a_1|b_3\rangle|a_1\rangle - \langle a_2|b_3\rangle|a_2\rangle \tag{5.33}$$

は $|a_1\rangle$ と $|a_2\rangle$ に直交している．状態 $|c_3\rangle$ を規格化して状態 $|a_3\rangle \equiv |c_3\rangle/|\langle c_3|c_3\rangle|$ を作る．このような $|b_3\rangle$ が存在しなければ部分空間 $\mathbb{H}_a$ は $|a_1\rangle$ と $|a_2\rangle$ で張れることになる．この作業を繰り返し行い，部分空間 $\mathbb{H}_a$ の内部で正規直交完全系を張るように $|a_1\rangle$，$|a_2\rangle$，$\cdots$ を選ぶことができる．これをグラム–シュミット (Gram-Schmidt) の直交化法とよぶ．

第 2 の命題 (B) を考察するために，すべての固有状態 $|a_i\rangle$ と任意の複素数 λ_i を用いて，重ね合わせ状態

$$|\psi\rangle = \sum_i \lambda_i|a_i\rangle \tag{5.34}$$

を作る．このような重ね合わせ状態の全体は，$|a_i\rangle$ を基底とするヒルベルト空間 $\mathbb{H}'$ を作る．このヒルベルト空間 $\mathbb{H}'$ が粒子のとりうるすべての状態が作るヒルベルト空間 $\mathbb{H}$ と一致するか否かを議論する．

この問題は量子力学の解釈と関係している．すでに述べたように，粒子の位置を測定すれば，必ずある一点 x に観測される．このとき，粒子は一点 x に存在しており，これは位置の演算子 $\hat{x}$ の固有値 x が観測され，粒子の状態が固有状態 $|x\rangle$ であることを意味する．同じように，物理量 A を測定して観測されるのは，演算子 $\hat{A}$ の固有値 a であり，このとき状態は固有状態 $|a\rangle$ である．状態 $|\psi\rangle$ で A の測定を行ったのなら，確率密度 $|\langle a|\psi\rangle|^2$ で固有値 a が観測される．したがって，$\mathbb{H}' \neq \mathbb{H}$ なら，物理量 A の測定が不可能な粒子の状態が存在する

ことになる．これは物理量の定義に反している．この矛盾を回避するために，**物理量とはその固有状態が完全系を張るようなエルミート演算子，と考えるべきである．これが物理量の数学的定義である．**

5.4 不確定性関係

エルミート演算子 $\hat{A}$ と $\hat{B}$ が

$$[\hat{A}, \hat{B}] = i\hat{C} \tag{5.35}$$

という交換関係を満たすとき，不確定性関係

$$\Delta A \Delta B \geq \frac{1}{2}|\langle\hat{C}\rangle| \tag{5.36}$$

が成り立つことを示そう．ここで $\hat{C}$ もエルミート演算子である．位置と運動量に対して，$\hat{A}=\hat{x}$，$\hat{B}=\hat{p}$，$\hat{C}=\hbar$ とおくと (5.35) は正準交換関係 (1.28) に帰着し，(5.36) は不確定性関係

$$\Delta x \Delta p \geq \frac{1}{2}\hbar \tag{5.37}$$

を意味する．(5.36) と (5.37) において等式が成り立つ場合を**最小不確定性**とよぶ．

不確定性関係 (5.36) に現れる ΔA と ΔB は物理量 A，B の標準偏差である．標準偏差は，演算子からその平均値を引いた演算子

$$\Delta\hat{A} \equiv \hat{A} - \langle A\rangle, \qquad \Delta\hat{B} \equiv \hat{B} - \langle\hat{B}\rangle \tag{5.38}$$

を用いて，

$$\Delta A \equiv \sqrt{\langle(\Delta\hat{A})^2\rangle}, \qquad \Delta B \equiv \sqrt{\langle(\Delta\hat{B})^2\rangle} \tag{5.39}$$

で与えられる．

不確定性関係 (5.36) を導くために，線形結合で表される演算子

$$\hat{X} = \lambda\Delta\hat{A} - i\Delta\hat{B} \tag{5.40}$$

を考える．ただし λ は任意の実数とする．まず，エルミート共役の定義式 (5.20) で $|\phi\rangle = \hat{X}|\psi\rangle$ とおけば

$$\langle\psi|\hat{X}^\dagger\hat{X}|\psi\rangle = \int d\boldsymbol{r}\,(\hat{X}\psi)^*\hat{X}\psi = \int d\boldsymbol{r}\,|\hat{X}\psi|^2 \geq 0 \tag{5.41}$$

となるから，演算子 $\hat{X}^\dagger\hat{X}$ の期待値 $\langle\hat{X}^\dagger\hat{X}\rangle$ は負にはならない．これに $\hat{X}$ の定義式を代入して

$$\langle \hat{X}^\dagger \hat{X} \rangle = \lambda^2 \langle (\Delta \hat{A})^2 \rangle + \langle (\Delta \hat{B})^2 \rangle - i\lambda \langle \Delta \hat{A} \Delta \hat{B} - \Delta \hat{B} \Delta \hat{A} \rangle \geq 0. \quad (5.42)$$

さて，$[\Delta \hat{A}, \Delta \hat{B}] = [\hat{A}, \hat{B}] = i\hat{C}$ であるから，この式は標準偏差の表式 (5.39) を用いて，

$$\langle \hat{X}^\dagger \hat{X} \rangle = \lambda^2 (\Delta A)^2 + (\Delta B)^2 + \lambda \langle \hat{C} \rangle \geq 0 \quad (5.43)$$

と書ける．これが任意の実数 λ に対して成立するためには，判別式 D に対して

$$D = \langle \hat{C} \rangle^2 - 4 (\Delta A)^2 (\Delta B)^2 \leq 0 \quad (5.44)$$

でなければならない．これより不確定性関係 (5.36) が導かれる．

5.5 同時観測可能量

古典力学では，任意の 2 つの物理量（たとえば，位置と運動量）を同時に正確に測定できる．前節で示したように，量子力学では対応する演算子が交換しないと測定量は不確定になる．以下，次の命題を示す：**2 つの物理量が同時に測定可能なための必要十分条件は対応する演算子が交換することである．**

まず，A と B を異なる物理量として，同時に測定できるとする．つまり，最初に A を測定してから B を測定した場合とその逆の場合で観測値と状態が一致するとする．これを式で表現すれば，

$$\hat{B}\hat{A}|\psi\rangle = \hat{A}\hat{B}|\psi\rangle = c|\psi\rangle \quad (5.45)$$

となる．これが常に成り立つなら，

$$[\hat{A}, \hat{B}] \equiv \hat{A}\hat{B} - \hat{B}\hat{A} = 0. \quad (5.46)$$

よって，この場合，演算子 $\hat{A}$ と $\hat{B}$ は交換しなければならない．

次に，$\hat{A}$ と $\hat{B}$ が交換すると仮定する．このとき，$\hat{A}$ と $\hat{B}$ の同時固有状態が存在することを証明する．エルミート演算子 $\hat{A}$ の固有値 a に属するすべての固有状態の張るヒルベルト空間 $\mathbb{H}_a$ を考える．この空間の正規直交系を，$\{|n\rangle; n = 1, 2, 3, \cdots\}$ とする．演算子 $\hat{A}$ と $\hat{B}$ が交換するから，

$$\hat{A}\hat{B}|n\rangle = \hat{B}\hat{A}|n\rangle = \hat{B}a|n\rangle = a\hat{B}|n\rangle. \quad (5.47)$$

この式は $\hat{B}|n\rangle$ も固有値 a に属する $\hat{A}$ の固有状態であることを示している．ゆえに，$\hat{B}|n\rangle$ はヒルベルト空間 $\mathbb{H}_a$ の基底で展開できる．

$$\hat{B}|n\rangle = \sum_m \lambda_{nm} |m\rangle. \quad (5.48)$$

係数 λ_{nm} の作る行列を Λ とすると，行列 Λ を対角化して，$S\Lambda S^{-1} = \mathrm{diag.}(\gamma_1, \gamma_2, \cdots) = \Gamma$ とおく．ここで，diag.$(\cdots)$ は対角行列の要素を表す記号である．対角化に用いた行列 $\{S_{nm}\}$ を用いて

$$|\psi_n\rangle = \sum_m S_{nm}|m\rangle \tag{5.49}$$

と基底を変換すると，

$$\hat{B}|\psi_n\rangle = \gamma_n|\psi_n\rangle \tag{5.50}$$

となる．これで，同時固有状態 $\{|\psi_n\rangle; n = 1, 2, 3, \cdots\}$ を構成できた．もちろん，$\hat{A}|\psi_n\rangle = a|\psi_n\rangle$ である．ゆえに，$\hat{A}$ と $\hat{B}$ が交換するなら両物理量は同時に測定することができる．

結論として，物理量 A と B が同時に測定可能なための必要十分条件は対応する演算子が交換することである．$\hat{A}$ と $\hat{B}$ が交換しないなら両物理量は同時には測定できないことになる．

6 状態の表現と時間発展

本章では，量子力学の状態を表現する代表的な基底，すなわち，座標および運動量を対角化する関数について詳細に学ぶ．また，時間発展を状態ベクトルに負わせる立場（シュレーディンガー表示）と演算子に負わせる立場（ハイゼンベルク表示）について説明し，両者の関係を調べる．

6.1 座標表示と運動量表示

連続空間では，波動関数の基底として離散的なセットではなく，連続的な状態を選ぶこともできる．たとえば，波動関数を $\psi(\boldsymbol{r}) = \langle \boldsymbol{r}|\psi\rangle$ と書くことができるが，ここで座標を対角化する状態 $|\boldsymbol{r}\rangle$ は連続的な基底である．この場合の内積は

$$\langle \boldsymbol{r}|\boldsymbol{r}'\rangle = \delta(\boldsymbol{r} - \boldsymbol{r}') \equiv \delta(x - x')\delta(y - y')\delta(z - z') \tag{6.1}$$

と書くことができる．デルタ関数はクロネッカーのデルタを連続変数に拡張したものと解釈できる．1 次元空間で簡単な例を示そう．井戸型ポテンシャルの固有関数の完全性 (3.20) は $u_n(x) = \langle x|u_n\rangle$ と書くと

$$\sum_n \langle x|u_n\rangle\langle u_n|x'\rangle = \delta(x - x') \tag{6.2}$$

と表される．一方，正規直交条件は

$$\langle u_n|u_{n'}\rangle = \int_0^a dx\, \langle u_n|x\rangle\langle x|u_{n'}\rangle = \delta_{nn'} \tag{6.3}$$

とも書ける．ここで間に入っている量を

$$\int_0^a dx|x\rangle\langle x| = \mathbb{I} \tag{6.4}$$

と書く．右辺は有限区間 $x \in [0, a]$ 上のヒルベルト空間における単位演算子を表す．すなわち，基底 $|x\rangle$ は 1 次元連続空間の完全系をなす．本節では連続的

な基底の代表である座標について，もう少し詳細に議論する．位置演算子 $\hat{x}$ と運動量演算子 $\hat{p}_x$ を考察し，**座標表示**と**運動量表示**という概念を導入する．

まず，位置に関する固有値方程式は

$$\hat{x}|x\rangle = x|x\rangle \tag{6.5}$$

である．固有状態 $|x\rangle$ は粒子が正確に位置 x に存在する状態を表す．位置 x は連続値をとるから完全性条件は和ではなく積分で書かれる．

$$\int dx\,|x\rangle\langle x| = \mathbb{I}. \tag{6.6}$$

ケットベクトルの固有値方程式 (6.5) に対応するブラベクトルの固有値方程式は

$$\langle x|\hat{x} = \langle x|x \tag{6.7}$$

である．2 つの状態 $|x\rangle$ と $|x'\rangle$ に対して，(6.5) と (6.7) より，

$$\langle x|\hat{x}|x'\rangle = x'\langle x|x'\rangle, \qquad \langle x|\hat{x}|x'\rangle = x\langle x|x'\rangle \tag{6.8}$$

を得る．すなわち，

$$(x' - x)\langle x|x'\rangle = 0. \tag{6.9}$$

この方程式の解は，$\langle x|x'\rangle = a\delta(x - x')$ である．ここで，$\delta(x)$ はディラックのデルタ関数，a は任意の定数であり，デルタ関数の関係式 $x\delta(x) = 0$ に注意する．完全性条件 (6.6) を用いると，

$$|x'\rangle = \int dx\,|x\rangle\langle x|x'\rangle = a\int dx\,|x\rangle\delta(x - x') = a|x'\rangle \tag{6.10}$$

となり，$a = 1$ であることがわかる．ゆえに

$$\langle x|x'\rangle = \delta(x - x'). \tag{6.11}$$

これが位置演算子の固有状態間の内積であり，正規直交条件である．

波動関数は，位置座標の固有状態 $|x\rangle$ と状態 $|\psi(t)\rangle$ の内積に相当する．すなわち，

$$\psi(x,t) = \langle x|\psi(t)\rangle \tag{6.12}$$

である．状態 $|\psi(t)\rangle$ に完全性条件 (6.6) を作用させると

$$|\psi(t)\rangle = \int dx\,|x\rangle\langle x|\psi(t)\rangle = \int dx\,\psi(x,t)|x\rangle \tag{6.13}$$

となる．すなわち波動関数 $\psi(x,t)$ は，状態 $|\psi(t)\rangle$ を基底状態 $|x\rangle$ で展開したときの係数ともみなせる．**位置の演算子を対角化する表示を座標表示という**．座標表示で位置演算子 $\hat{x}$ は実数 x に等しい．量子力学の実際の計算では座標表示

を用いることが多いので，$\hat{x}$ と書くべき所を，演算子の段階でもしばしば x と表記する．

次に，運動量 p に対応する演算子 $\hat{p}$ の固有値方程式は

$$\hat{p}|p\rangle = p|p\rangle \tag{6.14}$$

である．完全性条件

$$\int dp\,|p\rangle\langle p| = \mathbb{I} \tag{6.15}$$

と正規直交条件

$$\langle p|p'\rangle = \delta(p-p') \tag{6.16}$$

が成り立つ．状態 $|\psi(t)\rangle$ に完全性条件 (6.15) を作用させると，

$$|\psi(t)\rangle = \int dp\,|p\rangle\langle p|\psi(t)\rangle = \int dp\,f(p,t)|p\rangle \tag{6.17}$$

を得る．**運動量演算子を対角化する表示を運動量表示という**．運動量表示で運動量演算子 $\hat{p}$ は普通の数 (c-数) p に等しい．(6.17) における展開係数 $f(p,t) = \langle p|\psi(t)\rangle$ は運動量表示における波動関数である．

座標 $\hat{x}$ とその正準共役量 $\hat{p}$ は正準交換関係

$$[\hat{x},\hat{p}] \equiv \hat{x}\hat{p} - \hat{p}\hat{x} = i\hbar \tag{6.18}$$

を満たす．両辺を 2 つの座標の固有状態 $\langle x|$，$|x'\rangle$ で挟んで

$$(x-x')\langle x|\hat{p}|x'\rangle = i\hbar\langle x|x'\rangle = i\hbar\delta(x-x') \tag{6.19}$$

を得る．この方程式は

$$\langle x|\hat{p}|x'\rangle = -i\hbar\partial_x\delta(x-x') \tag{6.20}$$

と解くことができる．ここで，デルタ関数の関係式 $x\delta(x) = 0$ を微分して，$\delta(x) + x\delta'(x) = 0$ という関係式を用いた．これを変形すると $x\delta'(x) = -\delta(x)$ を得る．さらに，(6.20) に $\langle x'|\psi(t)\rangle$ をかけて x' で積分すれば，完全性条件を用いて

$$\langle x|\hat{p}|\psi(t)\rangle = -i\hbar\partial_x\langle x|\psi(t)\rangle = -i\hbar\partial_x\psi(x,t) \tag{6.21}$$

となる．すなわち，運動量演算子は座標表示では $\hat{p} = -i\hbar\partial_x$ となる．

今度は，平面波状態を別の角度から見よう．(6.21) で $|\psi(t=0)\rangle = |p\rangle$ とおけば，$-i\hbar\partial_x\langle x|p\rangle = p\langle x|p\rangle$ となる．これを積分すると，

$$\langle x|p\rangle = Ae^{ixp/\hbar} \tag{6.22}$$

となる．積分定数 A を決めよう．基底関数 $|x\rangle, |p\rangle$ の相対位相は任意に選べる

ので，A を実数に選ぶことができる．まず，

$$\int dp\,\langle x|p\rangle\langle p|x'\rangle = A^2\int dp\, e^{ixp/\hbar - ix'p/\hbar} = A^2(2\pi\hbar)\delta(x-x') \qquad (6.23)$$

となるが，完全性条件 (6.15) と正規直交条件 (6.11) を用いて $A^2(2\pi\hbar)=1$ と決まる．すなわち，

$$\langle x|p\rangle = \frac{1}{\sqrt{2\pi\hbar}}e^{ixp/\hbar}. \qquad (6.24)$$

これは 2 つの基底 $|x\rangle$ と $|p\rangle$ をつなぐ変換関数である．2 つの基底は変換式

$$|p\rangle = \int dx\,|x\rangle\langle x|p\rangle = \int \frac{dx}{\sqrt{2\pi\hbar}}\,e^{ixp/\hbar}|x\rangle \qquad (6.25)$$

で移り変わる．

例題：　座標演算子の運動量表示を求めよ．

解説：　関係式 (6.21) で位置と運動量を入れ替えた式を計算する．基底間の変換公式 (6.25) を用いて，

$$\begin{aligned}\langle p|\hat{x}|\psi(t)\rangle &= \int\frac{dx}{\sqrt{2\pi\hbar}}\,e^{-ixp/\hbar}\langle x|\hat{x}|\psi(t)\rangle\\ &= \int\frac{dx}{\sqrt{2\pi\hbar}}\,e^{-ixp/\hbar}x\langle x|\psi(t)\rangle\\ &= i\hbar\partial_p\int\frac{dx}{\sqrt{2\pi\hbar}}\,e^{-ixp/\hbar}\langle x|\psi(t)\rangle = i\hbar\partial_p f(p,t) \qquad (6.26)\end{aligned}$$

を得る．ここに，$f(p,t)=\langle p|\psi(t)\rangle$ は運動量表示での波動関数である．すなわち座標演算子は，運動量表示では $\hat{x}=i\hbar\partial_p$ となる．

6.2 シュレーディンガー描像とハイゼンベルグ描像

いままで一貫して，状態が時間発展し，物理量演算子は時間に依存しない，としてきた．このような理論的枠組みを**シュレーディンガー描像**という．逆に，物理量演算子が時間発展し，状態は時間に依存しない枠組みを構成することも可能である．このような理論的枠組みを**ハイゼンベルグ描像**という．以下，ハイゼンベルグ描像での状態と演算子を求める．

シュレーディンガー描像における状態 $|\psi(t)\rangle$ はシュレーディンガー方程式

$$i\hbar\frac{d}{dt}|\psi(t)\rangle = \hat{H}|\psi(t)\rangle \qquad (6.27)$$

の解である．時刻 t と時刻 $t=0$ での状態を結びつける演算子 $U(t)$ を導入する．

$$|\psi(t)\rangle = U(t)|\psi(0)\rangle. \tag{6.28}$$

演算子 $U(t)$ を**時間発展演算子**という．これをシュレーディンガー方程式 (6.27) に代入して

$$i\hbar\frac{d}{dt}U(t) = \hat{H}U(t) \tag{6.29}$$

を得る．初期条件は $U(0) = 1$ である．ハミルトニアン $\hat{H}$ が時間に依存しなければ，方程式 (6.29) は積分できて，時間発展演算子は

$$U(t) = e^{-i\hat{H}t/\hbar} \tag{6.30}$$

と求まる．

さて，条件

$$U^\dagger U = UU^\dagger = 1 \tag{6.31}$$

を満たす演算子 U を**ユニタリー演算子**という．(6.30) から $U(t)$ はユニタリー演算子であることがわかる．ユニタリー演算子を用いて演算子 $\hat{A}$ から演算子

$$\hat{A}_{\mathrm{H}} \equiv U^\dagger \hat{A} U \tag{6.32}$$

を作ることを，$\hat{A}$ を U で**ユニタリー変換**するという．演算子の積 $\hat{A}\hat{B}\cdots\hat{C}$ をユニタリー変換すると，(6.31) を用いて

$$U^\dagger \hat{A}\hat{B}\cdots\hat{C}U = U^\dagger\hat{A}UU^\dagger\hat{B}UU^\dagger\cdots UU^\dagger\hat{C}U = \hat{A}_{\mathrm{H}}\hat{B}_{\mathrm{H}}\cdots\hat{C}_{\mathrm{H}} \tag{6.33}$$

となる．

時間発展演算子を用いて，演算子 $\hat{A}$ をユニタリー変換したのがハイゼンベルグ描像での演算子 $\hat{A}_{\mathrm{H}}(t)$ である．具体的には

$$\hat{A}_{\mathrm{H}}(t) \equiv U^\dagger(t)\hat{A}U(t) \tag{6.34}$$

となる．ハイゼンベルグ描像での状態は

$$|\psi_{\mathrm{H}}\rangle \equiv U^\dagger(t)|\psi(t)\rangle = |\psi(0)\rangle \tag{6.35}$$

で定義する．状態 $|\psi_{\mathrm{H}}\rangle$ で測定した物理量 $\hat{A}_{\mathrm{H}}(t)$ の期待値は

$$\begin{aligned}\langle A(t)\rangle &= \langle\psi_{\mathrm{H}}|\hat{A}_{\mathrm{H}}(t)|\psi_{\mathrm{H}}\rangle = \langle\psi(t)|U(t)U^\dagger(t)\hat{A}U(t)U^\dagger(t)|\psi(t)\rangle \\ &= \langle\psi(t)|\hat{A}|\psi(t)\rangle\end{aligned} \tag{6.36}$$

であり，これはもちろんシュレーディンガー描像で計算した値と等しい．ハイゼンベルグ描像で状態が時間に依存しないのは，シュレーディンガー描像における時刻 $t = 0$ での状態 $|\psi(0)\rangle$ をずっと使い続けるからである．

ハイゼンベルグ演算子 $\hat{A}_{\mathrm{H}}(t)$ の時間依存性は，(6.34) を微分して (6.29) を代入することで求まる．

$$i\hbar\frac{d}{dt}\hat{A}_{\rm H}(t) = U^\dagger(t)[\hat{A}, \hat{H}(\mathcal{O})]U(t). \tag{6.37}$$

ここに $\mathcal{O}$ はハミルトニアンの中に現れる演算子を一般的に表している．ユニタリー変換の公式 (6.33) を用いて，右辺を計算する．

$$\begin{aligned} U^\dagger \hat{A} H(\mathcal{O}) U &= U^\dagger \hat{A}(b_0 + b_1\mathcal{O} + b_2\mathcal{O}^2 + \cdots)U \\ &= \hat{A}_{\rm H}(b_0 + b_1\mathcal{O}_{\rm H} + b_2\mathcal{O}_{\rm H}^2 + \cdots) = \hat{A}_{\rm H} H(\mathcal{O}_{\rm H}) \end{aligned} \tag{6.38}$$

となるから

$$i\hbar\frac{d}{dt}\hat{A}_{\rm H}(t) = [\hat{A}_{\rm H}(t), \hat{H}(\mathcal{O}_{\rm H}(t))] \tag{6.39}$$

である．$\hat{H}(\mathcal{O}_{\rm H}(t))$ はシュレーディンガー描像のハミルトニアンの中に現れる演算子をハイゼンベルグ演算子で置き換えたものである．

観測される物理量の時間依存性を調べるには，ハイゼンベルグ描像を用いた方が便利なことが多い．いちいち $\hat{A}_{\rm H}(t)$ のようにインデックス H をつけるのは煩わしいので，誤解のおそれがないときにはハイゼンベルグ描像の演算子を単に $\hat{A}(t)$ と表記する．同様に，運動方程式 (6.39) は単に

$$i\hbar\frac{d}{dt}\hat{A}(t) = [\hat{A}(t), \hat{H}] \tag{6.40}$$

と表記する．上式を**ハイゼンベルグ方程式**という．シュレーディンガー描像 における正準交換関係 (1.28) は，上記の (6.38) と同様にユニタリー変換を施して，

$$[\hat{x}_i(t), \hat{p}_j(t)] = i\hbar\delta_{ij} \tag{6.41}$$

となる．ハイゼンベルグ方程式 (6.40) の右辺は上記の正準交換関係を用いて計算する．具体的な計算例は 7.5 節などを参照されたい．

ハイゼンベルクの形式においては，波動関数よりも行列で表される物理量の固有値や時間変化を問題にする．このために，量子力学の初期においては，**波動力学**に対して**行列力学**とよばれた．

6.3 一般の正準形式と量子化

これまで，ハミルトニアンが

$$H = \frac{\boldsymbol{p}^2}{2m} + V(\boldsymbol{r}) \tag{6.42}$$

で与えられる古典力学系の量子化を扱ってきた．量子化とは $\boldsymbol{p} \to \hat{\boldsymbol{p}} = -i\hbar\nabla$ という置き換えを行うことであった．しかし，拘束条件の存在などから，この形

に書けない古典力学系も存在する．そこで，一般の古典力学系を量子化する手順を述べる．このために古典力学の正準形式を用いる．

手順 1：　古典力学でのラグランジアンを書き下す．ラグランジアンは一般化された座標 x_i と速度 $\dot{x}_i$ の関数である．以下，$x = (x_1, x_2, \cdots)$ および $\dot{x} = (\dot{x}_1, \dot{x}_2, \cdots)$ とする．

$$L = L(x, \dot{x}). \tag{6.43}$$

手順 2：　ラグランジアンを速度 $\dot{x}_i$ で偏微分して正準運動量を定義する．

$$p_i \equiv \frac{\partial}{\partial \dot{x}_i} L(x, \dot{x}). \tag{6.44}$$

手順 3：　ラグランジアンをルジャンドル変換してハミルトニアンを定義する．以下で示すように，ハミルトニアンは座標 x と運動量 p の関数である．

$$H(x, p) = \sum_i \dot{x}_i p_i - L(x, \dot{x}). \tag{6.45}$$

手順 4：　座標と正準運動量の間に正準交換関係を要請する．座標と正準運動量は演算子になる．

$$[\hat{x}_i, \hat{p}_j] = i\hbar\delta_{ij}. \tag{6.46}$$

手順 5：　座標表示で運動量演算子を微分演算子で表現し，シュレーディンガー方程式を解く．

$$H(x, \hat{p})\psi(x) = E\psi(x). \tag{6.47}$$

任意の古典力学系を量子化するこの手順を**正準量子化**という．

古典解析力学の復習として，ハミルトニアンが座標 x と運動量 p の関数であることを示そう．以下，記号を単純にするため 1 次元系を扱う．まず，**最小作用の原理**を用いて，運動方程式を求める．時刻 $t = 0$ から $t = \tau$ までの粒子の軌跡 $\mathcal{P}$ に沿ってラグランジアンを積分して，作用

$$S(\mathcal{P}) = \int_0^\tau L(x, \dot{x})dt \tag{6.48}$$

を定義する．最小作用の原理とは，始点と終点を固定した (x, t) 面内での種々の軌跡候補のうち，$S(\mathcal{P})$ を最小にする軌跡 $\mathcal{P}$ が実現する，という内容である．作用 $S(\mathcal{P})$ が最小であるから，実現する軌跡を無限小変形しても作用は変化してはならない．すなわち

$$\delta S(\mathcal{P}) = \int_0^\tau dt[L(x + \delta x, \dot{x} + \delta\dot{x}) - L(x, \dot{x})] = 0 \tag{6.49}$$

である．ここで，ラグランジアンの変化分は

$$\frac{\partial L}{\partial x}\delta x + \frac{\partial L}{\partial \dot{x}}\delta \dot{x} = \left(\frac{\partial L}{\partial x} + \frac{\partial L}{\partial \dot{x}}\frac{d}{dt}\right)\delta x(t) \tag{6.50}$$

となる．時間積分に部分積分を用いて，$t = 0, \tau$ での変分 $\delta x(t)$ をゼロにすれば，

$$\delta S = \int_0^\tau dt \left(\frac{\partial L}{\partial x} - \frac{d}{dt}\frac{\partial L}{\partial \dot{x}}\right)\delta x(t) = 0 \tag{6.51}$$

が導かれる．任意の変分に対して積分が消えるためには，(6.51) で $\delta x(t)$ の係数がゼロになる必要がある．すなわち，

$$\frac{\partial L}{\partial x} - \frac{d}{dt}\frac{\partial L}{\partial \dot{x}} = 0. \tag{6.52}$$

これを**オイラー–ラグランジュ方程式**という．

ハミルトニアンの定義式 (6.45) を微分して

$$dH = d(\dot{x}p) - dL = \dot{x}dp + pd\dot{x} - (\partial_x L)dx - (\partial_{\dot{x}} L)d\dot{x}. \tag{6.53}$$

ここで (6.52) を用い，正準運動量の定義式 (6.44) を代入すると，

$$dH = \dot{x}dp - \dot{p}dx \tag{6.54}$$

となる．したがって，ハミルトニアンは座標と運動量の関数である．なお，(6.54) から，

$$\dot{x} = \frac{\partial H}{\partial p}, \qquad \dot{p} = -\frac{\partial H}{\partial x} \tag{6.55}$$

を得るが，これは古典力学で**正準方程式**といわれるものである．

量子力学では，正準方程式がハイゼンベルグの運動方程式に対応することを示す．量子力学でハミルトニアンが次の形に展開できるとする．

$$\hat{H} = \sum_{mn} f_{mn}\hat{x}^m\hat{p}^n. \tag{6.56}$$

ここに f_{mn} は c-数である．ハイゼンベルグの運動方程式は，正準交換関係 (6.46) を用いて

$$i\hbar\frac{d}{dt}\hat{x} = [\hat{x}, \hat{H}] = \sum_{mn} f_{mn}\hat{x}^m[\hat{x}, \hat{p}^n] = i\hbar\sum_{mn} nf_{mn}\hat{x}^m\hat{p}^{n-1} = i\hbar\frac{\partial}{\partial \hat{p}}\hat{H} \tag{6.57}$$

であり，確かに**古典的正準方程式と同じ形をしている**．7.5 節で調和振動子のハイゼンベルグの運動方程式を解析するとき，この関係式を具体的にチェックする．

6.4　対称性と保存則

対称性という考えは幾何学的イメージと強く結びついている．ある形をもつ物体をそれ自身に重ねるような変位を対称変換という．球体の場合，中心を通る任意の軸の周りの任意の回転は対称変換である．無限に大きな結晶では，結晶全体を格子間隔を１つ分ずらす平行移動は対称変換である．この幾何学的対称変換を行った後で物体はもとに戻っているので，系のエネルギーは不変である．量子力学ではこの点に着目する．

系の**ハミルトニアンを不変にする変換を対称変換という**．変換 $\hat{G}$ がハミルトニアンを不変にするとは，

$$\hat{G}^\dagger \hat{H} \hat{G} = \hat{H} \tag{6.58}$$

が成り立つことである．状態 $|\psi\rangle$ が変換 $\hat{G}$ によって状態 $|\psi'\rangle$ に移ったとする．

$$|\psi'\rangle = \hat{G}|\psi\rangle. \tag{6.59}$$

変換 $\hat{G}$ が任意の状態のノルムを変えないと要請すると，$\hat{G}^\dagger\hat{G} = \hat{G}\hat{G}^\dagger = 1$ が成り立つ．すなわち，$\hat{G}$ はユニタリー演算子である．このとき，

$$\hat{G} = e^{i\hat{Q}} \tag{6.60}$$

をおくと，$\hat{Q}$ はエルミート演算子になる．ハミルトニアンの不変性 (6.58) は，演算子 $\hat{Q}$ がハミルトニアンと交換することを意味する．

$$[\hat{H}, \hat{Q}] = 0. \tag{6.61}$$

すなわち，**ハミルトニアンと交換するエルミート演算子は対称変換を生成する．**

状態 $|\psi\rangle$ がハミルトニアンの固有状態であるとする．すなわち $\hat{H}|\psi\rangle = E|\psi\rangle$ とすると，変換された状態 (6.59) は

$$\hat{H}|\psi'\rangle = \hat{H}\hat{G}|\psi\rangle = \hat{G}\hat{G}^\dagger\hat{H}\hat{G}|\psi\rangle = E\hat{G}|\psi\rangle = E|\psi'\rangle \tag{6.62}$$

を満たす．ここで $\hat{G}$ のユニタリー性を用いた．したがって，$|\psi\rangle$ と $|\psi'\rangle$ は同じエネルギー固有値に属している．状態 $|\psi\rangle$ と $|\psi'\rangle$ が異なる状態なら，エネルギー準位に縮退が生じていることになる．

特に基底状態 $|\mathcal{G}\rangle$ を考える．対称変換を生成する演算子 $\hat{Q}$ に対して，次の２つの場合が存在する．

$$\hat{G}|\mathcal{G}\rangle = |\mathcal{G}\rangle, \qquad \text{すなわち} \quad \hat{Q}|\mathcal{G}\rangle = 0, \tag{6.63a}$$

$$\hat{G}|\mathcal{G}\rangle \neq |\mathcal{G}\rangle, \qquad \text{すなわち} \quad \hat{Q}|\mathcal{G}\rangle \neq 0. \tag{6.63b}$$

最初の場合，基底状態は対称変換 $\hat{G}$ に対して不変である．基底状態に縮退がなければ，常にこの場合が実現する．後の場合，**対称性の自発的破れ**があるという．多数の縮退している状態の中から特定の状態 $|\mathcal{G}\rangle$ が自発的に基底状態として選ばれた，と解釈できるからである．対称性の自発的破れの例は強磁性である．これについては，14.3 節で簡単に触れる．

7 調 和 振 動 子

調和振動子は単振動という名前でおなじみである．微小振動は単振動で近似できるので，調和振動子は物理学のいたる所に出てくる．本章では演算子法を用いてハミルトニアンを対角化する．その過程で，量子力学の発展概念である生成・消滅演算子を導入する．また，最小不確定性状態であるコヒーレント状態も議論する．

7.1 演 算 子 法

1 次元ポテンシャル問題を再び考察する．ポテンシャル $V(x)$ は安定平衡点をもつとし，平衡点を座標の原点に選ぶ．$V(x)$ を平衡点の周りでテーラー展開すると

$$V(x) = V(0) + V'(0)x + \frac{1}{2}V''(0)x^2 + O(x^3). \tag{7.1}$$

安定平衡点でポテンシャルは極小値をとるから，$V'(0) = 0$ かつ $V''(0) > 0$ である．微小振動のみを扱うなら，$O(x^3)$ の項を無視して $V''(0) = m\omega^2$ とおき

$$V(x) = V(0) + \frac{1}{2}m\omega^2 x^2 \tag{7.2}$$

と近似できる．したがって，微小振動を扱う範囲内では安定平衡点をもつ任意のポテンシャル問題は調和振動子で近似できることになる．このことを踏まえ，以下では 1 次元調和振動子の量子力学を議論する．

質量 m，振動数 ω の 1 次元調和振動子のハミルトニアンは

$$\hat{H} = \frac{1}{2m}\hat{p}^2 + \frac{1}{2}m\omega^2\hat{x}^2 \tag{7.3}$$

で与えられる．位置と運動量の演算子は正準交換関係 (6.18)，すなわち，

$$[\hat{x}, \hat{p}] = i\hbar \tag{7.4}$$

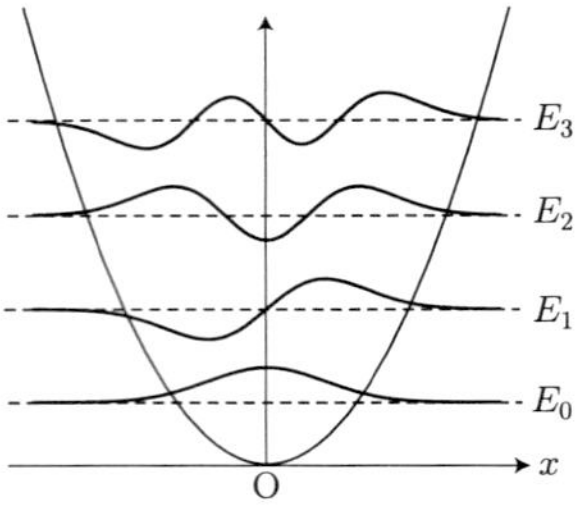

図 **7.1** 調和振動子のポテンシャルとポテンシャル中の粒子に対する固有解
第 n 励起状態を表す波動関数 $u_n(x)$ は n 個のゼロ点をもつ．

を満たす．座標表示を用いてシュレーディンガー方程式を書き下し，微分方程式を解くことが可能である．本節では，はじめに微分方程式を前面に出さず，上記の交換関係をフルに活用して問題を解く方法を説明する．これを**演算子法**という．この方法は，ハイゼンベルグらが推進した**行列力学**の考え方に沿うものである．

記号を簡単化するために，無次元の演算子

$$\hat{\xi} = \sqrt{\frac{m\omega}{\hbar}}\hat{x}, \qquad \hat{\pi} = \sqrt{\frac{1}{m\hbar\omega}}\hat{p} \tag{7.5}$$

を導入する．これらを用いて，ハミルトニアンと正準交換関係は

$$\hat{H} = \frac{\hbar\omega}{2}(\hat{\pi}^2 + \hat{\xi}^2), \qquad [\hat{\xi}, \hat{\pi}] = i \tag{7.6}$$

と書ける．

次の演算子を導入する．

$$\hat{a} \equiv \sqrt{\frac{m\omega}{2\hbar}}\left(\hat{x} + \frac{i}{m\omega}\hat{p}\right) = \frac{1}{\sqrt{2}}(\hat{\xi} + i\hat{\pi}),$$

$$\hat{a}^\dagger \equiv \sqrt{\frac{m\omega}{2\hbar}}\left(\hat{x} - \frac{i}{m\omega}\hat{p}\right) = \frac{1}{\sqrt{2}}(\hat{\xi} - i\hat{\pi}). \tag{7.7}$$

これらの演算子は交換関係

$$[\hat{a}, \hat{a}^\dagger] = -\frac{1}{2}[\hat{\xi}, i\hat{\pi}] + \frac{1}{2}[i\hat{\pi}, \hat{\xi}] = 1 \tag{7.8}$$

を満たす．また，

$$\hat{a}\hat{a}^\dagger = \frac{1}{2}(\hat{\xi}^2 + \hat{\pi}^2 - i\hat{\xi}\hat{\pi} + i\hat{\pi}\hat{\xi}), \qquad \hat{a}^\dagger\hat{a} = \frac{1}{2}(\hat{\xi}^2 + \hat{\pi}^2 + i\hat{\xi}\hat{\pi} - i\hat{\pi}\hat{\xi}) \tag{7.9}$$

である．この 2 式を足すと，ハミルトニアン (7.6) の中の $\hat{\pi}^2 + \hat{\xi}^2$ になる．さらに，交換関係 (7.8) より得られる $\hat{a}\hat{a}^\dagger = \hat{a}^\dagger\hat{a} + 1$ を用いて

$$\hat{H} = \frac{\hbar\omega}{2}(\hat{a}\hat{a}^\dagger + \hat{a}^\dagger\hat{a}) = \hbar\omega\left(\hat{a}^\dagger\hat{a} + \frac{1}{2}\right). \tag{7.10}$$

ここで，演算子

$$\hat{N} \equiv \hat{a}^\dagger \hat{a} \tag{7.11}$$

を導入する．これは，$\hat{N}^\dagger = \hat{N}$ を満たすからエルミート演算子である．ハミルトニアンは

$$\hat{H} = \hbar\omega\hat{N} + \frac{\hbar\omega}{2} \tag{7.12}$$

と書き直せる．ハミルトニアンの対角化と演算子 $\hat{N}$ の対角化は同値である．$\hat{a}^\dagger$ は**生成演算子**，$\hat{a}$ は**消滅演算子**，$\hat{N}$ は**個数演算子**といわれる．これら演算子の名前の由来については，以下に説明する．

$\hat{N}$ の固有値方程式を解こう．固有値を n とし，これに属する固有状態を $|n\rangle$ とおけば，方程式は

$$\hat{N}|n\rangle = n|n\rangle \tag{7.13}$$

となる．$\hat{N}$ はエルミート演算子だから，固有状態 $|n\rangle$ は正規直交完全系を張る．

$$\langle m|n\rangle = \delta_{mn}, \qquad \sum_n |n\rangle\langle n| = \mathbb{I}. \tag{7.14}$$

完全性条件 $\sum_n |n\rangle\langle n| = \mathbb{I}$ を用いて

$$n = \langle n|\hat{N}|n\rangle = \langle n|\hat{a}^\dagger\hat{a}|n\rangle = \sum_m \langle n|\hat{a}^\dagger|m\rangle\langle m|\hat{a}|n\rangle = \sum_m |\langle m|\hat{a}|n\rangle|^2 \geq 0 \tag{7.15}$$

がわかる．すなわち，固有値 n は**ゼロか正**である．

固有状態 $|n\rangle$ を具体的に構成するために，$\hat{N}$ と $\hat{a}$, $\hat{a}^\dagger$ の交換関係を以下のように計算する．

$$[\hat{N}, \hat{a}] = -\hat{a}, \tag{7.16a}$$

$$[\hat{N}, \hat{a}^\dagger] = \hat{a}^\dagger. \tag{7.16b}$$

(7.16a) を変形して

$$\hat{N}\hat{a} = \hat{a}(\hat{N} - 1) \tag{7.17}$$

と表し，これを状態 $|n\rangle$ に作用させると，

$$\hat{N}\hat{a}|n\rangle = \hat{a}(\hat{N} - 1)|n\rangle = (n-1)\,\hat{a}|n\rangle \tag{7.18}$$

を得る．すなわち状態 $\hat{a}|n\rangle$ は $\hat{N}$ の固有状態であり，固有値は $n-1$ であるから，d_n を定数として

$$\hat{a}|n\rangle = d_n|n-1\rangle \tag{7.19}$$

と書ける．d_n は後で求める．

演算子 $\hat{a}$ は固有値 n を 1 つ減少させる．演算子 $\hat{a}$ を繰り返し作用させることにより，固有値 n は減少する．しかし $n \geq 0$ だから，$\hat{a}|n_0\rangle = 0$ となる n_0 が存在しなければならない．もし，このような n_0 が存在しないなら，(7.19) より負の固有値が存在することになってしまう．$\hat{N}|n_0\rangle = \hat{a}^\dagger\hat{a}|n_0\rangle = 0$ となるから，$n_0 = 0$ である．このことから，演算子 $\hat{N}$ の固有値 n はゼロか自然数であることがわかる．同様な議論を交換関係 (7.16b) に対して行うと，演算子 $\hat{a}^\dagger$ は固有値 n を 1 つ増加させることがわかる．ゆえに，規格化定数を除いて，$|n\rangle$ は $(\hat{a}^\dagger)^n|0\rangle$ で与えられる．

さて $\langle 0|0\rangle = 1$ なら，状態

$$|n\rangle = \frac{(\hat{a}^\dagger)^n}{\sqrt{n!}}|0\rangle \tag{7.20}$$

も規格化条件 $\langle n|n\rangle = 1$ を満たすことを示そう．まず，具体的表式 (7.20) を用いて

$$\hat{a}^\dagger|n\rangle = \hat{a}^\dagger\frac{(\hat{a}^\dagger)^n}{\sqrt{n!}}|0\rangle = \sqrt{n+1}\frac{\hat{a}^{\dagger(n+1)}}{\sqrt{(n+1)!}}|0\rangle = \sqrt{n+1}|n+1\rangle \tag{7.21}$$

を得る．次に，交換関係 $\hat{a}\hat{a}^\dagger - \hat{a}^\dagger\hat{a} = 1$ を $|n\rangle$ に作用させ，(7.19) と (7.21) を用いると

$$\sqrt{n+1}d_{n+1}|n\rangle - \sqrt{n}d_n|n\rangle = |n\rangle \tag{7.22}$$

となるので，漸化式

$$\sqrt{n+1}d_{n+1} - \sqrt{n}d_n = 1 \tag{7.23}$$

を得る．これを解いて $d_n = \sqrt{n}$ が得られるから

$$\hat{a}|n\rangle = \sqrt{n}|n-1\rangle \tag{7.24}$$

である．したがって

$$n\langle n|n\rangle = \langle n|\hat{N}|n\rangle = \langle n|\hat{a}^\dagger\hat{a}|n\rangle = n\langle n-1|n-1\rangle. \tag{7.25}$$

ゆえに，漸化式 $\langle n|n\rangle = \langle n-1|n-1\rangle$ が導かれる．これを繰り返し使って $\langle n|n\rangle = \langle 0|0\rangle = 1$ を得る．

結局，ハミルトニアン (7.12) を対角化して

$$\hat{H}|n\rangle = \left(n\hbar\omega + \frac{\hbar\omega}{2}\right)|n\rangle \tag{7.26}$$

を得る．最低エネルギー状態は $|0\rangle$ であり，

$$\hat{a}|0\rangle = 0, \qquad \hat{N}|0\rangle = 0 \tag{7.27}$$

で特徴づけられる．$|0\rangle$ を基底状態，$|n\rangle$ を第 n 励起状態という．

一般に，交換関係 (7.8) を満たす演算子が与えられたとき，ヒルベルト空間は状態 (7.20) の全体で与えられる．特に，基点となる $|0\rangle$ を**フォック真空**とよぶ．以下では，振動の量子をしばしば**フォノン**とよぶ．フォノンはもともと結晶格子の振動を量子化したものである．励起状態 $|n\rangle$ はフォック真空にフォノンが n 個加わった状態と解釈できる．$\hat{N}$ は状態 $|n\rangle$ に作用して振動量子数 n を返す演算子なので**個数演算子**といわれる．$\hat{a}^\dagger$ は固有値 n を 1 増加させるので**生成演算子**，演算子 $\hat{a}$ は固有値 n を 1 減少させるので**消滅演算子**といわれる．

7.2　エルミート多項式

こんどは座標表示を用いて，固有関数をあからさまに導出する．そのために演算子 $\hat{\xi}$ を対角化する表示

$$\hat{\xi}|\xi\rangle = \xi|\xi\rangle \tag{7.28}$$

を考える．演算子 $\hat{\pi}$ は交換関係 (7.6) から，$\hat{\xi}$ を対角化する表示で

$$\hat{\pi} \to -i\frac{d}{d\xi} \tag{7.29}$$

と表現できる．したがって生成・消滅演算子 (7.7) は

$$\hat{a} \to \frac{1}{\sqrt{2}}\left(\xi + \frac{d}{d\xi}\right), \qquad \hat{a}^\dagger \to \frac{1}{\sqrt{2}}\left(\xi - \frac{d}{d\xi}\right) \tag{7.30}$$

と表される．

調和振動子ハミルトニアンの固有関数 $|n\rangle$ の波動関数

$$u_n(\xi) = \langle\xi|n\rangle \tag{7.31}$$

を求めよう．まず，基底状態の波動関数 $u_0(\xi)$ を求める．基底状態は (7.27) で特徴づけられるから，波動関数は

$$\langle\xi|\hat{a}|0\rangle = \frac{1}{\sqrt{2}}\left(\xi + \frac{d}{d\xi}\right)u_0(\xi) = 0 \tag{7.32}$$

を満たす．この方程式の規格化した解は

$$u_0(\xi) = \pi^{-\frac{1}{4}}e^{-\frac{1}{2}\xi^2} \tag{7.33}$$

である．第 1 励起状態の波動関数は

$$u_1(\xi) = \langle\xi|\hat{a}^\dagger|0\rangle = \frac{1}{\sqrt{2}}\left(\xi - \frac{d}{d\xi}\right)u_0(\xi) = \sqrt{2}\pi^{-\frac{1}{4}}\xi e^{-\frac{1}{2}\xi^2} \tag{7.34}$$

であり，第 2 励起状態の波動関数は，(7.21) より $|2\rangle = \hat{a}^\dagger|1\rangle/\sqrt{2}$ だから，

$$u_2(\xi) = \frac{1}{\sqrt{2}}\langle\xi|\hat{a}^\dagger|1\rangle = \frac{1}{2}\left(\xi - \frac{d}{d\xi}\right)u_1(\xi) = \sqrt{2}\pi^{-\frac{1}{4}}\left(\xi^2 - \frac{1}{2}\right)e^{-\frac{1}{2}\xi^2} \tag{7.35}$$

となる．一般に，第 n 励起状態の波動関数は

$$u_n(\xi) = \langle\xi|\frac{\hat{a}^{\dagger n}}{\sqrt{n!}}|0\rangle = \pi^{-\frac{1}{4}}\frac{1}{\sqrt{2^n n!}}\left(\xi - \frac{d}{d\xi}\right)^n e^{-\frac{1}{2}\xi^2} \tag{7.36}$$

となる．ここで

$$H_n(\xi) \equiv e^{\frac{1}{2}\xi^2}\left(\xi - \frac{d}{d\xi}\right)^n e^{-\frac{1}{2}\xi^2} = (-1)^n e^{\xi^2}\frac{d^n}{d\xi^n}e^{-\xi^2} \tag{7.37}$$

とおけば，波動関数は

$$u_n(\xi) = \pi^{-\frac{1}{4}}\frac{1}{\sqrt{2^n n!}}e^{-\frac{1}{2}\xi^2}H_n(\xi) \tag{7.38}$$

と書ける．関数 $H_n(\xi)$ を**エルミート多項式**という．

もとの座標変数 x で表すと，固有状態の波動関数は

$$\langle x|n\rangle = \left(\frac{m\omega}{\pi\hbar}\right)^{\frac{1}{4}}\frac{1}{\sqrt{2^n n!}}\exp\left(-\frac{m\omega}{2\hbar}x^2\right)H_n\left(\sqrt{\frac{m\omega}{\hbar}}x\right) \tag{7.39}$$

で与えられる．

例題：　(7.37) において，第 2 式から第 3 式への移行を示せ．

解説：　任意の関数 $f(\xi)$ に対して，

$$\frac{d}{d\xi}\left[e^{-\frac{1}{2}\xi^2}f(\xi)\right] = e^{-\frac{1}{2}\xi^2}\left(\frac{d}{d\xi} - \xi\right)f(\xi) \tag{7.40}$$

が成立する．したがって，

$$\xi - \frac{d}{d\xi} = -e^{\frac{1}{2}\xi^2}\frac{d}{d\xi}e^{-\frac{1}{2}\xi^2} \tag{7.41}$$

という関係が得られる．これを繰り返し用いると，(7.37) が得られる．

7.3　不確定性関係

調和振動子系 (7.6) で不確定性関係を調べよう．位置と運動量は生成・消滅演算子を用いて

$$\hat{x} = \sqrt{\frac{\hbar}{m\omega}}\hat{\xi} = \sqrt{\frac{\hbar}{2m\omega}}(\hat{a}^\dagger + \hat{a}), \tag{7.42a}$$

$$\hat{p} = \sqrt{m\hbar\omega}\hat{\pi} = i\sqrt{\frac{m\hbar\omega}{2}}(\hat{a}^\dagger - \hat{a}) \tag{7.42b}$$

と表される．これらの演算子の状態 $|n\rangle$ での期待値は

$$\langle n|\hat{x}|n\rangle = \langle n|\hat{p}|n\rangle = 0 \tag{7.43}$$

である．標準偏差 Δx, Δp は (7.42) を用いて

$$(\Delta x)^2 = \langle n|\hat{x}^2|n\rangle = \frac{\hbar}{2m\omega}\langle n|(\hat{a}^\dagger + \hat{a})^2|n\rangle = \frac{\hbar}{2m\omega}(1+2n), \tag{7.44a}$$

$$(\Delta p)^2 = \langle n|\hat{p}^2|n\rangle = -\frac{m\hbar\omega}{2}\langle n|(\hat{a}^\dagger - \hat{a})^2|n\rangle = \frac{m\hbar\omega}{2}(1+2n) \tag{7.44b}$$

となるので，この積は

$$\Delta x \Delta p = \left(n + \frac{1}{2}\right)\hbar \tag{7.45}$$

と計算される．基底状態 $|0\rangle$ は最小不確定性状態であることがわかった．励起が高くなるにつれて不確定性が増加することに注意する．

7.4　コヒーレント状態

最小不確定性状態は古典的力学系にもっとも近い状態であり物理的に重要である．前節で見た調和振動子の基底状態以外にも無数の最小不確定性状態が存在する．なかでも，コヒーレント状態とよばれる最小不確定性状態は，さまざまな局面に顔を出すので簡潔に説明する．

消滅演算子 $\hat{a}$ の固有状態 $|v\rangle$ を以下のように導入する．

$$\hat{a}|v\rangle = v|v\rangle, \qquad \langle v|\hat{a}^\dagger = \langle v|v^*. \tag{7.46}$$

固有値 v は複素数である．**消滅演算子の固有状態をコヒーレント状態という．**すなわち，コヒーレント状態は振動の量子を 1 個消滅させても変化しない量子状態である．まず，コヒーレント状態 $|v\rangle$ は最小不確定性状態であることを示す．標準偏差を計算するには，

$$\hat{a} = v + \hat{\eta}, \qquad \hat{a}^\dagger = v^* + \hat{\eta}^\dagger \tag{7.47}$$

で定義される新しい演算子 $\hat{\eta}$ を用いると便利である．交換関係

$$[\hat{\eta}, \hat{\eta}^\dagger] = [\hat{a}, \hat{a}^\dagger] = 1 \tag{7.48}$$

と関係式

$$\hat{\eta}|v\rangle = (\hat{a} - v)|v\rangle = 0. \tag{7.49}$$

が成り立つことに注意する．平均値は

$$\bar{x} = \langle v|\hat{x}|v\rangle = \sqrt{\frac{\hbar}{2m\omega}}\langle v|(\hat{a}^\dagger + \hat{a})|v\rangle = \sqrt{\frac{\hbar}{2m\omega}}\left(v^* + v\right), \tag{7.50a}$$

$$\bar{p} = \langle v|\hat{p}|v\rangle = i\sqrt{\frac{m\hbar\omega}{2}}\langle v|(\hat{a}^\dagger - \hat{a})|v\rangle = i\sqrt{\frac{m\hbar\omega}{2}}\left(v^* - v\right) \tag{7.50b}$$

であり，これを用いて位置と運動量は

$$\hat{x} = \bar{x} + \sqrt{\frac{\hbar}{2m\omega}}(\hat{\eta}^\dagger + \hat{\eta}), \qquad \hat{p} = \bar{p} + i\sqrt{\frac{m\hbar\omega}{2}}(\hat{\eta}^\dagger - \hat{\eta}) \tag{7.51}$$

と表される．よって，標準偏差は

$$(\Delta x)^2 = \langle v|\left(\hat{x} - \bar{x}\right)^2|v\rangle = \frac{\hbar}{2m\omega}\langle v|(\hat{\eta}^\dagger + \hat{\eta})^2|v\rangle = \frac{\hbar}{2m\omega}, \tag{7.52a}$$

$$(\Delta p)^2 = \langle v|\left(\hat{p} - \bar{p}\right)^2|v\rangle = -\frac{m\hbar\omega}{2}\langle v|(\hat{\eta}^\dagger - \hat{\eta})^2|v\rangle = \frac{m\hbar\omega}{2} \tag{7.52b}$$

となるので，不確定性関係は

$$\Delta x \Delta p = \frac{1}{2}\hbar \tag{7.53}$$

と導出される．この結果は，コヒーレント状態が最小不確定性状態であることを示す．

次に，基底状態から出発して，コヒーレント状態を実際に構築しよう．このために**変位演算子**を

$$D(v) \equiv e^{v\hat{a}^\dagger - v^*\hat{a}} = e^{-|v|^2/2}e^{v\hat{a}^\dagger}e^{-v^*\hat{a}} \tag{7.54}$$

によって導入する．第 2 の等式は 69 ページの研究課題で証明する．変位演算子は $D^\dagger(v) = D(-v) = D^{-1}(v)$ を満足し，ユニタリー演算子の条件

$$D(v)D^\dagger(v) = D^\dagger(v)D(v) = 1 \tag{7.55}$$

も満たす．また，

$$D^\dagger(v)\hat{a}D(v) = \hat{a} + v, \qquad D^\dagger(v)\hat{a}^\dagger D(v) = \hat{a}^\dagger + v^* \tag{7.56}$$

のように，消滅演算子を v，生成演算子を v^* だけ平行移動する．これも 69 ページの研究課題で証明する．さて，次の状態

$$|v\rangle \equiv D(v)|0\rangle = e^{-|v|^2/2}e^{v\hat{a}^\dagger}|0\rangle \tag{7.57}$$

は，$\hat{a}$ の固有関数になっていることがわかる．すなわち

$$\hat{a}|v\rangle = D(v)D^\dagger(v)\hat{a}D(v)|0\rangle = D(v)\left(\hat{a} + v\right)|0\rangle = v|v\rangle \tag{7.58}$$

となる．よって，定義 (7.46) から，$|v\rangle = D(v)|0\rangle$ はコヒーレント状態である．コヒーレント状態 (7.57) は，

$$|v\rangle = e^{-|v|^2/2}\sum_{n=0}^{\infty}\frac{1}{n!}(v\hat{a}^\dagger)^n|0\rangle = e^{-|v|^2/2}\sum_{n=0}^{\infty}\frac{v^n}{\sqrt{n!}}|n\rangle \tag{7.59}$$

のように個数演算子 $\hat{N}$ の固有状態で展開できる．正規直交条件 $\langle n|m\rangle = \delta_{nm}$ を用いて

$$\langle n|v\rangle = e^{-|v|^2/2}\frac{v^n}{\sqrt{n!}} \tag{7.60}$$

が得られる．よって，コヒーレント状態 $|v\rangle$ の中に固有状態 $|n\rangle$ を見いだす確率は

$$P_n \equiv |\langle n|v\rangle|^2 = \frac{\bar{n}^n}{n!}e^{-\bar{n}} \tag{7.61}$$

と求められる．ここに，$\bar{n} \equiv \langle v|\hat{N}|v\rangle = |v|^2$ とおいた．これは**コヒーレント状態 $|v\rangle$ の中にはフォノンがポアソン分布に従って存在する**ことを表す．

任意の複素数 v に対して状態 (7.59) で構成できるから，コヒーレント状態は無限個ある．これらは完全系

$$\frac{1}{\pi}\int d^2v\ |v\rangle\langle v| = \mathbb{I} \tag{7.62}$$

を張ることを示そう．演算子 $\hat{A}$ が恒等演算子 $\mathbb{I}$ であるための必要十分条件は，基底を張る任意の 2 つのベクトル $|m\rangle$ と $|n\rangle$ に対して $\langle n|\hat{A}|m\rangle = \delta_{nm}$ が成り立つことである．複素数 v を $v = re^{i\theta}$ とおき，積分を実行すると

$$\int \frac{d^2v}{\pi}\ \langle n|v\rangle\langle v|m\rangle = \int_0^\infty \frac{2rdr}{\sqrt{n!}\sqrt{m!}}\, r^{n+m}e^{-r^2}\int_0^{2\pi}\frac{d\theta}{2\pi}\ e^{i(n-m)\theta} = \delta_{nm}. \tag{7.63}$$

よって完全性条件 (7.62) が証明できた．ただし，内積は

$$\langle u|v\rangle = \exp\left(-\frac{1}{2}|u|^2 - \frac{1}{2}|v|^2 + u^*v\right) \tag{7.64}$$

となるから，**直交系をなさない**．状態 $|v\rangle$ が正規直交完全系をなさないのは，非エルミート演算子 $\hat{a}$ の固有状態なので自然である．

研究課題：　(7.54) の第 2 の等式を導出せよ．また (7.56) を導け．

解説：　まず，$[A,B]$ が普通の数 (c-数) であれば，等式

$$e^{A+B} = e^Ae^Be^{-[A,B]/2} \tag{7.65}$$

が成り立つことを示す．これは**ベイカー–キャンベル–ハウスドルフ** (Baker-Campbell-Hausdorff) **公式**としてよく用いられる．交換しない量を含む関係式の扱いに際して，パラメーター g をもつ補助関数を導入する便利な手法がある．いまの場合には，$F(g) = e^{gA}Be^{-gA}$ を考え，これを g で微分すると

$$\frac{dF}{dg} = e^{gA}[A,B]e^{-gA} = [A,B] \tag{7.66}$$

を得る．ここで，$[A,B]$ がどの演算子とも交換することを用いた．初期条件を考慮すると，直ちに，$F(g)=B+g[A,B]$ を得る．すなわち，

$$e^{A}B=(B+[A,B])\,e^{A} \tag{7.67}$$

である．同様に補助関数 $J(g)=e^{gA}e^{gB}e^{-g^2[A,B]/2}$ を考え，これを g で微分すると

$$\frac{dJ}{dg}=e^{gA}\,(A+B-g[A,B])\,e^{gB}e^{-g^2[A,B]/2}=(A+B)J(g) \tag{7.68}$$

となる．上記で第 2 の等式は，(7.67) を用いて e^{gA} を B と交換して得られる．$J(0)=1$ の初期条件に注意して積分すると，$J(g)=e^{g(A+B)}$ となるので，$g=1$ とおいて (7.65) が証明された．さて，(7.54) において，$A=v\hat{a}^\dagger, B=-v^*\hat{a}$ とすれば，$[A,B]=|v|^2$ なので (7.65) を適用でき，(7.54) で第 2 の等式を得る．

次に (7.56) を証明するため，$D^\dagger(v)\hat{a}D(v)$ を v で微分する．この際，v は複素数なので，v と v^* は独立変数とみなし，

$$\frac{\partial}{\partial v}\left[D^\dagger(v)\hat{a}D(v)\right]=D^\dagger(v)\left[\hat{a},\hat{a}^\dagger\right]D(v)=D^\dagger(v)D(v)=1 \tag{7.69}$$

を得る．両辺を v について 0 から v まで積分して

$$D^\dagger(v)\hat{a}D(v)=\hat{a}+v \tag{7.70}$$

となるが，これは (7.56) のはじめの式である．後の式も同様に導かれる．

7.5　振動する波束

調和振動子の量子化を行ったが，その名称の由来である「振動子」の姿がまだ見えていない．この側面を調べるには，6.2 節で導入したハイゼンベルグ描像を用いるのがよい．位置と運動量に対するハイゼンベルグの運動方程式は

$$i\hbar\frac{d}{dt}\hat{x}(t)=[\hat{x}(t),\hat{H}],\qquad i\hbar\frac{d}{dt}\hat{p}(t)=[\hat{p}(t),\hat{H}] \tag{7.71}$$

である．ハミルトニアン (7.3) を代入して，これらの交換関係を

$$[\hat{x}(t),\hat{p}(t)]=i\hbar \tag{7.72}$$

を用いて計算する．

$$[\hat{x}(t),\hat{H}]=\left[\hat{x}(t),\frac{1}{2m}\hat{p}^2(t)\right]=\frac{i\hbar}{m}\hat{p}(t), \tag{7.73}$$

$$[\hat{p}(t),\hat{H}]=\left[\hat{p}(t),\frac{m\omega^2}{2}\hat{x}^2(t)\right]=-i\hbar m\omega^2\hat{x}(t). \tag{7.74}$$

ハイゼンベルグの運動方程式は古典力学における正準方程式 (6.55) に一致し，

$$\frac{d}{dt}\hat{x}(t) = \frac{1}{m}\hat{p}(t), \qquad \frac{d}{dt}\hat{p}(t) = -m\omega^2\hat{x}(t). \tag{7.75}$$

と求められる．まとめて，

$$\frac{d^2}{dt^2}\hat{x}(t) = -\omega^2\hat{x}(t) \tag{7.76}$$

が得られる．この方程式を初期条件 $\hat{x}(0) = \hat{x}_0$，$\hat{p}(0) = \hat{p}_0$ のもとで解くと

$$\hat{x}(t) = \hat{x}_0 \cos\omega t + \frac{1}{m\omega}\hat{p}_0 \sin\omega t \tag{7.77}$$

となる．時刻 t での振動子の位置座標の期待値は

$$\langle\hat{x}(t)\rangle = \langle\hat{x}_0\rangle \cos\omega t + \frac{1}{m\omega}\langle\hat{p}_0\rangle \sin\omega t \tag{7.78}$$

である．確かに，これは振動数 ω で振動している．

ただし，特別な場合がある．ハミルトニアンの固有状態 $|n\rangle$ に対しては (7.43) が成り立ち，$\langle\hat{x}_0\rangle = \langle\hat{p}_0\rangle = 0$ だから，

$$\langle\hat{x}(t)\rangle = 0 \tag{7.79}$$

となり，振動していない．また，コヒーレント状態 $|v\rangle$ に対しては (7.50) を用いて

$$\langle\hat{x}(t)\rangle = \sqrt{\frac{\hbar}{2m\omega}}\left[v^* e^{i\omega t} + v e^{-i\omega t}\right] \tag{7.80}$$

となる．

研究課題： $[\hat{x}(t), \hat{x}(t')]$，$[\hat{p}(t), \hat{p}(t)]$，$[\hat{x}(t), \hat{p}(t')]$ **の交換関係を導け．**

解説： 時刻 t での運動量演算子は，(7.75) と (7.77) を用いて

$$\hat{p}(t) = -\omega m\hat{x}_0 \sin\omega t + \hat{p}_0 \cos\omega t \tag{7.81}$$

と求まる．異なる時刻での交換関係は (7.77) と (7.81) から

$$[\hat{x}(t), \hat{x}(t')] = \frac{i\hbar}{m\omega}\sin\omega(t' - t), \tag{7.82}$$

$$[\hat{p}(t), \hat{p}(t')] = i\hbar m\omega \sin\omega(t' - t), \tag{7.83}$$

$$[\hat{x}(t), \hat{p}(t')] = i\hbar \cos\omega(t' - t) \tag{7.84}$$

となる．同時刻では確かに正準交換関係が成立する．なお，異なる時刻での交換関係はハイゼンベルグの運動方程式を用いて導出しているので，異なるハミルトニアンに対しては異なる結果が得られる．

8 角 運 動 量

角運動量は，中心力ポテンシャルがある系の球対称性と密接に関係している．角運動量演算子は，波動関数の回転を生成する役割も果たしている．軌道角運動量の固有状態は，球面調和関数とよばれ，方位量子数 l と磁気量子数 m で識別される．l と m は波動関数の一価性から，整数に量子化される．一方，粒子の自転に対応するスピン角運動量も存在する．スピン角運動量は，プランク定数 $\hbar$ を単位にして半整数値もとりうる．電子のスピン角運動量は，パウリ行列によって表現される．

8.1 角運動量の量子化

古典力学によれば**軌道角運動量**は $\boldsymbol{L} = \boldsymbol{r} \times \boldsymbol{p}$ である．量子力学での角運動量演算子は位置と運動量を演算子で置き換えて

$$\hat{\boldsymbol{L}} = \hat{\boldsymbol{r}} \times \hat{\boldsymbol{p}} = -\hat{\boldsymbol{p}} \times \hat{\boldsymbol{r}} \tag{8.1}$$

で与えられる．ここで，正準交換関係 (1.28) より，角運動量演算子 (8.1) において $\hat{\boldsymbol{r}}$ と $\hat{\boldsymbol{p}}$ を書く順序は任意でよく，古典的物理量から演算子は一意的に定義できる．座標表示を用いて成分で書くと

$$\hat{L}_x = \hat{y}\hat{p}_z - \hat{z}\hat{p}_y = -i\hbar\,(y\partial_z - z\partial_y), \tag{8.2a}$$

$$\hat{L}_y = \hat{z}\hat{p}_x - \hat{x}\hat{p}_z = -i\hbar\,(z\partial_x - x\partial_z), \tag{8.2b}$$

$$\hat{L}_z = \hat{x}\hat{p}_y - \hat{y}\hat{p}_x = -i\hbar\,(x\partial_y - y\partial_x) \tag{8.2c}$$

である．

角運動量演算子を演算子法を用いて詳しく考察する．もっとも重要なのは交換関係

$$[\hat{L}_x, \hat{L}_y] = i\hbar \hat{L}_z, \qquad [\hat{L}_y, \hat{L}_z] = i\hbar \hat{L}_x, \qquad [\hat{L}_z, \hat{L}_x] = i\hbar \hat{L}_y \tag{8.3}$$

である．角運動量の異なる成分 $\hat{L}_i$ と $\hat{L}_j$ は交換しないので，5.5 節の議論に従い，$\hat{L}_i$ と $\hat{L}_j$ の同時固有状態は存在しない．

古典力学では，角運動量ベクトル $\boldsymbol{L} = (L_x, L_y, L_z)$ の各成分は決まった値をとり，ある方向を向いている．量子力学では，角運動量ベクトルの方向は確実には決まらない．具体的に 5.4 節で導いた不確定性関係 (5.36) を用いると

$$\Delta L_x \Delta L_y \geq \frac{\hbar}{2} |\langle L_z \rangle| \tag{8.4}$$

となる．これは $\langle L_z \rangle \neq 0$ の場合には，角運動量が x，y 方向に揺らいでいることを示している．

角運動量ベクトル $\boldsymbol{L}$ が作用する状態の基底関数を決めよう．このためには同時対角化可能な演算子を決める必要がある．まず，角運動量の大きさの 2 乗

$$\hat{\boldsymbol{L}}^2 = \hat{L}_x^2 + \hat{L}_y^2 + \hat{L}_z^2 \tag{8.5}$$

と各成分の交換関係は

$$[\hat{\boldsymbol{L}}^2, \hat{L}_x] = [\hat{\boldsymbol{L}}^2, \hat{L}_y] = [\hat{\boldsymbol{L}}^2, \hat{L}_z] = 0 \tag{8.6}$$

である．したがって，$\hat{\boldsymbol{L}}^2$ と $\hat{L}_z$ の同時対角化は可能である．$\hat{L}_z$ を対角化するとき，角運動量の**量子化軸**を z 軸にとるという．角運動量は 3 成分あるが，同時対角化可能なのは，その大きさと 1 つの成分だけである．角運動量の単位は $\hbar$ なので，これを分離して $\hat{\boldsymbol{L}} = \hbar \hat{\boldsymbol{\ell}}$ によって無次元の演算子 $\hat{\boldsymbol{\ell}}$ を導入すると，表記が簡潔になる．

演算子 $\hat{\boldsymbol{\ell}}^2$ と $\hat{\ell}_z$ の規格化された同時固有状態を $|\lambda, m\rangle$ と書く．また，固有値をそれぞれ $f(\lambda)$ と m とする．固有値方程式は

$$\hat{\boldsymbol{\ell}}^2 |\lambda, m\rangle = f(\lambda) |\lambda, m\rangle, \qquad \hat{\ell}_z |\lambda, m\rangle = m |\lambda, m\rangle \tag{8.7}$$

である．$f(\lambda)$ と m を決定するために，固有状態 $|\lambda, m\rangle$ における演算子

$$\hat{\boldsymbol{\ell}}^2 - \hat{\ell}_z^2 = \hat{\ell}_x^2 + \hat{\ell}_y^2 \tag{8.8}$$

の期待値を計算すれば，

$$f(\lambda) - m^2 = \langle \hat{\ell}_x^2 \rangle + \langle \hat{\ell}_y^2 \rangle \geq 0 \tag{8.9}$$

を得る．ゆえに，

$$-\sqrt{f(\lambda)} \leq m \leq \sqrt{f(\lambda)} \tag{8.10}$$

となり，固有値 m には最大値と最小値がある．

次に演算子 $\hat{\ell}^{\pm} = \hat{\ell}_x \pm i\hat{\ell}_y$ を導入すると，(8.3) から交換関係

$$[\hat{\ell}_z, \hat{\ell}^+] = \hat{\ell}^+, \tag{8.11a}$$

$$[\hat{\ell}_z, \hat{\ell}^-] = -\hat{\ell}^-, \tag{8.11b}$$

$$[\hat{\ell}^+, \hat{\ell}^-] = 2\hat{\ell}_z \tag{8.11c}$$

を証明できる．関係式 (8.11a) を固有状態 $|\lambda, m\rangle$ に作用させて

$$\hat{\ell}^+|\lambda, m\rangle = \hat{\ell}_z\hat{\ell}^+|\lambda, m\rangle - \hat{\ell}^+\hat{\ell}_z|\lambda, m\rangle \tag{8.12}$$

を得るが，(8.7) を用いてこれを書き直すと

$$\hat{\ell}_z\hat{\ell}^+|\lambda, m\rangle = \hat{\ell}^+|\lambda, m\rangle + m\hat{\ell}^+|\lambda, m\rangle = (m+1)\,\hat{\ell}^+|\lambda, m\rangle \tag{8.13}$$

となる．ゆえに，$\hat{\ell}^+|\lambda, m\rangle$ は $\hat{\ell}_z$ の固有状態で固有値は $(m+1)$ である．演算子 $\hat{\ell}^+$ は固有値 m を 1 増加させるので**昇演算子**である．同様に，関係式 (8.11b) を用いて，演算子 $\hat{\ell}^-$ は固有値 m を 1 減少させる**降演算子**であることがわかる．両者をまとめて，**昇降演算子**とよぶ．比例係数を $C_\pm(\lambda, m)$ として

$$\hat{\ell}^\pm|\lambda, m\rangle = C_\pm(\lambda, m)|\lambda, m \pm 1\rangle \tag{8.14}$$

とおく．

これらの準備から，$\hat{\boldsymbol{\ell}}^{\,2}$ の固有値 $f(\lambda)$ を以下のように求めることができる．固有値 m には最大値と最小値が存在するので，最大値を l，最小値を l' とおく．7.1 節で (7.19) に対して行ったと同様の議論により，

$$\hat{\ell}^+|\lambda, l\rangle = \hat{\ell}^-|\lambda, l'\rangle = 0 \tag{8.15}$$

が成り立つ．さて，$\hat{\boldsymbol{\ell}}^{\,2}$ は (8.11c) を用いて

$$\hat{\boldsymbol{\ell}}^{\,2} = \frac{1}{2}(\hat{\ell}^-\hat{\ell}^+ + \hat{\ell}^+\hat{\ell}^-) + \hat{\ell}_z^{\,2} = \hat{\ell}^-\hat{\ell}^+ + \hat{\ell}_z^{\,2} + \hat{\ell}_z \tag{8.16a}$$

$$= \hat{\ell}^+\hat{\ell}^- + \hat{\ell}_z^{\,2} - \hat{\ell}_z \tag{8.16b}$$

とも表される．(8.16a) を固有状態 $|\lambda, l\rangle$ に作用させると，$\hat{\ell}^+|\lambda, l\rangle = 0$ だから，

$$f(\lambda)|\lambda, l\rangle = (l^2 + l)|\lambda, l\rangle = l(l+1)|\lambda, l\rangle \tag{8.17}$$

となり，

$$f(\lambda) = l(l+1) \tag{8.18}$$

が導かれる．同様に，(8.16b) を固有状態 $|\lambda, l'\rangle$ に作用させて

$$f(\lambda) = l'(l'-1) \tag{8.19}$$

が得られる．これら 2 式から $l(l+1) = l'(l'-1)$ であり，解は $l' = -l$ である．固有値 $f(\lambda)$ は l で決定されるので，インデックス λ として $\lambda = l$ を採用する．量子数 l，m は，それぞれ**方位量子数**，**磁気量子数**とよばれる．以上まとめると，

$$\hat{\boldsymbol{\ell}}^{\,2}|l,m\rangle = l(l+1)|l,m\rangle, \qquad \hat{\ell}_z|l,m\rangle = m|l,m\rangle \tag{8.20}$$

となる．

次に，(8.14) に現れる係数 $C_\pm(l,m)$ を計算する．$(\hat{\ell}^\pm)^\dagger = \hat{\ell}^\mp$ だから，状態 $\hat{\ell}^\pm|l,m\rangle$ のノルムは

$$C_\pm^2(l,m) = \langle l,m|\hat{\ell}^\mp\hat{\ell}^\pm|l,m\rangle = l(l+1) - m(m\pm 1) \tag{8.21}$$

となる．最後の式は，(8.16) を変形した関係式

$$\hat{\ell}^\mp\hat{\ell}^\pm = \hat{\boldsymbol{\ell}}^{\,2} - \hat{\ell}_z^{\,2} \mp \hat{\ell}_z \tag{8.22}$$

を用いて得られる．

最後に，m のとりうる値を求める．(8.15) は

$$\hat{\ell}^+|l,l\rangle = \hat{\ell}^-|l,-l\rangle = 0 \tag{8.23}$$

と書かれる．状態 $|l,l\rangle$ は**最高ウェイト状態**とよばれ，角運動量の期待値が z 軸の正の方向を向いている．一方 $|l,-l\rangle$ は**最低ウェイト状態**とよばれ，負の方向を向いている．固有値 m のとりうる値は離散化しており，

$$m = -l,\ -l+1,\ \cdots,\ l-1,\ l \tag{8.24}$$

である．固有値 m の個数は $2l+1$ であるが，これは整数であるので，l のとりうる値は

$$l = 0,\ \frac{1}{2},\ 1,\ \frac{3}{2},\ 2,\ \cdots \tag{8.25}$$

に限定される．このことを**角運動量は整数値あるいは半整数値に量子化される**，という．後で議論するように，軌道角運動量は整数値しかとらない．しかしスピン角運動量は半整数値もとりうる．$\hat{\boldsymbol{\ell}}^{\,2}$ の固有値が l^2 でなく $l(l+1)$ であることは，期待値 $\langle\hat{\boldsymbol{\ell}}\rangle$ に垂直な成分が分散 l 程度の量子揺らぎをもつことを意味している．ただし，便宜上，l を角運動量 $\hat{\boldsymbol{\ell}}$ の大きさという．

8.2 極座標表示

前節で角運動量は (8.24) と (8.25) のように量子化されることを示した．これは軌道角運動量 (8.1) の満たす交換関係 (8.3) から導かれた．実際の計算は軌道角運動量を極座標 (r,θ,ϕ) で表示するのが便利である．デカルト座標 (x,y,z) は極座標では

$$x = r\sin\theta\cos\phi, \qquad y = r\sin\theta\sin\phi, \qquad z = r\cos\theta \tag{8.26}$$

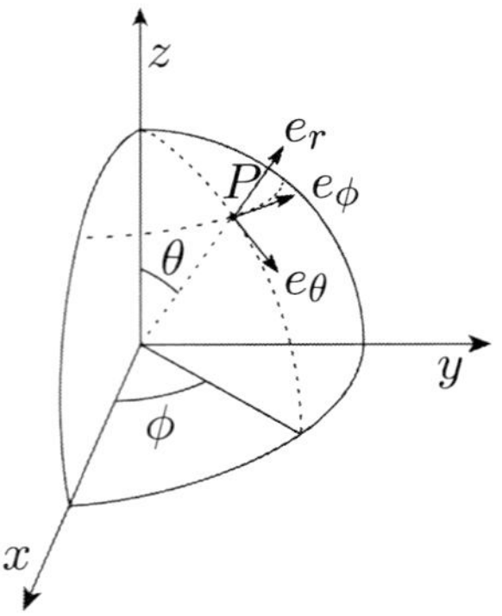

図 8.1 極座標系の単位ベクトル

と表される．逆の関係は

$$r^2 = x^2 + y^2 + z^2, \qquad \cos\theta = \frac{z}{r}, \qquad \tan\phi = \frac{y}{x} \tag{8.27}$$

である．r を動径座標，θ を天頂角，ϕ を方位角という．

極座標系の単位ベクトルを $\boldsymbol{e}_r, \boldsymbol{e}_\theta, \boldsymbol{e}_\phi$ とする．これらは，図 8.1 に示すように，半径 r をもつ球面上にある任意の点 P に対して定義される．たとえば $\boldsymbol{e}_\theta$ は，θ だけが増加する方向，すなわち経線に局所的に平行な単位ベクトルである．図 8.1 を参照して，それぞれのデカルト座標成分を求めると，

$$\boldsymbol{e}_r = \begin{pmatrix} \sin\theta\cos\phi \\ \sin\theta\sin\phi \\ \cos\theta \end{pmatrix}, \qquad \boldsymbol{e}_\theta = \begin{pmatrix} \cos\theta\cos\phi \\ \cos\theta\sin\phi \\ -\sin\theta \end{pmatrix}, \qquad \boldsymbol{e}_\phi = \begin{pmatrix} -\sin\phi \\ \cos\phi \\ 0 \end{pmatrix} \tag{8.28}$$

となる．この 3 つのベクトルは互いに直交している．微分演算子のベクトル ∇ (ナブラと読む) は，デカルト座標では $\nabla = \boldsymbol{e}_x\partial_x + \boldsymbol{e}_y\partial_y + \boldsymbol{e}_z\partial_z$ と表現されるが，∇ の作用自体は座標系のとり方には依存しない．デカルト座標系の原点を球面上の点 P に移し，単位ベクトル $\boldsymbol{e}_x, \boldsymbol{e}_y, \boldsymbol{e}_z$ を適当に回転させると，極座標系の単位ベクトル $\boldsymbol{e}_r, \boldsymbol{e}_\theta, \boldsymbol{e}_\phi$ と局所的に一致するようにできる．これから直ちに極座標系の表現

$$\nabla = \boldsymbol{e}_r\frac{\partial}{\partial r} + \boldsymbol{e}_\theta\frac{1}{r}\frac{\partial}{\partial\theta} + \boldsymbol{e}_\phi\frac{1}{r\sin\theta}\frac{\partial}{\partial\phi} \tag{8.29}$$

が求められる．ここで各成分の線要素 $(dr, rd\theta, r\sin\theta d\phi)$ が分母に現れている．角運動量演算子は $\hat{\boldsymbol{L}} = \hbar\hat{\boldsymbol{\ell}} = \hat{\boldsymbol{r}} \times \hat{\boldsymbol{p}} = -i\hbar\boldsymbol{r} \times \nabla$ と表現されるので，単位ベクトルの外積 $\boldsymbol{e}_r \times \boldsymbol{e}_\theta = \boldsymbol{e}_\phi$ などに注意して

$$\boldsymbol{r}\times\nabla=\boldsymbol{e}_\phi\frac{\partial}{\partial\theta}-\boldsymbol{e}_\theta\frac{1}{\sin\theta}\frac{\partial}{\partial\phi} \tag{8.30}$$

を得る．これからデカルト座標成分として

$$\hat{\ell}_z=-i\frac{\partial}{\partial\phi},\qquad \hat{\ell}^{\pm}=e^{\pm i\phi}\left(\pm\frac{\partial}{\partial\theta}+i\cot\theta\frac{\partial}{\partial\phi}\right) \tag{8.31}$$

が求められる．また，

$$-\hat{\ell}^{+}\hat{\ell}^{-}=\frac{1}{\sin\theta}\frac{\partial}{\partial\theta}\sin\theta\frac{\partial}{\partial\theta}+\cot^2\theta\frac{\partial^2}{\partial\phi^2}+i\frac{\partial}{\partial\phi} \tag{8.32}$$

である．関係式 (8.16) に (8.31) と (8.32) を代入して

$$-\hat{\boldsymbol{\ell}}^{\,2}=\frac{1}{\sin\theta}\frac{\partial}{\partial\theta}\sin\theta\frac{\partial}{\partial\theta}+\frac{1}{\sin^2\theta}\frac{\partial^2}{\partial\phi^2} \tag{8.33}$$

という結果を得る．

実は，(8.33) の演算子は，ラプラス演算子 Δ（ラプラシアンともよぶ）の中にも現れる．これについては，9.1 節で議論する．

8.3 回転の生成子

角運動量は回転の生成演算子とも見ることができる．すなわち，演算子 $\hat{\ell}_z$ を指数にもつ演算子をテーラー展開公式を用いて定義すると

$$e^{i\varepsilon\hat{\ell}_z}=\sum_n\frac{(i\varepsilon)^n}{n!}(\hat{\ell}_z)^n \tag{8.34}$$

となるので，これを関数に作用させると，(8.31) を用いて

$$e^{i\varepsilon\hat{\ell}_z}f(r,\theta,\phi)=\sum_n\frac{\varepsilon^n}{n!}\frac{\partial^n}{\partial\phi^n}f(r,\theta,\phi)=f(r,\theta,\phi+\varepsilon) \tag{8.35}$$

を得る．演算子 $e^{i\varepsilon\hat{\ell}_z}$ は，方位角 ϕ を任意の角度 ε だけ増加させているから，z 軸の周りの**回転演算子**である．演算子 $\hat{\ell}_z$ を z 軸の周りの回転の**生成子**という．同様に，$\hat{\ell}_x$ と $\hat{\ell}_y$ はそれぞれ x 軸と y 軸の周りの回転の生成子である．任意方向 $\boldsymbol{n}$ の周りの回転の生成子は $\boldsymbol{n}\cdot\hat{\boldsymbol{\ell}}$ で与えられる．これは，

$$\boldsymbol{n}\cdot(\boldsymbol{r}\times\nabla)=(\boldsymbol{n}\times\boldsymbol{r})\cdot\nabla \tag{8.36}$$

に注意して，$\boldsymbol{n}$ を新しい座標系の z 軸になるようにとり，(8.35) と同様の議論を行えばわかる．

テーラー展開式 (8.35) は任意の角度 ε に関して成り立つ．z 軸の周りに一回転した場合 ($\varepsilon=2\pi$) を考える．このとき，$f(r,\theta,\phi)$ を演算子 $\hat{\ell}_z$ の固有値 m に属する波動関数とし，$\varepsilon=2\pi$ とおくと，(8.35) は

$$e^{i2\pi m}f(r,\theta,\phi)=f(r,\theta,\phi+2\pi) \tag{8.37}$$

となる．z 軸の周りに一回転した点はもとと同じ点であるから，波動関数は変化しない．$f(r,\theta,\phi)=f(r,\theta,\phi+2\pi)$ である．これを**波動関数の一価性**という．このことから，$e^{i2\pi m}=1$ となり，軌道角運動量の固有値 m は

$$m=0,\pm1,\pm2,\cdots \tag{8.38}$$

のように，整数値に限られる．**軌道角運動量は整数値に量子化される**ことが，波動関数の一価性の要請の帰結であることがわかった．

8.4 球面調和関数

演算子 $\hat{\boldsymbol{\ell}}^2$ と $\hat{\ell}_z$ の同時固有関数を $|l,m\rangle$ と書いた．この状態の波動関数を

$$Y_{lm}(\theta,\phi)=\langle\theta,\phi|l,m\rangle \tag{8.39}$$

とおき，**球面調和関数**とよぶ．全空間での積分は

$$\int d^3x=\int_0^\infty r^2dr\int_0^{2\pi}d\phi\int_0^\pi\sin\theta d\theta=\int_0^\infty r^2dr\int d\Omega \tag{8.40}$$

である．ここで，$d\Omega$ は立体角要素である．したがって，正規直交条件は

$$\langle l,m|l',m'\rangle=\int d\Omega\ Y_{lm}(\theta,\phi)^*Y_{l'm'}(\theta,\phi)=\delta_{ll'}\delta_{mm'} \tag{8.41}$$

と表される．固有値方程式 $\hat{\ell}_z|l,m\rangle=m|l,m\rangle$ は極座標で

$$\frac{\partial}{\partial\phi}Y_{lm}(\theta,\phi)=imY_{lm}(\theta,\phi). \tag{8.42}$$

したがって，$Y_{lm}(\theta,\phi)$ は変数分離できて

$$Y_{lm}(\theta,\phi)=\sqrt{\frac{2l+1}{4\pi}}e^{im\phi}\Theta_{lm}(\theta) \tag{8.43}$$

となる．比例係数は規格化に便利なように導入した．

まず，$|l,-l\rangle$ に対応する $Y_{l,-l}(\theta,\phi)$ を求める．(8.31) を用いて条件式 (8.23) を極座標表示すると

$$\left(\frac{\partial}{\partial\theta}-l\cot\theta\right)\Theta_{l,-l}(\theta)=\sin^l\theta\left[\frac{\partial}{\partial\theta}\sin^{-l}\theta\Theta_{l,-l}(\theta)\right]=0 \tag{8.44}$$

となるので，容易に

$$\Theta_{l,-l}(\theta)=\frac{\sqrt{(2l)!}}{2^l l!}\sin^l\theta \tag{8.45}$$

を得る．ここで規格化定数は $Y_{l,-l}(\theta,\phi)$ が (8.41) を満たすように決めた（80 ページの例題参照）．

次に，$|l,m\rangle$ に対応する $Y_{lm}(\theta,\phi)$ を求める．$|l,m\rangle$ は $|l,-l\rangle$ に $\hat{\ell}^+$ を $l+m$ 回作用させれば得られる．規格化定数に注意して，まず (8.14) と (8.21) から

$$|l,m\rangle = \frac{1}{\sqrt{(l+m)(l-m+1)}}\hat{\ell}^+|l,m-1\rangle \tag{8.46}$$

を得る．(8.31) を用いて極座標表示すると

$$Y_{lm}(\theta,\phi) = \frac{e^{i\phi}}{\sqrt{(l+m)(l-m+1)}}\left(\frac{\partial}{\partial\theta}-(m-1)\cot\theta\right)Y_{l,m-1}(\theta,\phi)$$

となる．ここに (8.43) を代入し，$d\cos\theta = -\sin\theta d\theta$ に注意して

$$\Theta_{lm}(\theta) = -\frac{1}{\sqrt{(l+m)(l-m+1)}}\sin^m\theta\frac{d}{d\cos\theta}\left[\sin^{-(m-1)}\theta\,\Theta_{l,m-1}(\theta)\right] \tag{8.47}$$

を得る．これは $\Theta_{lm}(\theta)$ に関する漸化式を与えるので，繰り返し $\Theta_{l,m-1}(\theta),\cdots$, $\Theta_{l,-l+1}(\theta)$ に用いて，

$$\Theta_{lm}(\theta) = \frac{(-1)^{l+m}}{2^l l!}\sqrt{\frac{(l-m)!}{(l+m)!}}\sin^m\theta\frac{d^{l+m}}{(d\cos\theta)^{l+m}}\sin^{2l}\theta \tag{8.48}$$

を得る．特に $m=l$ の場合には

$$\Theta_{l,l}(\theta) = (-1)^l\frac{\sqrt{(2l)!}}{2^l l!}\sin^l\theta = (-1)^l\Theta_{l,-l}(\theta) \tag{8.49}$$

となる．

一方，$|l,l\rangle$ に降演算子 $\hat{\ell}^-$ を $l-m$ 回作用させて $\Theta_{lm}(\theta)$ を求めることもできる．$\Theta_{l,l}(\theta)$ から出発すると，$\hat{\ell}^- = e^{-i\phi}\left(-\partial/\partial\theta + i\cot\theta\,\partial/\partial\phi\right)$ の符号に注意して計算し，

$$\Theta_{lm}(\theta) = \frac{(-1)^l}{2^l l!}\sqrt{\frac{(l+m)!}{(l-m)!}}\sin^{-m}\theta\frac{d^{l-m}}{(d\cos\theta)^{l-m}}\sin^{2l}\theta \tag{8.50}$$

を得る．(8.48) と (8.50) は $\Theta_{lm}(\theta)$ に対する同値な表式である．$m=0$ の場合に比較すれば，同値であることはすぐに確かめられるが，一般の m に対して (8.48) と (8.50) が等しいことは驚くべきことである．この等式から

$$Y_{l,-m}(\theta,\phi) = (-1)^m Y_{l,m}(\theta,\phi)^* \tag{8.51}$$

が得られる．

関数 $\Theta_{lm}(\theta)$ は，ルジャンドル (Legendre) 陪関数 $P_{lm}(\cos\theta)$ で表される．まず (8.50) で $m=0$ とおくと，ルジャンドル多項式（あるいはルジャンドル関数ともいう）$P_l(z)$ に対する公式

$$P_l(z) = \frac{1}{2^l l!}\frac{d^l}{dz^l}(z^2-1)^l \tag{8.52}$$

を得る．これをロドリーグ (Rodrigues) の公式[*1)]とよぶ．規格化定数は $P_l(1)=1$ となるように選んである．規格化積分は

$$\int_{-1}^{1} dz P_l(z) P_{l'}(z) = \delta_{ll'} \frac{2}{2l+1} \tag{8.53}$$

となる．ルジャンドル陪関数は $-l \leq m \leq l$ に対して

$$P_{lm}(z) = \frac{(-1)^m}{2^l l!}(1-z^2)^{m/2}\frac{d^{l+m}}{dz^{l+m}}(z^2-1)^l \tag{8.54}$$

と定義される．m が偶数の場合には，$P_{lm}(z)$ は z の多項式になる．(8.48) と (8.54) を比べて

$$\Theta_{lm}(\theta) = (-1)^m \sqrt{\frac{(l-m)!}{(l+m)!}} P_{lm}(\cos\theta) \tag{8.55}$$

がわかる．また，(8.51) と比較すると m の符号変化に対して

$$P_{l,-m}(z) = (-1)^m \frac{(l-m)!}{(l+m)!} P_{lm}(z) \tag{8.56}$$

という関係があることがわかる．

参照に便利なように，いくつかの球面調和関数を具体的に書き出しておく．

$$Y_{00}(\theta,\phi) = \frac{1}{\sqrt{4\pi}}, \tag{8.57a}$$

$$Y_{10}(\theta,\phi) = \sqrt{\frac{3}{4\pi}}\cos\theta, \qquad Y_{1\pm1}(\theta,\phi) = \mp\sqrt{\frac{3}{8\pi}}\sin\theta e^{\pm i\phi}, \tag{8.57b}$$

$$Y_{20}(\theta,\phi) = \sqrt{\frac{5}{16\pi}}\left(3\cos^2\theta - 1\right), \qquad Y_{2\pm1}(\theta,\phi) = \mp\sqrt{\frac{15}{8\pi}}\sin\theta\cos\theta e^{\pm i\phi}, \tag{8.57c}$$

$$Y_{2\pm2}(\theta,\phi) = \sqrt{\frac{15}{32\pi}}\sin^2\theta e^{\pm 2i\phi}. \tag{8.57d}$$

例題： (8.45) が規格化されていることを示せ．

解説： 積分公式

$$I_l = \int_0^{\pi} d\theta\, \sin^{2l+1}\theta = 2\frac{2^{2l}\,(l!)^2}{(2l+1)!} \tag{8.58}$$

を証明すればよい．$\mu = \cos\theta$ とおくと $d\mu = -\sin\theta d\theta$ となるので，

$$I_l = \int_{-1}^{1} d\mu\, (1-\mu^2)^{l-1}(1-\mu^2) = I_{l-1} - \int_{-1}^{1} d\mu\, (1-\mu^2)^{l-1}\mu^2 \tag{8.59}$$

---

*1) 一般に直交多項式を上記のような高階微分で表したものを，ロドリーグの公式とよんでいる．

と変形する．右辺第 2 項の被積分関数を $(1-\mu^2)^{l-1}\mu\times\mu$ と見て部分積分を行うと，

$$I_l = I_{l-1} - \frac{1}{2l}I_l = \frac{2l}{2l+1}I_{l-1} = \frac{2l(2l-2)}{(2l+1)(2l-1)}I_{l-2} = \cdots \tag{8.60}$$

という漸化式を得る．ここで $I_0 = 2$ に注意すると (8.58) を得る．

8.5　球面調和関数の完全性と加法定理

単位球面上の点 $\boldsymbol{r}$ は，立体角 (θ, ϕ) で指定される．球面調和関数 $Y_{lm}(\theta,\phi)$ は，この空間における完全系をなす．すなわち，球面上で定義された任意の関数 $f(\theta,\phi)$ は，

$$f(\theta,\phi) = \sum_{lm} f_{lm}Y_{lm}(\theta,\phi) \tag{8.61}$$

と $Y_{lm}(\theta,\phi)$ の線形結合で表される．係数 f_{lm} は

$$f_{lm} = \langle lm|f\rangle = \int d\Omega Y^*_{lm}(\theta,\phi)f(\theta,\phi) \tag{8.62}$$

で決定される．$Y_{lm}(\theta,\phi) = \langle\theta\phi|lm\rangle$ の完全性は，以下のように表現される

$$\sum_{lm} Y_{lm}(\theta,\phi)Y^*_{lm}(\theta',\phi') = \delta(\cos\theta - \cos\theta')\delta(\phi-\phi') \equiv \delta(\hat{\Omega}-\hat{\Omega}'). \tag{8.63}$$

ここで $\hat{\Omega}$ は (θ,ϕ) に対応する単位ベクトルである．同じベクトルを 8.2 節では $\boldsymbol{e}_r$ と書いている．デルタ関数の中身が $\cos\theta$ になっているのは，立体角要素 $d\Omega = \sin\theta d\theta d\phi$ のためである．すなわち $\delta(\cos\theta) = |\sin\theta|^{-1}\delta(\theta)$ に注意する．

完全性は，ルジャンドル多項式 P_l の加法定理

$$\frac{2l+1}{4\pi}P_l(\hat{\Omega}\cdot\hat{\Omega}') = \sum_{m=-l}^{l} Y^*_{lm}(\hat{\Omega})Y_{lm}(\hat{\Omega}') \tag{8.64}$$

を導く．これを示すために以下のステップを踏む．まず，

$$\langle z|l\rangle \equiv \sqrt{l+\frac{1}{2}}P_l(z) \tag{8.65}$$

とおいて，直交条件 (8.53) を

$$\langle l|l'\rangle = \int_{-1}^{1} dz\, \langle l|z\rangle\langle z|l'\rangle = \left(l+\frac{1}{2}\right)\int_{-1}^{1} dz\, P_l(z)P_{l'}(z) = \delta_{ll'} \tag{8.66}$$

と書き直す．さて，ルジャンドル多項式 $P_l(z)$ の完全性条件は

$$\sum_l |l\rangle\langle l| = \mathbb{I} \tag{8.67}$$

と表現され，$|l\rangle$ は正規直交完全系をなす．事実，任意の関数 $g(z)$ は $-1 \le z \le 1$ で

$$g(z) = \langle z|g\rangle = \sum_l \langle z|l\rangle\langle l|g\rangle = \sum_l \sqrt{l+\frac{1}{2}}\,g_l P_l(z) \tag{8.68}$$

と展開される．ここで

$$g_l = \sqrt{l+\frac{1}{2}}\int_{-1}^{1} dz\, P_l(z)g(z) \tag{8.69}$$

である．また，

$$\delta(z-z') = \langle z|z'\rangle = \sum_l \langle z|l\rangle\langle l|z'\rangle = \sum_l \left(l+\frac{1}{2}\right)P_l(z)P_l(z') \tag{8.70}$$

となる．(8.70) で $z'=1$ とおき，$P_l(1)=1$ を用いると立体角を用いて表現できる．すなわち $\hat{z}=(0,0,1)$ および $\hat{\Omega}$ を (θ,ϕ) に対応する単位ベクトルとすると，$P_l(1)=1$ を用いて，

$$\delta(\hat{\Omega}-\hat{z}) = \frac{1}{2\pi}\sum_l \left(l+\frac{1}{2}\right)P_l(\hat{\Omega}\cdot\hat{z}) \tag{8.71}$$

と書ける．ϕ についての積分に対応して 2π が現れている．この表現は座標系の回転に対して不変なので，実は $\hat{z}$ を任意の方向の単位ベクトル $\hat{\Omega}'$ にとっても成立する．(8.63), (8.71) を合わせて

$$\delta(\hat{\Omega}-\hat{\Omega}') = \sum_{lm} Y_{lm}(\theta,\phi)Y^*_{lm}(\theta',\phi') = \frac{2l+1}{4\pi}\sum_l P_l(\hat{\Omega}\cdot\hat{\Omega}') \tag{8.72}$$

を得る．ここで，

$$\sum_m |lm\rangle\langle lm| = \mathbb{I}_l \tag{8.73}$$

は，角運動量 l の状態への射影演算子だから，(8.72) の両辺で同じ l の成分を比較して，加法定理 (8.64) を得る．

8.6 ス　ピ　ン

交換関係 (8.3) によれば角運動量は (8.25) に示したように半整数値をとることができる．ところが軌道角運動量は空間座標に依存する波動関数の一価性から整数値に限られることを示した．空間座標に依存しない粒子固有の角運動量は整数と半整数の両方の値をとりうる．そのような角運動量を**スピン角運動量**あるいは単にスピンという．最小のスピンの大きさは $\hbar/2$ である．電子はスピン

$\hbar/2$ をもつことがわかっている．この発見は，11.4 節で議論するように，水素原子の 1s 状態が磁場中で 2 つの準位に分裂することが糸口になった．スピン角運動量は電子が一種の自転運動をしていることによって生じると解釈できる．

スピン角運動量を $\hat{\boldsymbol{S}} = (\hat{S}_x, \hat{S}_y, \hat{S}_z)$ と表記する．スピン角運動量を特徴づける交換関係は

$$[\hat{S}_x, \hat{S}_y] = i\hbar\hat{S}_z, \qquad [\hat{S}_y, \hat{S}_z] = i\hbar\hat{S}_x, \qquad [\hat{S}_z, \hat{S}_x] = i\hbar\hat{S}_y \tag{8.74}$$

である．軌道角運動量に対して無次元量 $\hat{\boldsymbol{\ell}}$ を導入したことにならって，無次元のスピン演算子 $\hat{\boldsymbol{s}} = (\hat{s}_x, \hat{s}_y, \hat{s}_z)$ を $\hat{\boldsymbol{S}} = \hbar\hat{\boldsymbol{s}}$ によって導入する．電子のスピン固有状態を

$$|\uparrow\rangle \equiv \left|\frac{1}{2}, \frac{1}{2}\right\rangle, \qquad |\downarrow\rangle \equiv \left|\frac{1}{2}, -\frac{1}{2}\right\rangle \tag{8.75}$$

と表記しよう．これらは

$$\hat{\boldsymbol{s}}^2 |\uparrow\rangle = \frac{3}{4}\ |\uparrow\rangle, \qquad \hat{s}_z |\uparrow\rangle = \frac{1}{2}\ |\uparrow\rangle, \tag{8.76a}$$

$$\hat{\boldsymbol{s}}^2 |\downarrow\rangle = \frac{3}{4}\ |\downarrow\rangle, \qquad \hat{s}_z |\downarrow\rangle = -\frac{1}{2}\ |\downarrow\rangle \tag{8.76b}$$

を満たす．電子のスピン空間は 2 つの状態 $|\uparrow\rangle$ と $|\downarrow\rangle$ からなる 2 次元空間である．

この空間で $\hat{s}_z$ は対角化されており，固有値が $\pm 1/2$ だから

$$\hat{s}_z = \frac{1}{2}\begin{pmatrix} 1 & 0 \\ 0 & -1 \end{pmatrix} \tag{8.77}$$

である．$\hat{s}_x$ と $\hat{s}_y$ は

$$\hat{s}_x = \frac{1}{2}\begin{pmatrix} 0 & 1 \\ 1 & 0 \end{pmatrix}, \qquad \hat{s}_y = \frac{1}{2}\begin{pmatrix} 0 & -i \\ i & 0 \end{pmatrix} \tag{8.78}$$

とおけば交換関係 (8.74) を満たす．このように定義した $\hat{s}_x$ と $\hat{s}_y$ は (8.46) を満たす．これらをまとめて，スピン演算子を $\hat{s}_i = \sigma_i/2$ と書く．ここに

$$\sigma_x = \begin{pmatrix} 0 & 1 \\ 1 & 0 \end{pmatrix}, \qquad \sigma_y = \begin{pmatrix} 0 & -i \\ i & 0 \end{pmatrix}, \qquad \sigma_z = \begin{pmatrix} 1 & 0 \\ 0 & -1 \end{pmatrix} \tag{8.79}$$

は**パウリ行列**である．パウリ行列はエルミートかつユニタリーであり，

$$\sigma_x^2 = \sigma_y^2 = \sigma_z^2 = 1 \tag{8.80}$$

を満たす．また，**交換関係**

$$[\sigma_x, \sigma_y] = 2i\sigma_z, \qquad [\sigma_y, \sigma_z] = 2i\sigma_x, \qquad [\sigma_z, \sigma_x] = 2i\sigma_y, \tag{8.81}$$

および**反交換関係**

$$\{\sigma_x, \sigma_y\} = 0, \qquad \{\sigma_y, \sigma_z\} = 0, \qquad \{\sigma_z, \sigma_x\} = 0 \tag{8.82}$$

を満たす．ここに，A, B の**反交換子**（あるいは**反交換積**ともいう）の記法 $\{A, B\} \equiv AB + BA$ を用いている．これらを合わせて

$$\sigma_i \sigma_j = \delta_{ij} + i\varepsilon_{ijk}\sigma_k \tag{8.83}$$

を得る．ここで ε_{ijk} は添え字について完全反対称な単位テンソルである．

スピン演算子を 2×2 行列で表現したとき，スピン固有状態は

$$|\uparrow\rangle = \begin{pmatrix} 1 \\ 0 \end{pmatrix}, \qquad |\downarrow\rangle = \begin{pmatrix} 0 \\ 1 \end{pmatrix} \tag{8.84}$$

と 2×1 行列で表される．したがって電子の波動関数は

$$\Psi(\boldsymbol{r}) = \begin{pmatrix} \psi_\uparrow(\boldsymbol{r}) \\ \psi_\downarrow(\boldsymbol{r}) \end{pmatrix} = \psi_\uparrow(\boldsymbol{r})\,|\uparrow\rangle + \psi_\downarrow(\boldsymbol{r})\,|\downarrow\rangle \tag{8.85}$$

である．以下に見るように，電子の状態ベクトルは通常の 2 成分ベクトルとは異なる性質を示す．この特異性のために，(8.85) を **2 成分スピノール**とよぶ．

8.3 節で議論したように，角運動量演算子は回転の生成子である．軌道角運動量を $\hat{\boldsymbol{L}} = \hbar\hat{\boldsymbol{\ell}}$ で表し，全角運動量は $\hat{\boldsymbol{J}} = \hat{\boldsymbol{L}} + \hat{\boldsymbol{S}}$ とおく．全角運動量による z 軸の周りの回転演算子は

$$e^{i\phi \hat{J}_z/\hbar} = e^{i\phi\hat{\ell}_z} e^{\frac{1}{2}i\phi\sigma_z} = e^{i\phi\hat{\ell}_z}\left(\cos\frac{\phi}{2} + i\sigma_z \sin\frac{\phi}{2}\right) \tag{8.86}$$

である．z 軸の周りに一回転すると，スピンの回転演算子のため，

$$e^{i2\pi\hat{J}_z/\hbar}\Psi(\boldsymbol{r}) = -\Psi(\boldsymbol{r}) \tag{8.87}$$

となり，符号が反転しているのでもとには戻らない．これを**電子の波動関数はスピン自由度のために 2 価表現をもつ**という．スピン自由度は内部自由度であり，外部空間で一回転してももとに戻る必要はない．

8.7 角運動量の合成

独立な 2 つの角運動量 $\hat{\boldsymbol{J}}_1$ と $\hat{\boldsymbol{J}}_2$ を合成した角運動量

$$\hat{\boldsymbol{J}} = \hat{\boldsymbol{J}}_1 + \hat{\boldsymbol{J}}_2 \tag{8.88}$$

の性質を議論する．たとえば，電子は軌道角運動量とスピン角運動量をもつ．その合成角運動量は $\hat{\boldsymbol{J}} = \hat{\boldsymbol{L}} + \hat{\boldsymbol{S}}$ である．軌道角運動量とスピン角運動量は独立な自由度であるから，互いに交換する．したがって，合成角運動量も交換関係 (8.3) を満たす．一般に角運動量 $\hat{\boldsymbol{J}}_1$ と $\hat{\boldsymbol{J}}_2$ が交換し，それぞれは交換関係 (8.3)

を満たせば，合成角運動量 $\hat{\boldsymbol{J}}$ も同じ交換関係を満たす．角運動量 $\hat{\boldsymbol{J}}_i$ の固有状態は (8.20) に相当する次式を満たす．

$$\hat{\boldsymbol{J}}_i^2|j_i, m_i\rangle = \hbar^2 j_i(j_i+1)|j_i, m_i\rangle, \qquad \hat{J}_{iz}|j_i, m_i\rangle = \hbar m_i|j_i, m_i\rangle. \tag{8.89}$$

合成系には 4 つの同時対角化可能な演算子 $\hat{\boldsymbol{J}}_1^2$，$\hat{J}_{1z}$，$\hat{\boldsymbol{J}}_2^2$，$\hat{J}_{2z}$ が存在する．これらの固有状態は

$$|j_1, m_1; j_2, m_2\rangle \equiv |j_1, m_1\rangle|j_2, m_2\rangle \tag{8.90}$$

である．角運動量の大きさをそれぞれ j_i と決めたとき，固有状態はそれぞれ $(2j_i+1)$ 重に縮退している．したがって，直積状態は $(2j_1+1)(2j_2+1)$ 重に縮退している．これらの直積状態の作る直積空間を $\mathbb{H}_{j_1 j_2}$ とする．

合成角運動量 $\hat{\boldsymbol{J}}$ に着目すれば，同時対角化可能な演算子として $\hat{\boldsymbol{J}}^2$，$\hat{J}_z$ が存在する．これらと交換する演算子として $\hat{\boldsymbol{J}}_1^2$，$\hat{\boldsymbol{J}}_2^2$ が存在する．すなわち

$$[\hat{\boldsymbol{J}}^2, \hat{\boldsymbol{J}}_1^2] = 2[\hat{\boldsymbol{J}}_1 \cdot \hat{\boldsymbol{J}}_2, \hat{\boldsymbol{J}}_1^2] = 2\sum_{a=xyz} \hat{J}_{2a}[\hat{J}_{1a}, \hat{\boldsymbol{J}}_1^2] = 0 \tag{8.91}$$

である．4 つの同時対角化可能な演算子 $\hat{\boldsymbol{J}}^2, \hat{J}_z, \hat{\boldsymbol{J}}_1^2, \hat{\boldsymbol{J}}_2^2$ の固有状態を $|j, m; j_1, j_2\rangle\!\rangle$ と表記すれば，

$$\begin{aligned}
\hat{\boldsymbol{J}}^2|j, m; j_1, j_2\rangle\!\rangle &= \hbar^2 j(j+1)|j, m; j_1, j_2\rangle\!\rangle, \\
\hat{J}_z|j, m; j_1, j_2\rangle\!\rangle &= \hbar m|j, m; j_1, j_2\rangle\!\rangle, \\
\hat{\boldsymbol{J}}_i^2|j, m; j_1, j_2\rangle\!\rangle &= \hbar^2 j_i(j_i+1)|j, m; j_1, j_2\rangle\!\rangle
\end{aligned} \tag{8.92}$$

となる．これらの状態の作る空間は上記の直積空間 $\mathbb{H}_{j_1 j_2}$ と同じ物である．したがって，状態 $|j, m; j_1, j_2\rangle\!\rangle$ は状態 $|j_1, m_1; j_2, m_2\rangle$ の線形重ね合わせで表されるはずで

$$|j, m; j_1, j_2\rangle\!\rangle = \sum_{m_1 m_2} C(j, m; j_1, m_1, j_2, m_2)|j_1, m_1; j_2, m_2\rangle \tag{8.93}$$

となる．ここで係数 $C(j, m; j_1, m_1, j_2, m_2)$ はクレブシュ–ゴルダン (Clebsch-Gordan) 係数とよばれる．

クレブシュ–ゴルダン係数は，通常は表を参照して利用するが，以下にその求め方を概説する．z 軸方向の角運動量に着目しよう．$m = m_1 + m_2$ だから，m の最大値は各成分の最大値の和であり，$m = j_1 + j_2$ となる．よって j **の最大値は** $j_{\max} = j_1 + j_2$ **である**．この状態は

$$|j_{\max}, j_{\max}; j_1, j_2\rangle\!\rangle = |j_1, j_1; j_2, j_2\rangle \tag{8.94}$$

である．8.1 節で示したように，同じ角運動量の大きさ $j_{\rm max}$ をもち，z 軸成分の値 m が小さい状態は降演算子 $\hat{J}^-$ を作用させて作れる．まず，(8.14) を用いて，

$$|j_{\rm max}, j_{\rm max}-1; j_1, j_2\rangle\rangle = \frac{C_-(j_1,j_1)|j_1,j_1-1;j_2,j_2\rangle + C_-(j_2,j_2)|j_1,j_1;j_2,j_2-1\rangle}{\sqrt{|C_-(j_1,j_1)|^2+|C_-(j_2,j_2)|^2}} \quad (8.95)$$

を得る．ここで $C_-(j_1,j_1)$ は (8.21) で定義された係数である．降演算子 $\hat{J}^-$ を繰り返し作用して，$2j_{\rm max}+1$ 個の状態を得る．このようにして，角運動量の大きさ $j_{\rm max}$ をもつ状態のシリーズが得られる．

いま構成した状態 (8.95) は $m=j_{\rm max}-1$ をもつが，これと直交して同じ m の値をもつ状態がただ 1 つ存在する．この状態は

$$|j_{\rm max}-1, j_{\rm max}-1; j_1, j_2\rangle\rangle = \frac{C_-(j_2,j_2)|j_1,j_1-1;j_2,j_2\rangle - C_-(j_1,j_1)|j_1,j_1;j_2,j_2-1\rangle}{\sqrt{|C_-(j_1,j_1)|^2+|C_-(j_2,j_2)|^2}} \quad (8.96)$$

である．この状態に降演算子 $\hat{J}^-$ を作用させて，角運動量の大きさが $j_{\rm max}-1$ もつ $2(j_{\rm max}-1)+1$ 個の状態のシリーズが得られる．

同様にして，角運動量の大きさが $j_{\rm max}-2$ のシリーズも構成できる．このステップを繰り返すと j の最小値 $j_{\rm min}=|j_1-j_2|$ に到達する．このようにして作られる状態の全体の個数は，$j_1 \geq j_2$ として

$$\sum_{n=0}^{2j_2}[2(j_1+j_2-n)+1] = (2j_1+1)(2j_2+1) \quad (8.97)$$

であり，直積空間 $\mathbb{H}_{j_1 j_2}$ の次元と一致していることが確かめられる．

例題：　スピン 1/2 の粒子が 2 つあるとき，その合成スピン状態を求めよ．

解説：　上記の一般論に従うとスピンの大きさは $j=1$ か $j=0$ である．$j=1$ のシリーズは $|1,1\rangle\rangle$，$|1,0\rangle\rangle$，$|1,-1\rangle\rangle$，また，$j=0$ のシリーズは $|0,0\rangle\rangle$ からなる．状態 $|1,1\rangle\rangle$ は (8.94)，$|1,0\rangle\rangle$ は (8.95) に対応する．記法 (8.75) を用いて

$$|1,1\rangle\rangle = |\uparrow;\uparrow\rangle, \qquad |1,0\rangle\rangle = \frac{|\uparrow;\downarrow\rangle + |\downarrow;\uparrow\rangle}{\sqrt{2}}, \qquad |1,-1\rangle\rangle = |\downarrow;\downarrow\rangle \quad (8.98)$$

と表記できる．スピンの z 成分がゼロの状態は 2 つあるが，残りの 1 つは $|1,0\rangle\rangle$ と直交するから

$$|0,0\rangle\rangle = \frac{|\uparrow;\downarrow\rangle - |\downarrow;\uparrow\rangle}{\sqrt{2}} \quad (8.99)$$

である．これは (8.96) に対応する．

例題：　演算子の内積 $\hat{\boldsymbol{S}}\cdot\hat{\boldsymbol{L}}$ は $\hat{\boldsymbol{S}}+\hat{\boldsymbol{L}}$ と交換することを示せ．

解説：　この性質は，$\hat{\boldsymbol{S}}\cdot\hat{\boldsymbol{L}}$ に比例する形で与えられるスピン・軌道相互作用の議論で重要になる．恒等式

$$2\hat{\boldsymbol{S}}\cdot\hat{\boldsymbol{L}}=(\hat{\boldsymbol{S}}+\hat{\boldsymbol{L}})^2-\hat{\boldsymbol{S}}^2-\hat{\boldsymbol{L}}^2 \tag{8.100}$$

において，右辺の各項は $\hat{\boldsymbol{S}}+\hat{\boldsymbol{L}}$ と交換する．したがって，左辺も交換する．これに対して，$\hat{\boldsymbol{S}}\cdot\hat{\boldsymbol{L}}$ は，和をとる前の $\hat{\boldsymbol{S}}$ や $\hat{\boldsymbol{L}}$ とは交換しない．

8.8　ベクトル演算子

量子力学の実際問題への適用において，物理量の行列要素を求める問題は基本的である．この導出において，角度部分の積分は対称性を用いて見通しよくできる．そのために，ベクトル量の量子化によって現れる演算子の一般的特徴について説明する．任意の演算子の組 $(\hat{V}_x,\hat{V}_y,\hat{V}_z)$ が角運動量演算子 $\hat{\boldsymbol{L}}=\hbar\hat{\boldsymbol{\ell}}$ と次のような交換関係をもつとする：

$$[\hat{V}_j,\hat{\ell}_m]=i\epsilon_{jmk}\hat{V}_k. \tag{8.101}$$

ここで，ϵ_{jmk} は完全反対称テンソルである．$j=m$ とすれば $[\hat{V}_m,\hat{\ell}_m]=0$ となる．このような $\hat{\boldsymbol{V}}$ をベクトル演算子，あるいは 1 階のテンソル演算子とよぶ．**角運動量自体もベクトル演算子である．** また，交換関係を計算してわかるように，座標演算子 $\hat{\boldsymbol{r}}$，運動量演算子 $\hat{\boldsymbol{p}}$ もベクトル演算子である．ここで $\hat{V}_\pm=\hat{V}_x\pm i\hat{V}_y$ を用いて交換関係を書き換えると，実際の計算に適した形

$$[\hat{V}_z,\hat{\ell}_\pm]=[\hat{\ell}_z,\hat{V}_\pm]=\pm\hat{V}_\pm,\quad [\hat{V}_\pm,\hat{\ell}_\mp]=\pm 2\hat{V}_z \tag{8.102}$$

となる．ここで $\hat{\ell}_\pm=\hat{\ell}_x\pm i\hat{\ell}_y$ である．

角運動量の固有状態 $|lm\rangle$ にベクトル演算子を作用させよう．角運動量合成の議論から，ベクトル演算子を状態 $|lm\rangle$ に作用させると $l+1,l,l-1$ の角運動量をもつ状態が生成される．したがって**一般には $\hat{V}_+|lm\rangle$ は角運動量の固有状態ではない．** ベクトル演算子として，特に $\hat{\boldsymbol{L}}$ を選んだ場合には，本章で詳しく議論したように，角運動量の大きさは変化しない．一般の $\hat{\boldsymbol{V}}$ に対しても，l を固定した $(2l+1)$ 次元空間で行列要素をとる場合には $\hat{V}_j=V_l\hat{\ell}_j$ とおくことがで

きる．ここで V_l は実定数で，還元行列要素とよばれる．たとえば $\hat{V}_z$ に関しては，行列要素 $\langle lm|\hat{V}_z|lm\rangle = mV_l$ を得る．一方，$\hat{\ell}_z$ の固有状態に $\hat{V}_\pm$ をかけた場合は，(8.102) からわかるように $\hat{\ell}_z$ の固有値が $m \pm 1$ に変化する．l を固定した空間内では，

$$\langle lm \pm 1|\hat{V}_\pm|lm\rangle = \sqrt{l(l+1) - m(m \pm 1)}V_l \tag{8.103}$$

と求めることができる．特に $\hat{V}_z = \hat{l}_z$ のときには，(8.21) で求めた結果に帰着する．すなわち，l を固定した空間では，**ベクトル演算子の行列要素は，角運動量の行列要素と同じ l, m 依存性をもつ．**

一方，$\hat{V}_\pm$ によって l が変化する成分に対しては，特に興味がある関係 $\hat{V}_+|l,l\rangle = C_l|l+1,l+1\rangle$ が成り立つことを示そう．ここで，C_l は $\hat{\boldsymbol{V}}$ に依存する定数で，$\hat{\boldsymbol{L}}$ の場合には $C_l = 0$ である．交換関係 (8.102) から，

$$\begin{aligned}\hat{\boldsymbol{\ell}}^{\,2}\hat{V}_+|l,l\rangle &= \left[l(l+1)\hat{V}_+ + [\hat{\boldsymbol{\ell}}^{\,2}, \hat{V}_+]\right]|l,l\rangle \\ &= (l+1)(l+2)\hat{V}_+|l,l\rangle \end{aligned} \tag{8.104}$$

となる．ここで，$\hat{\boldsymbol{\ell}}^{\,2} = \{\hat{\ell}_+, \hat{\ell}_-\}/2 + \hat{\ell}_z^2$ として，(8.102) を繰り返し用い，さらに $\hat{\ell}_+|l,l\rangle = 0$ を使っている．(8.104) は $\hat{V}_+|l,l\rangle$ が角運動量 $l+1$ をもつことを示している．また

$$\hat{\ell}_z\hat{V}_+|l,l\rangle = \left[[\hat{\ell}_z, \hat{V}_+] + l\hat{V}_+\right]|l,l\rangle = (l+1)\hat{V}_+|l,l\rangle \tag{8.105}$$

となるので，$\hat{V}_+|l,l\rangle$ の z 成分も $l+1$ であることがわかる．このようにして，**ベクトル演算子 $\hat{V}_+$ は，最高ウェイト状態 $m = l$ の角運動量とその z 成分を 1 つ増やす**ことが示された．すなわち，$\hat{V}_+|l,l\rangle \propto |l+1,l+1\rangle$ である．

中心力ハミルトニアンの固有状態については，角度部分だけではなく動径方向の波動関数も調べることが必要である．第 15 章では，対称性を活用して動径部分を代数的に求める手法を解説する．

例題：　ベクトル演算子同士の外積はベクトル演算子であることを示せ．

解説：　$\hat{\boldsymbol{U}}$ もベクトル演算子として，$\hat{\boldsymbol{W}} = \hat{\boldsymbol{U}} \times \hat{\boldsymbol{V}}$ の交換関係を計算する．$\hat{W}_\pm = \hat{W}_x \pm i\hat{W}_y$ を導入すると，

$$\hat{W}_z = \hat{U}_x\hat{V}_y - \hat{U}_y\hat{V}_x = i(\hat{U}_+\hat{V}_- - \hat{U}_-\hat{V}_+)/2, \tag{8.106a}$$

$$\hat{W}_+ = -i\hat{U}_+\hat{V}_z + i\hat{U}_z\hat{V}_+ \tag{8.106b}$$

を得る．したがって，

$$[\hat{W}_z, \hat{\ell}_+] = i\hat{U}_+[\hat{V}_-, \hat{\ell}_+]/2 - i[\hat{U}_-, \hat{\ell}_+]\hat{V}_+/2$$
$$= -i\hat{U}_+\hat{V}_z + i\hat{U}_z\hat{V}_+ = \hat{W}_+, \tag{8.107a}$$
$$[\hat{W}_+, \hat{\ell}_-] = -i[\hat{U}_+, \hat{\ell}_-]\hat{V}_z + i\hat{U}_z[\hat{V}_+, \hat{\ell}_-] - i\hat{U}_+[\hat{V}_z, \hat{\ell}_-] + i[\hat{U}_z, \hat{\ell}_-]\hat{V}_+$$
$$= -2i\hat{U}_z\hat{V}_z + 2i\hat{U}_z\hat{V}_z + i\hat{U}_+\hat{V}_- - i\hat{U}_-\hat{V}_+ = 2W_z \tag{8.107b}$$

などと計算される．(8.102) と比較すると，これらは $\hat{\boldsymbol{W}}$ がベクトル演算子であることを示す．この例題で示した結果は，次章で水素原子スペクトルの特徴解明に用いる．

9 球対称ポテンシャル系

本章では，主に水素原子の量子力学を議論する．水素原子の量子力学は原子スペクトルの理解に不可欠である．この問題はさまざまな手法によって解くことができるが，まずもっとも初等的な方法を学ぶ．クーロン力が距離だけに依存する力（中心力）であることから，ハミルトニアンは相対座標について球対称性をもつ．この対称性の存在は，角運動量の保存則を導く．水素原子のもつ対称性は，球対称のように自明なものだけではない．中心力が距離の 2 乗に逆比例するクーロン力であることに付随する隠れた対称性が存在する．実は，この対称性は古典力学でも知られていて，ケプラーの法則と関係がある．

9.1 中心力ハミルトニアン

球対称ポテンシャル $V(r)$ の中にある質量 m の粒子の運動を量子力学で議論する．ハミルトニアンは

$$\hat{H} = \frac{\hat{\boldsymbol{p}}^2}{2m} + V(r) = -\frac{\hbar^2}{2m}\nabla^2 + V(r) \tag{9.1}$$

で与えられる．$V(r)$ のように，距離 r だけに依存するポテンシャルを**中心力場**とよぶ．中心力ハミルトニアンでは角運動量 $\hat{\boldsymbol{L}} = \boldsymbol{r} \times \hat{\boldsymbol{p}}$ が保存する．すなわち，$[\hat{\boldsymbol{L}}, \hat{H}] = 0$ である．これを確かめるためには，

$$[\hat{\boldsymbol{L}}, r] = 0, \qquad [\hat{\boldsymbol{L}}, \hat{\boldsymbol{p}}^2] = 0 \tag{9.2}$$

を示せば十分である．r と交換することは，(8.31) で与えられる $\hat{\boldsymbol{\ell}}$ が，r の微分を含まないことからすぐにわかる．別の見方として，

$$[\boldsymbol{r} \times \hat{\boldsymbol{p}}, r^2] = \boldsymbol{r} \times [\hat{\boldsymbol{p}}, r^2] = -2i\hbar\boldsymbol{r} \times \boldsymbol{r} = 0 \tag{9.3}$$

からも可換性がわかる．一方，類似の交換関係

$$[\boldsymbol{r}\times\hat{\boldsymbol{p}},\hat{\boldsymbol{p}}^2]=[\boldsymbol{r},\hat{\boldsymbol{p}}^2]\times\hat{\boldsymbol{p}}=2i\hbar\hat{\boldsymbol{p}}\times\hat{\boldsymbol{p}}=0 \tag{9.4}$$

から $[\hat{\boldsymbol{L}},\hat{\boldsymbol{p}}^2]=0$ がいえる．

ハミルトニアン全体を極座標で表すため，運動エネルギーに現れるラプラス演算子 $\Delta\equiv\nabla^2$ も極座標で表す．この表現を見通しよく求めるため，2 階微分を直接計算することは避け，部分積分のベクトル版に相当する公式

$$\int_V d\boldsymbol{r}\,(\nabla f)^2=\int_S f\nabla f\cdot d\boldsymbol{S}-\int_V d\boldsymbol{r}\,f\Delta f \tag{9.5}$$

を用いる．ここで，f は任意の関数である．3 次元の領域 V は閉じた表面 S で囲まれており，$d\boldsymbol{S}$ はその表面要素を表す．(9.5) は，デカルト座標系と座標軸に平行な辺をもつ直方体 V をとれば直ちに証明できるが，実際には V の形や座標系の選択によらず成り立つ関係式である．関数 f が遠方で十分早く減衰すると仮定すると，V として全空間領域をとれる．この場合，右辺第 1 項は無視できる．この形の部分積分は，変分原理に基づく計算においてよく現れるものである．たとえば，第 12 章で触れるように，古典力学のラグランジュ形式で波の運動方程式を求める場合には，f として波の振幅 $u(\boldsymbol{r},t)$ をとる．

さて，極座標をとると，(9.5) の左辺は

$$\int d\boldsymbol{r}\,(\nabla f)^2=\int_0^\infty dr\int_0^\pi d\theta\int_0^{2\pi}d\phi\,r^2\sin\theta \times\left[\left(\frac{\partial f}{\partial r}\right)^2+\frac{1}{r^2}\left(\frac{\partial f}{\partial\theta}\right)^2+\frac{1}{r^2\sin^2\theta}\left(\frac{\partial f}{\partial\phi}\right)^2\right] \tag{9.6}$$

となる．ここで，∇ に対する極座標の表現 (8.29) と基底 $\boldsymbol{e}_r,\boldsymbol{e}_\theta,\boldsymbol{e}_\phi$ の直交性を用いた．次に各極座標成分に対して部分積分を行う．たとえば，(9.6) の右辺第 1 項は極座標の体積要素が $d\boldsymbol{r}=r^2\sin\theta drd\theta d\phi$ なので，

$$\int dr\int d\theta\int d\phi\,f\frac{\partial}{\partial r}\left(r^2\sin\theta\frac{\partial f}{\partial r}\right)=\int d\boldsymbol{r}\,f\frac{1}{r^2}\frac{\partial}{\partial r}\left(r^2\frac{\partial f}{\partial r}\right) \tag{9.7}$$

となる．右辺では体積要素を $d\boldsymbol{r}$ に戻した．同様に，(9.6) 右辺の残りの項も計算して，部分積分した 3 つの項を合計する．これが (9.5) の右辺第 2 項と等しくなる．したがってラプラシアンの極座標表現として，

$$\Delta=\frac{1}{r^2}\frac{\partial}{\partial r}r^2\frac{\partial}{\partial r}+\frac{1}{r^2}\left(\frac{1}{\sin\theta}\frac{\partial}{\partial\theta}\sin\theta\frac{\partial}{\partial\theta}+\frac{1}{\sin^2\theta}\frac{\partial^2}{\partial\phi^2}\right) \tag{9.8}$$

を得る．計算の詳細は例題で扱う．

(9.8) の右辺第 2 項は，(8.33) を参照して $-\hat{\boldsymbol{\ell}}^{\,2}/r^2$ の形に整理される．これを

$$\frac{\hbar^2\hat{\boldsymbol{\ell}}^2}{r^2} = \frac{(\hat{\boldsymbol{p}}\times\boldsymbol{r})^2}{r^2} \tag{9.9}$$

として，$\boldsymbol{p}$ の動径に垂直な成分の 2 乗と解釈することもできる．ここでラプラシアンは運動量演算子 $\hat{\boldsymbol{p}}$ と $\hat{\boldsymbol{p}}^2 = -\hbar^2\Delta$ の関係にあることに注意する．(9.8) の第 1 項も後の議論に便利な形に書き換えて，ハミルトニアンとして

$$\hat{H} = -\frac{\hbar^2}{2m}\left(\frac{1}{r}\frac{\partial^2}{\partial r^2}r - \frac{\hat{\boldsymbol{\ell}}^2}{r^2}\right) + V(r) \tag{9.10}$$

という表式を得る．$\hat{\boldsymbol{\ell}}^2$ は，天頂角 θ と方位角 ϕ のみに依存するから，シュレーディンガー方程式は変数分離できる．すなわち，波動関数は

$$\psi(\boldsymbol{r}) = R(r)Y_{lm}(\theta,\phi) \tag{9.11}$$

と分離できる．球面調和関数 $Y_{lm}(\theta,\phi)$ は $\hat{\boldsymbol{\ell}}^2$ の固有関数で固有値は $l(l+1)$ で与えられる．ゆえに，動径波動関数 $R(r)$ に対するハミルトニアンは

$$\hat{H}_l(r) = \frac{-\hbar^2}{2m}\left(\frac{d^2}{dr^2} + \frac{2}{r}\frac{d}{dr} - \frac{l(l+1)}{r^2}\right) + V(r) \tag{9.12}$$

となる．

(9.12) を変数 r に対する 1 次元ポテンシャル問題とみなしたいが，波動関数 $R(r)$ の規格化については，1 次元とは異なる．そこで

$$R(r) = \frac{u(r)}{r} \tag{9.13}$$

とおき，新しい関数 $u(r)$ を導入する．波動関数 $\psi(\boldsymbol{r})$ の規格化条件から，関数 $u(r)$ は

$$\begin{aligned} 1 &= \int d\boldsymbol{r}\,|\psi(\boldsymbol{r})|^2 = \int_0^\infty r^2 dr\,|R(r)|^2 \int \sin\theta d\theta d\phi\,|Y_{lm}(\theta,\phi)|^2 \\ &= \int_0^\infty dr\,|u(r)|^2 \end{aligned} \tag{9.14}$$

を満たす．これは 1 次元ポテンシャル問題の半無限空間における規格化条件に相当する．(9.13) を (9.12) に代入して

$$\left[\frac{-\hbar^2}{2m}\frac{d^2}{dr^2} + V(r) + \frac{l(l+1)\hbar^2}{2mr^2}\right]u(r) = Eu(r) \tag{9.15}$$

となる．ここで，$l(l+1)\hbar^2/(2mr^2)$ は遠心力を表している．遠心力は，3 次元の自由空間の運動を動径方向に射影した結果現れるので，見かけの力であるが，もし，はじめから 1 次元系を扱っていたとすると，実体である．このように，空間次元を縮約あるいは拡大することにより，物理現象の深い見方ができることがある．これについては，第 15 章で別の角度から論ずる．

次の境界条件を満たすポテンシャル $V(r)$ を考察する．

$$\lim_{r\to 0} r^2 V(r) = 0, \qquad \lim_{r\to\infty} V(r) = 0 \tag{9.16}$$

このとき，原点（$r=0$）近傍でシュレーディンガー方程式 (9.15) は

$$\left[\frac{d^2}{dr^2} - \frac{l(l+1)}{r^2}\right] u(r) = 0 \tag{9.17}$$

と近似できる．ここで，$u(r) \simeq cr^k$，（c は定数）と仮定すると，

$$[-k(k-1) + l(l+1)] r^{k-2} = 0 \tag{9.18}$$

を得る．この方程式の解は，$k = l+1, -l$ であるが，$k = -l$ の場合は波動関数が原点で発散して規格化条件 (9.14) を破るので却下する．ちなみに $l = 0$ のときには，$u(r) \simeq c$ で規格化条件 (9.14) は満たされている．しかし，もとの変数に戻ると $R(r) \propto 1/r$ であり，$\Delta R(r) \propto \delta(\boldsymbol{r})$ より，原点でシュレーディンガー方程式が満たされなくなる．ゆえに原点近傍の解は

$$u(r) \simeq cr^{l+1} \tag{9.19}$$

である．一方，遠方ではシュレーディンガー方程式は

$$\left(\frac{d^2}{dr^2} + \frac{2m}{\hbar^2} E\right) u(r) = 0 \tag{9.20}$$

と近似できる．$E < 0$ ではこの方程式の解は $u(r) \propto e^{-\kappa r}$ の型をしている．固有エネルギーは

$$E = -\frac{\kappa^2 \hbar^2}{2m} \tag{9.21}$$

であることがわかる．ただし，κ の値を決めるには全領域で方程式 (9.15) を解かねばならない．

3.2 節で示したように，1 次元ハミルトニアンの離散的エネルギー・スペクトルには縮退がない．ゆえに，$\hat{H}_l(r)$ の束縛状態は 1 つの量子数 n で完全に識別できる．これを**主量子数**という．動径波動関数の基底状態を $n = 1$，励起状態を $n = 2, 3, \cdots$ で指定する．

以上をまとめると，中心力ハミルトニアン (9.1) の固有状態は主量子数 n，方位量子数 l，磁気量子数 m で完全に指定でき，$|n, l, m\rangle$ と表記できることになる．状態 $|n, l, m\rangle$ のエネルギーは一般に主量子数 n と方位量子数 l の関数であり，この状態は磁気量子数 m の自由度に対応して少なくとも $2l+1$ 重に縮退している．特別な中心力ポテンシャルの場合には，縮退はこれより大きくなることがある．次節で議論するように，クーロン・ポテンシャルでは，主量子数 n

を決めると，$l \leq n-1$ であるようなすべての方位量子数 l の状態が縮退しており，全縮退度は n^2 である．

例題：　曲線座標でのラプラシアンが (9.8) で与えられることを示せ．

解説：　(9.6) 右辺の残りを部分積分すると，

$$\int dr \int d\theta \int d\phi\, f \frac{\partial}{\partial\theta}\left(\sin\theta \frac{\partial f}{\partial\theta}\right) = \int d\boldsymbol{r}\, f \frac{1}{r^2 \sin\theta} \frac{\partial}{\partial\theta}\left(\sin\theta \frac{\partial f}{\partial\theta}\right),$$

$$\int dr \int d\theta \int d\phi\, f \frac{\partial}{\partial\phi}\left(\frac{1}{\sin\theta} \frac{\partial f}{\partial\phi}\right) = \int d\boldsymbol{r}\, f \frac{1}{r^2 \sin^2\theta} \frac{\partial^2 f}{\partial\phi^2}$$

を得る．これと (9.7) をまとめると，$\int d\boldsymbol{r}\, f\Delta f$ と等しくなる．任意関数 f に対して積分結果が等しいことは，任意の座標における被積分関数が等しいことを意味する．したがってラプラシアンの極座標表現として (9.8) を得る．

9.2 パ　リ　テ　ィ

3.2 節で 1 次元問題を扱ったとき，座標を $x \to -x$ と置き換えることを空間反転とよんだ．また，偶関数固有状態を偶パリティ状態，奇関数固有状態を奇パリティ状態とよんだ．3 次元問題での空間反転 $\mathcal{P}$ は座標を

$$\mathcal{P}: \quad \boldsymbol{r} = (x, y, z) \quad \to \quad -\boldsymbol{r} = (-x, -y, -z) \tag{9.22}$$

と置き換えることである．空間反転を 2 回繰り返すともとに戻る．すなわち，

$$\mathcal{P}^2 = 1. \tag{9.23}$$

よって，空間反転演算子の固有値は ± 1 である．中心力ハミルトニアンは空間反転 (9.22) に対して不変なので，ハミルトニアンは空間反転演算子と交換可能であり，同時に対角化できる．

角運動量の各成分 (8.2) は空間反転 (9.22) を施しても不変であるが，固有状態のパリティは方位量子数 l に依存する．状態 $|n; l, -l\rangle$ のパリティを波動関数の表式

$$Y_{l,-l}(\theta, \phi) = \frac{1}{2^l l!}\sqrt{\frac{(2l+1)!}{4\pi}}\, e^{-il\phi} \left(\sin\theta\right)^l \tag{9.24}$$

を用いて決めよう．空間反転 $\mathcal{P}$ は極座標では置き換え

$$\mathcal{P}: \quad \boldsymbol{r} = (r, \theta, \phi) \quad \to \quad -\boldsymbol{r} = (r, \pi-\theta, \phi+\pi) \tag{9.25}$$

である．その結果，$Y_{l,-l}(\pi-\theta, \phi+\pi) = (-1)^l Y_{l,-l}(\theta, \phi)$ となるから，

$$\mathcal{P}|n,l,m\rangle = (-1)^l |n,l,m\rangle \tag{9.26}$$

が得られる．ハミルトニアンの固有状態 $|n;l,m\rangle$ のパリティは $(-1)^l$ であることがわかる．波動関数 (9.11) に対しては

$$\mathcal{P}: \quad \psi_{nlm}(\boldsymbol{r}) \quad \rightarrow \quad \psi_{nlm}(-\boldsymbol{r}) = (-1)^l \psi_{nlm}(\boldsymbol{r}) \tag{9.27}$$

となる．

9.3 水 素 原 子

中心力ポテンシャルのもっとも基本的な実例として，水素原子の束縛状態を求める．水素原子は各 1 個の電子と陽子からなり，その運動は古典力学と同様に原子全体の併進運動と，原子内部の相対運動に分離することができる．陽子の座標を $\boldsymbol{R}_{\mathrm{p}}$，電子の座標を $\boldsymbol{R}_{\mathrm{e}}$ とすると，重心座標 $\boldsymbol{R}$ と相対座標 $\boldsymbol{r}$ は，

$$\boldsymbol{R} = \frac{1}{m_{\mathrm{p}} + m_{\mathrm{e}}} (m_{\mathrm{p}} \boldsymbol{R}_{\mathrm{p}} + m_{\mathrm{e}} \boldsymbol{R}_{\mathrm{e}}), \qquad \boldsymbol{r} = \boldsymbol{R}_{\mathrm{e}} - \boldsymbol{R}_{\mathrm{p}} \tag{9.28}$$

と与えられる．これに伴って運動エネルギーは

$$-\frac{\hbar^2}{2m_{\mathrm{p}}} \frac{\partial^2}{\partial \boldsymbol{R}_{\mathrm{p}}^2} - \frac{\hbar^2}{2m_{\mathrm{e}}} \frac{\partial^2}{\partial \boldsymbol{R}_{\mathrm{e}}^2} = -\frac{\hbar^2}{2(m_{\mathrm{p}} + m_{\mathrm{e}})} \frac{\partial^2}{\partial \boldsymbol{R}^2} - \frac{\hbar^2}{2\mu} \frac{\partial^2}{\partial \boldsymbol{r}^2} \tag{9.29}$$

と重心運動と相対運動に分離される．ここで，2 階の微分演算子は各座標変数に関するラプラシアンを表す．μ は換算質量であり，古典力学と同様に $\mu^{-1} = m_{\mathrm{p}}^{-1} + m_{\mathrm{e}}^{-1}$ で与えられる．m_{p} は m_{e} の約 2000 倍なので，$\mu \simeq m_{\mathrm{e}}$ である．一様な空間では重心運動は平面波の波動関数で記述されるから，水素原子全体の波動関数を $\Psi(\boldsymbol{R}_{\mathrm{p}}, \boldsymbol{R}_{\mathrm{e}}) = \exp(i\boldsymbol{K} \cdot \boldsymbol{R})\psi(\boldsymbol{r})$ と変数分離する．

以下では，重心を座標の原点にとり，もっぱら相対運動の波動関数 $\psi(\boldsymbol{r})$ を議論する．このような座標系を重心系とよぶ．これに対するハミルトニアンは，換算質量 μ を用いること以外は 1 体の中心力系の形と同じである．ボーア半径 a_{B} は，m_{e} に対して定義されているが，以後，記号を簡単にするために換算質量に対して定義されたものを a_{Br} と表す．実際には 1%以上の精度で $a_{\mathrm{Br}} \simeq a_{\mathrm{B}}$ である．クーロン・ポテンシャルは CGS ガウス単位系で書くと

$$V(r) = -\frac{e^2}{r} \tag{9.30}$$

である．

動径方向のハミルトニアン (9.12) に対応するシュレーディンガー方程式は

$$\left[\frac{-\hbar^2}{2\mu}\left(\frac{d^2}{dr^2}+\frac{2}{r}\frac{d}{dr}-\frac{l(l+1)}{r^2}\right)-\frac{e^2}{r}\right]R^{(l)}(r)=E^{(l)}R^{(l)}(r) \qquad (9.31)$$

である．ボーア半径 (2.35) を用い，無次元量

$$\lambda=\frac{e^2}{\hbar}\sqrt{\frac{\mu}{2|E|}}=\frac{\hbar}{a_{\mathrm{Br}}}\sqrt{\frac{1}{2\mu|E|}}, \qquad \xi=\frac{2\sqrt{2\mu|E|}}{\hbar}r=\frac{2}{\lambda a_{\mathrm{Br}}}r \qquad (9.32)$$

を導入して，(9.31) を

$$\frac{d^2R^{(l)}}{d\xi^2}+\frac{2}{\xi}\frac{dR^{(l)}}{d\xi}+\left(\frac{\lambda}{\xi}-\frac{1}{4}-\frac{l(l+1)}{\xi^2}\right)R^{(l)}=0 \qquad (9.33)$$

と書き換える．この方程式は十分遠方 ($\xi\to\infty$) で

$$\frac{d^2R^{(l)}(\xi)}{d\xi^2}-\frac{1}{4}R^{(l)}(\xi)=0 \qquad (9.34)$$

と近似できる．解は $R^{(l)}(\xi)\propto e^{-\xi/2}$ である．一方，原点 ($\xi=0$) 近傍では，(9.19) より $R^{(l)}(\xi)\propto\xi^l$ のように振る舞わねばならない．そこで両方を満たすように

$$R^{(l)}(\xi)=\xi^l e^{-\xi/2}f^{(l)}(\xi) \qquad (9.35)$$

とおく．これを (9.33) に代入し，方程式

$$\xi\frac{d^2f^{(l)}}{d\xi^2}+(2l+2-\xi)\frac{df^{(l)}}{d\xi}+(\lambda-l-1)f^{(l)}=0 \qquad (9.36)$$

を得る．$\lambda=l+1$ ならば，$f^{(l)}=$ 定数，すなわち

$$R_1^{(l)}(\xi)=\xi^l e^{-\xi/2} \qquad (9.37)$$

は明らかに解である．これは方位量子数 l をもつ状態の中で最低エネルギー状態を与える．さらにこの波動関数は端点 ($\xi=0$) 以外でゼロにならないから基底状態を表す．そのエネルギーは (9.32) より

$$E_1^{(l)}=-\frac{\hbar^2}{2\mu a_{\mathrm{Br}}^2}\frac{1}{(l+1)^2} \qquad (9.38)$$

と求まる．

さて，方位量子数 l を与えた条件下での励起状態は

$$f^{(l)}(\xi)=\sum_{j=0}a_j\xi^j \qquad (9.39)$$

と級数展開して求める．この展開式を (9.36) に代入して

$$\sum_{j=0}[(j+1)\{ja_{j+1}+(2l+2)a_{j+1}\}+(\lambda-l-1-j)a_j]\xi^{j-1}=0 \qquad (9.40)$$

となる．変数 ξ の各ベキ項はゼロだから，

$$\frac{a_{j+1}}{a_j}=\frac{1+l+j-\lambda}{(j+1)(j+2l+2)}. \qquad (9.41)$$

この級数が無限に続くと，$\lim_{j\to\infty} a_{j+1}/a_j = j^{-1}$ より，$a_{j+1} \simeq 1/j!$ となり，その結果，$f^{(l)}(\xi) \simeq e^{\xi}$ となる．これは $u(r) \simeq e^{r/a_{\mathrm{Br}}}$ を与え，規格化条件 (9.14) が満たされなくなる．ゆえに，級数は有限の $j = j_0$ で止まり，$\lambda = j_0 + l + 1$ は自然数にならなければいけない．この λ を n とおき，**主量子数**とよぶ．主量子数は $n = j_0 + l + 1 \geq l + 1$ なる自然数である．すなわち，l を与えた条件での基底状態は $n = l + 1$ となる．基底状態以外の波動関数の形は少し複雑である．一般式はラゲール (Laguerre) 陪多項式を用いて，後に (15.57) で与える．

エネルギーは (9.32) より，主量子数だけに依存することがわかる．すなわち，

$$\psi(\boldsymbol{r}) = R_n^{(l)}(r)Y_{lm}(\theta, \phi), \qquad E_n = -\frac{\hbar^2}{2\mu a_{\mathrm{Br}}^2}\frac{1}{n^2} \tag{9.42}$$

となる．基底状態エネルギー E_1 は，$n = 1$ に対応し，$\hbar = 1.05 \times 10^{-34}\mathrm{J{\cdot}s}$, $a_{\mathrm{Br}} \simeq a_{\mathrm{B}} = 5.29 \times 10^{-11}\mathrm{m} = 0.529$ Å, $\mu \sim m_{\mathrm{e}} = 9.11 \times 10^{-31}\mathrm{kg}$, 1 eV $= 1.60 \times 10^{-19}\mathrm{J}$ を代入すると，

$$E_1 \sim -13.6 \text{ eV} \tag{9.43}$$

と求められる．この大きさのエネルギーを Ryd$= \hbar^2/(2m_{\mathrm{e}}a_{\mathrm{B}}^2) = e^2/(2a_{\mathrm{B}})$ と書く．後で出てくるリュードベリ定数と区別するために，Ryd はリドベルク（スウェーデン人 Rydberg のドイツ語読み）と読むことにする．

水素原子の固有エネルギー (9.42) は主量子数 n のみにより方位量子数 l にはよらない．すなわち，主量子数 n を決めると，$l \leq n-1$ であるようなすべての方位量子数 l の状態 $R_n^{(n-1)}$, $R_n^{(n-2)}$, $\cdots$, $R_n^{(0)}$ が縮退している．さらに，方位量子数 l の状態は磁気量子数 m に関して $2l+1$ 重の縮退があるから，主量子数 n をもつ状態の縮退度は

$$[2(n-1)+1] + [2(n-2)+1] + \cdots + 1 = n^2 \tag{9.44}$$

である．この縮退は，水素原子系に角運動量以外の対称性があることを示唆している．これはクーロン・ポテンシャルの特殊性に起因しており，9.4 節で説明するように古典力学のケプラーの法則とも関係している．一方，15.6 節では，この対称性を超対称性に関係づける．さらに，超対称性を利用して励起状態の動径波動関数を求める．

結局，水素原子の固有状態 (9.42) は主量子数 n，方位量子数 l，磁気量子数 m で完全に指定でき，$|n, l, m\rangle$ と表記できる．方位量子数 $l = 0$ の状態を s 波，$l = 1$ の状態を p 波，$l = 2$ の状態を d 波，$l = 3$ の状態を f 波とよぶ．水素

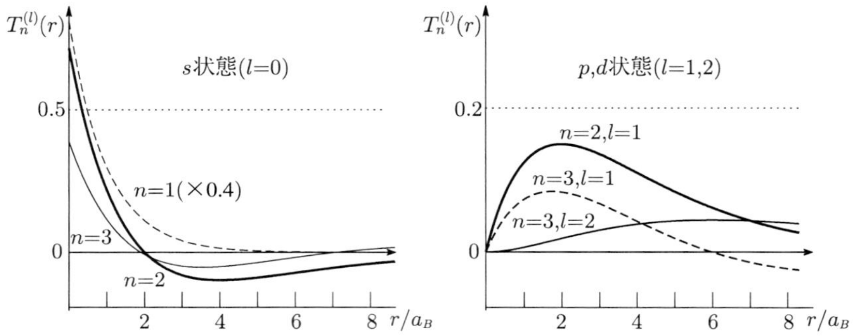

図 9.1　主量子数 $n = 1, 2, 3$ に対する波動関数の動径部分
s 状態の $n = 1$ の大きさは 0.4 倍にしてある．

原子の基底状態は $|1,0,0\rangle$ であるが，これを $1s$ 状態とよぶ．第 1 励起状態は，$2s$ 状態 $|2,0,0\rangle$ とこれに縮退した 3 重項の $2p$ 状態 $|2,1,m\rangle$ である．動径部分 $R_n^{(n-1)}(r)$ は (9.37) で与えられている．一般の動径波動関数を，級数展開に頼らずに見通しよく求める方法は 15.6 節に詳しく説明する．(9.41) の結果と規格化も考慮して，$a_{\mathrm{B}}^{3/2}R_n^{(l)}(r) \equiv T_n^{(l)}(r/a_{\mathrm{B}})$ のいくつかは $\rho = r/a_{\mathrm{B}}$ として以下のように求められる．

$$T_1^{(0)}(\rho) = 2\exp(-\rho), \tag{9.45a}$$

$$T_2^{(0)}(\rho) = 2^{-1/2}\,(1-\rho/2)\exp(-\rho/2), \tag{9.45b}$$

$$T_2^{(1)}(\rho) = \left(2\sqrt{6}\right)^{-1}\rho\exp(-\rho/2), \tag{9.45c}$$

$$T_3^{(0)}(\rho) = 6\left(9\sqrt{3}\right)^{-1}(1-2\rho/3+2\rho^2/27)\exp(-\rho/3), \tag{9.45d}$$

$$T_3^{(1)}(\rho) = 8\left(27\sqrt{6}\right)^{-1}\rho(1-\rho/6)\exp(-\rho/3), \tag{9.45e}$$

$$T_3^{(2)}(\rho) = 4\left(81\sqrt{30}\right)^{-1}\rho^2\exp(-\rho/3). \tag{9.45f}$$

図 9.1 に，これらの結果を図示する．主量子数 n の増加に伴って，波動関数の広がりも大きくなっている．ここで注意すべきことは**波動関数のゼロ点の数**である．角度部分については，(8.57) を参照すると，以下の規則が読み取れる．

- s 状態 $(l = 0)$ の $R_n^{(0)}(r)$ は原点で有限の値をもち，$n-1$ 個のゼロ点をもつ．
- 有限の l に対する $R_n^{(l)}(r)$ は，原点で 0 になり，これを除くと $n-l-1$ 個のゼロ点をもつ．

- 角度部分の波動関数 $Y_{lm}(\theta,\phi)$ は $0<\theta<\pi$ に l 個のゼロ点をもつ．

上記をまとめると，**すべての** n,l **で，** $R_n^{(l)}(r)Y_{lm}(\theta,\phi)$ **は** z **軸上を除いて** $n-1$ **個のゼロ点をもつ．**

水素原子のエネルギー準位 E_n から別の準位 E_m への遷移を定性的に考察する．その際，光子の運動量が有限なので，原子の併進運動も変化する．また電子の質量と換算質量はほとんど同じなので，後者を用いることに実際的意味はあまりない．そこで慣用する物理量の定義に合わせるため，以後は換算質量を電子の質量で置き換える．このようにすると，原子の遷移に伴うエネルギー変化は

$$\hbar\omega_{nm}=|E_n-E_m|=\frac{\hbar^2}{2m_{\rm e}a_{\rm B}^2}\left|\frac{1}{m^2}-\frac{1}{n^2}\right|=\left|\frac{1}{m^2}-\frac{1}{n^2}\right|{\rm Ryd} \tag{9.46}$$

で与えられる．これに対応するエネルギーの光子を放出（$n>m$）あるいは吸収（$n<m$）する．光子の波数で表すと，

$$k_{nm}=\frac{\omega_{nm}}{c}=R_\infty\left|m^{-2}-n^{-2}\right| \tag{9.47}$$

となる．ここで c は光速であり，$R_\infty={\rm Ryd}/(\hbar c)=1.10\times10^7{\rm m}^{-1}$ をリュードベリ (Rydberg) 定数とよぶ．添え字 ∞ は，陽子の質量を無限大にした極限に対応するからである．$m_{\rm e}$ の代わりに換算質量 μ を用いたものを R と書くこともある．光との相互作用を考慮した定量的議論は，後に 13.6 節で行う．

一定のエネルギー状態への遷移に伴って放出される光子の振動数の列をスペクトル系列とよぶ．特に，$m=1$ の基底状態への遷移をライマン (Lyman) 系列，$m=2,3,4,5$ の状態への遷移をそれぞれバルマー (Balmer)，パッシェン (Ritz-Paschen)，ブラケット (Brackett)，プント (Pfund) 系列とよんでいる．

9.4　ケプラー問題

水素原子の力学はクーロン力に支配されている．これは万有引力と同じ形をしているので天体の2体問題とも関係している．ケプラー (Kepler) が惑星の観測を整理して経験的に求めた運動の法則は3つにまとめられている．すなわち，

(A) 惑星は太陽を1つの焦点とする楕円軌道を描く（第1法則），

(B) 惑星の動径ベクトルの描く面積速度は一定である（第2法則），

(C) 各惑星の公転周期 T の2乗は太陽からの平均距離 R の3乗に比例する

（第 3 法則）.

その後ニュートンにより，これらの経験則は簡明な運動方程式に基づいて見事に説明された．その際，第 2 法則は中心力ポテンシャル一般に成り立つ角運動量保存則であるが，第 1，第 3 法則は万有引力の距離依存性と関係していることも明らかにされた．これは，古典物理学の金字塔となる結果である．古典力学では，一般に軌道は閉じていない．しかし万有引力のもとでは，軌道は閉じた楕円を描くので，楕円の焦点から近日点に向かうベクトル $\boldsymbol{Q}$ を定義できる．このベクトルは

$$\boldsymbol{Q} = \boldsymbol{p} \times \boldsymbol{L} - \frac{k\mu \boldsymbol{r}}{r} \tag{9.48}$$

と表されることが知られている．ここで万有引力定数 G, 2 つの天体の質量を M_1, M_2 とすると，$k = GM_1M_2$, $\mu^{-1} = M_1^{-1} + M_2^{-1}$ と与えられる．このベクトル $\boldsymbol{Q}$ が保存量になることは，18 世紀のはじめ以来多くの人によって議論されてきたが，ルンゲ (Runge) が当時のベクトル解析の教科書に引用して有名になり，これにちなんで**ルンゲ・ベクトル**とよばれることがある．

万有引力の距離依存性に特有の問題をケプラー問題とよんでいる．クーロン力と重力は同じ距離依存性をもつので，水素原子を量子力学で扱ってもケプラーの法則に対応する保存量があるはずである．ケプラーの第 2 法則は，量子力学では角運動量の保存に帰着する．一方，第 1，第 3 法則はエネルギー準位の縮退として現れる．すなわち，前章で水素原子の束縛状態エネルギーが角運動量に依存せず，主量子数 n によって $E_{n,l,m} = -\mathrm{Ryd}/n^2$ で与えられることを見た．ここで，l を与えたときの磁気量子数 m に関する縮退は，中心力一般の性質である．しかし，エネルギーが角運動量の値 l によらないのは自明ではない．

レンツ (Lenz) は水素原子にルンゲ・ベクトルを適用することを考えたが，その助手を務めたことのあるパウリは，水素原子の問題をシュレーディンガー方程式を用いずに解いた (1926)．すなわちパウリは，ルンゲ・ベクトルに対応するエルミート演算子

$$\hat{\boldsymbol{Q}} = \frac{1}{2}(\hat{\boldsymbol{p}} \times \hat{\boldsymbol{L}} - \hat{\boldsymbol{L}} \times \hat{\boldsymbol{p}}) - e^2 m \hat{\boldsymbol{e}}_r \tag{9.49}$$

を定義して，行列力学によってスペクトルを議論した．ただし，$\hat{\boldsymbol{e}}_r$ は $\boldsymbol{r}$ 方向の単位ベクトルに対応する演算子である．このような経緯で**ベクトル演算子 $\hat{\boldsymbol{Q}}$ に対してルンゲ–レンツ・ベクトルの名称が用いられる**ことが多い．

古典力学と同様に，$\hat{\boldsymbol{Q}}$ は保存する．これを示すには，$\hat{H}$ を水素原子のハミルトニアンとして $[\hat{\boldsymbol{Q}}, \hat{H}] = 0$ をいえばよい．ここで

$$[\hat{\boldsymbol{p}}, \hat{H}] = -\left[\hat{\boldsymbol{p}}, \frac{e^2}{r}\right] = -\frac{i\hbar e^2 \boldsymbol{r}}{r^3}, \tag{9.50a}$$

$$[\boldsymbol{r}, 2m\hat{H}] = [\boldsymbol{r}, \hat{\boldsymbol{p}}^2] = 2\hbar i\hat{\boldsymbol{p}} \tag{9.50b}$$

が成り立つ．座標に対しては演算子を表す記号 (ˆ) を省いている．(9.50a) は向心力による運動量の変化を表し，ニュートン方程式の量子力学版（ハイゼンベルクの運動方程式）に対応する．また (9.50b) は座標の時間微分を表す．さらに角運動量の保存から，$[\hat{\boldsymbol{L}}, \hat{H}] = 0$ となる．これらを組み合わせると，$[\hat{\boldsymbol{Q}}, \hat{H}] = 0$ が示される（102 ページの研究課題参照）．

一方，$\hat{\boldsymbol{Q}}$ はベクトル演算子なので，(8.104) で示したように，$\hat{Q}_+$ が角運動量の固有状態に作用すると，l を 1 だけ増やす．すなわち，C_l を定数として

$$\hat{Q}_+|l, l\rangle = C_l|l+1, l+1\rangle \tag{9.51}$$

である．$[\hat{Q}_+, \hat{H}] = 0$ を考慮すると，主量子数 n を与えたときに，$l = 0$ の s 状態から順次 $l = 1, 2, \cdots$ が作り出せることになる．すなわち，$\hat{H}\psi_{nl} = E_{nl}\psi_{nl}$ であれば，

$$\begin{aligned} \hat{H}\psi_{n,l+1} &= \frac{\hat{H}\hat{Q}_+\psi_{nl}}{C_l} = \frac{\hat{Q}_+\hat{H}\psi_{nl}}{C_l} \\ &= \frac{E_{nl}\hat{Q}_+\psi_{nl}}{C_l} = E_{nl}\psi_{n,l+1} \end{aligned} \tag{9.52}$$

なので，$E_{n,l+1} = E_{nl}$ である．これで水素原子のエネルギー準位が異なる l に関して縮退していることが示された．ただし，$l \geq n$ の波動関数は存在しない．つまり C_{n-1} はゼロになる．この詳細は 102 ページの研究課題で示す．

例題：　古典力学の保存則 $d\boldsymbol{Q}/dt = 0$ を証明せよ．

解説：　中心力では $\boldsymbol{L}$ が保存されることに注意して，$d(\boldsymbol{p} \times \boldsymbol{L})/dt$ を計算する．運動方程式 $d\boldsymbol{p}/dt = -k\boldsymbol{r}/r^3$ および $\boldsymbol{p} = \mu d\boldsymbol{r}/dt$ を用いると，

$$\frac{d\boldsymbol{p}}{dt} \times \boldsymbol{L} = -\frac{k}{r^3}\boldsymbol{r} \times (\boldsymbol{r} \times \boldsymbol{p}) = \frac{k}{r^3}\left[r^2\boldsymbol{p} - \boldsymbol{r}(\boldsymbol{r} \cdot \boldsymbol{p})\right] = k\mu\frac{d}{dt}\left(\frac{\boldsymbol{r}}{r}\right) \tag{9.53}$$

となる．ここでベクトル解析の公式 $\boldsymbol{A} \times (\boldsymbol{B} \times \boldsymbol{C}) = \boldsymbol{B}(\boldsymbol{A} \cdot \boldsymbol{C}) - \boldsymbol{C}(\boldsymbol{A} \cdot \boldsymbol{B})$ を用いている．このようにして $d\boldsymbol{Q}/dt = 0$ が得られる．

研究課題：　ルンゲ–レンツ・ベクトルの保存則 $[\hat{\boldsymbol{Q}}, \hat{H}] = 0$ を証明せよ.

解説：　古典力学と違う点は，物理量の順序に注意すべき所である．(9.49) において $\hat{\boldsymbol{Q}}$ を構成する各項の交換子を計算して，時間変化を見よう．

$$[\hat{\boldsymbol{p}} \times \hat{\boldsymbol{L}}, \hat{H}] = -i\hbar e^2 \frac{\boldsymbol{r}}{r^3} \times (\boldsymbol{r} \times \hat{\boldsymbol{p}}) = i\hbar e^2 \left[\frac{1}{r}\hat{\boldsymbol{p}} - \frac{\boldsymbol{r}}{r^3}(\boldsymbol{r} \cdot \hat{\boldsymbol{p}})\right], \tag{9.54a}$$

$$[\hat{\boldsymbol{L}} \times \hat{\boldsymbol{p}}, \hat{H}] = i\hbar e^2 (\hat{\boldsymbol{p}} \times \boldsymbol{r}) \times \frac{\boldsymbol{r}}{r^3} = -i\hbar e^2 \left[\hat{\boldsymbol{p}}\frac{1}{r} - (\hat{\boldsymbol{p}} \cdot \boldsymbol{r})\frac{\boldsymbol{r}}{r^3}\right], \tag{9.54b}$$

$$me^2 \left[\frac{1}{r}\boldsymbol{r}, \hat{H}\right] = i\hbar \frac{e^2}{r}\hat{\boldsymbol{p}} + \frac{e^2}{2}\left[\frac{1}{r}, \hat{\boldsymbol{p}}^2\right]\boldsymbol{r}. \tag{9.54c}$$

ここで，$\boldsymbol{r} \cdot \hat{\boldsymbol{p}} = -i\hbar r\partial/\partial r$ となること，およびラプラシアンの極座標表現 (9.8) を用いると，各項が打ち消し合って $[\hat{\boldsymbol{Q}}, \hat{H}] = 0$ となることを示せる．その際

$$\left[\frac{1}{r}, \hat{\boldsymbol{p}}^2\right] = \frac{\hbar^2}{r}\frac{\partial}{\partial r^2}\left(r \cdot \frac{1}{r}\right) = 0, \qquad \left[\hat{\boldsymbol{p}}, \frac{1}{r}\right] = i\hbar\frac{\boldsymbol{r}}{r^3} \tag{9.55}$$

に注意する．

研究課題：　n が主量子数のとき (9.51) の C_{n-1} はゼロになることを示せ.

解説：　一般の l について

$$\langle l, l|\hat{Q}_-\hat{Q}_+|l, l\rangle = C_l^* C_l \tag{9.56}$$

となる．$l = n-1$ のときに $\langle l, l|\hat{Q}_-\hat{Q}_+|l, l\rangle = 0$ を示せばよい．この準備として，$\hat{\boldsymbol{Q}}$ の詳細な性質を調べる必要がある．面倒ではあるが初等的な計算をすると，交換関係

$$[\hat{Q}_x, \hat{Q}_y] = -2i\hbar^2 m\hat{H}\hat{\ell}_z, \qquad [\hat{Q}_-, \hat{Q}_+] = 4\hbar^2 m\hat{H}\hat{\ell}_z \tag{9.57}$$

を示すことができる．同様に，他の成分の交換関係も添え字の循環で得られる．さらに，

$$\hat{\boldsymbol{Q}}^2 = 2\hbar^2 m\hat{H}(\hat{\boldsymbol{\ell}}^2 + 1) + (me^2)^2, \qquad \boldsymbol{Q} \cdot \hat{\boldsymbol{\ell}} = 0 \tag{9.58}$$

も得られる．ベクトル演算子の交換関係 (8.101) を用いると，

$$2\hat{\boldsymbol{Q}} \cdot \hat{\boldsymbol{\ell}} - 2\hat{Q}_z\hat{\ell}_z = \hat{\ell}_-\hat{Q}_+ + \hat{Q}_-\hat{\ell}_+ + 2\hat{Q}_z \tag{9.59}$$

となる．$\boldsymbol{Q} \cdot \hat{\boldsymbol{\ell}} = 0$ を考慮して上式の両辺を $|l, l\rangle$ に作用させると，

$$\begin{aligned} -2l\hat{Q}_z|l, l\rangle &= (2\hat{Q}_z + \hat{\ell}_-\hat{Q}_+ + \hat{Q}_-\hat{\ell}_+)|l, l\rangle \\ &= 2\hat{Q}_z|l, l\rangle + \sqrt{2(l+1)}C_l|l+1, l\rangle \end{aligned} \tag{9.60}$$

となるので，$\hat{Q}_z|l, l\rangle = -C_l/\sqrt{2(l+1)}|l+1, l\rangle$ が得られる．すなわち，

$$\langle l,l|\hat{Q}_z^2|l,l\rangle = \frac{|C_l|^2}{2(l+1)} \tag{9.61}$$

となる．これまで得られた関係式を利用できるように，

$$2\hat{Q}_-\hat{Q}_+ = [\hat{Q}_-,\hat{Q}_+] + \{\hat{Q}_-,\hat{Q}_+\} = [\hat{Q}_-,\hat{Q}_+] + 2\left(\hat{\boldsymbol{Q}}^2 - \hat{Q}_z^2\right) \tag{9.62}$$

として，両辺の $|l,l\rangle$ に関する対角要素をとると，(9.57)，(9.58) と (9.61) を用いて

$$|C_l|^2 = \frac{2(l+1)}{2l+3}\left[1 - \frac{(l+1)^2}{n^2}\right](me^2)^2 \tag{9.63}$$

が得られる．この結果で $l = n-1$ とおくと確かにゼロになる．

10 近　似　方　法

実際の量子力学の問題では，シュレーディンガー方程式を厳密に解ける場合はほとんどない．したがって，なんらかの方法で近似的な解を求める方法が発達している．代表的な手法として，摂動論，さらに準古典近似がある．本章では，それぞれの典型的な例題を扱うことにより，近似理論の考え方と技術を学ぶ．

10.1 摂　　動　　論

摂動論は古典力学でもよく使われた手法である．すなわち，天体の運動を考える際に，3 体以上の星の運動を解析的に解くことはできないが，運動方程式を近似的に解くことができる．近くにある 1 つの星の引力が，遠くにある複数の星の引力よりも十分に大きければ，後者を微小な力，すなわち摂動とみなして運動を精度よく求めることができる．

量子力学では，全ハミルトニアン $\hat{H}=\hat{H}_0+\hat{H}_1$ を主要項 $\hat{H}_0$ と摂動項 $\hat{H}_1$ に分けて考え，主要項 $\hat{H}_0$ の規格化された固有関数 $\phi_n=|n\rangle$ によって全ハミルトニアンの固有状態 ψ を展開する．すなわち，$\hat{H}\psi=E\psi$ において

$$\psi=\sum_n a_n\phi_n, \qquad a_n=\langle n|\psi\rangle \tag{10.1}$$

とする．この展開は ϕ_n が完全系をなすので可能である．ϕ_n に関する行列要素を

$$\langle n|\hat{H}_0+\hat{H}_1|n\rangle=\epsilon_n, \qquad \langle m|\hat{H}_1|n\rangle=(1-\delta_{mn})h_{mn} \tag{10.2}$$

とする．対角要素 $\langle n|\hat{H}_1|n\rangle$ を **1 次の摂動エネルギーとよぶ**．ここでは $\hat{H}_1$ の対角要素を $\hat{H}_0$ に繰りこんでしまい，h_{mn} が非対角要素だけをもつ行列であることを用いて以下の議論を進める．

シュレーディンガー方程式 $(\hat{H}_0 + \hat{H}_1)\psi = E\psi$ を基底 ϕ_n を用いて行列表示すると，

$$\begin{pmatrix} \epsilon_1 - E & h_{12} & \cdots \\ h_{21} & \epsilon_2 - E & \cdots \\ \vdots & \vdots & \ddots \end{pmatrix} \begin{pmatrix} a_1 \\ a_2 \\ \vdots \end{pmatrix} = 0 \tag{10.3}$$

となる．a_n が有限の数 K で切れていれば，K 個の固有値を行列の対角化によって得ることができる．しかし K が大きくなると，厳密な対角化は困難になる．

量子力学における摂動論とは，近似的な波動関数とエネルギーを求めるため，小さいパラメーターに関して展開する手法である．このために，パラメーター g を導入し，形式的に h_{mn} を gh_{mn} に置き換える．こののち，a_n と E を g のベキ級数に展開する．まず g がゼロの極限では，a_n のどれかが 1，他はすべて 0 となることに注意しよう．n は任意であるが，以下ではまず基底状態 $n = 1$ をとって議論を進める．すなわち

$$E = \epsilon_1 + g^2 E_1^{(2)} + g^3 E_1^{(3)} + \cdots, \tag{10.4a}$$

$$a_n = (1 - \delta_{n1})(\delta_{n1} + g a_n^{(1)} + g^2 a_n^{(2)} + \cdots) \tag{10.4b}$$

と展開する．ここで，ϵ_1 には 1 次の摂動エネルギーが含まれていることに注意する．これらの展開を (10.3) に代入して g^l の係数を比較する．(10.1) の ψ は $O(g)$ までは規格化条件 $\langle\psi|\psi\rangle = 1$ を満たしているが，$O(g^2)$ では満たしていない．また (10.3) のエネルギー固有値は規格化には依存しない．$l = 1$ すなわち $O(g)$ のオーダーでは，(10.3) の第 2 行から

$$h_{21} + (\epsilon_2 - \epsilon_1) a_2^{(1)} = 0 \tag{10.5}$$

を得る．一般に第 n 行からは，

$$a_n^{(1)} = \frac{h_{n1}}{\epsilon_1 - \epsilon_n} \tag{10.6}$$

を得る．この結果を第 1 行に代入すると，$O(g^2)$ の精度で

$$-E_1^{(2)} + h_{12} a_2^{(1)} + h_{13} a_3^{(1)} + \cdots = -E_1^{(2)} + \sum_{n=2}^{\infty} \frac{|h_{1n}|^2}{\epsilon_1 - \epsilon_n} = 0 \tag{10.7}$$

となる．これで基底状態エネルギーの 2 次の補正が得られた．$\epsilon_1 - \epsilon_n < 0$ なので，$E_1^{(2)} < 0$ が必ず成立する．すなわち，**基底状態エネルギーは，非対角行列要素に関する 2 次の摂動で常に下がる．**

同様にして，m 番目の準位について 2 次の補正項を求めると，

$$E_m^{(2)} = \sum_{n\,(\neq m)} \frac{|h_{mn}|^2}{\epsilon_m - \epsilon_n} \tag{10.8}$$

となる．この結果からわかるように，$|\epsilon_n - \epsilon_m|$ が $|h_{mn}|$ に比べて十分大きい場合には，補正項は小さい．高次の補正項はさらに小さくなるので，g に関する展開を最低次で止めてもよい精度が得られる．高次の摂動補正は次数が上がるにつれて，急速に複雑になる．

現実的には，ϵ_n のうちのいくつかが近い値をもち，他の準位は遠く離れている，という状況がある．この極端な例はいくつかの準位が縮退している場合である．縮退があるときには (10.8) のエネルギー分母が 0 になるために g に関する展開を行うことはできない．このようなときには，(10.3) の中で，エネルギーの縮退したところ，あるいは近いところを行列のまま残して扱うことが必要になる．この事情をもっとも簡単に見るために，ϵ_1, ϵ_2 は h_{12} と同程度の分裂しかもたない場合を考える．他の準位が十分離れているときには，固有値 E は

$$\det \begin{pmatrix} \epsilon_1 - E & h_{12} \\ h_{21} & \epsilon_2 - E \end{pmatrix} = 0 \tag{10.9}$$

の解として求められる．これを解いて

$$E_\pm = \frac{1}{2}(\epsilon_1 + \epsilon_2) \pm \sqrt{\frac{1}{4}(\epsilon_1 - \epsilon_2)^2 + |h_{12}|^2} \tag{10.10}$$

を得る．$E_\pm$ は $h_{12} \to 0$ の極限でもとの準位 $\epsilon_{1,2}$ に戻り，$\epsilon_1 = \epsilon_2$ の極限では $E_\pm = \epsilon_1 \pm |h_{12}|$ となる．

10.2　シュタルク効果への応用

摂動論の適用例として，電場中の水素原子の問題を考察する．電場によって波動関数がゆがみ，エネルギー準位がシフトする効果をシュタルク (Stark) 効果という．まず電場が弱い極限では，水素原子は基底状態 ($1s$) にあるとする．z 方向にかけた一様な電場 $\mathcal{E}$ による効果は摂動ハミルトニアン

$$\hat{H}_1 = ez\mathcal{E} \tag{10.11}$$

で取り入れる．ここで，z は陽子を原点にとった相対座標の成分である．量子数 n, l, m で指定される状態のうち，$1s$ 状態との行列要素が有限に残るのは，$l = 1, m = 0$ の場合だけである．すなわち，$1s$ 状態の対角要素は 0 になるので，

電場について 1 次の摂動エネルギーはない．行列要素を $b_n = \langle n,1,0|z|1s\rangle$ と書くと，1s 状態のエネルギーの変化 ΔE_1 は，(10.8) により

$$\Delta E_1 = (e\mathcal{E})^2 \sum_{n=2}^{\infty} \frac{|b_n|^2}{\epsilon_1 - \epsilon_n} \tag{10.12}$$

となる．この評価を厳密に行うのは簡単ではないので，まず ΔE_1 の上限と下限をおさえた後，(10.26) で正確な結果を示す．

もっとも簡略に，中間状態として $n=2$ のみを考慮して他を無視してしまうと，上限値が得られる．すなわち，

$$\Delta E_1 < \frac{(e\mathcal{E})^2}{\epsilon_1 - \epsilon_2}|b_2|^2 = -\frac{4(e\mathcal{E})^2}{3\mathrm{Ryd}}|\langle 2,1,0|z|1s\rangle|^2. \tag{10.13}$$

ここで，行列要素は以下の例題中 (10.32) から $|\langle 2,1,0|z|1s\rangle|^2 = 2^{15}3^{-10}a_{\mathrm{B}}^2$ と計算される．したがって，数値を代入して

$$\Delta E_1 < -1.48\, a_{\mathrm{B}}^3 \mathcal{E}^2 \tag{10.14}$$

と評価される．

次の評価法として，束縛エネルギー $-\epsilon_n/\mathrm{Ryd} = 1/n^2 = 1, 1/4, 1/9, \ldots$ において $n \geq 2$ の値は 1/4 以下なので，これを 0 で置き換えてしまう．束縛状態の範囲では，分母の絶対値は実際の値よりも大きくなる．そこで正のエネルギーを持つ連続スペクトル状態との行列要素を無視できれば，ΔE_1 の上限が得られる．さて系の体積 V が大きい場合には，任意の連続スペクトル状態波動関数 $\phi_{E>0}$ は $V^{-1/2}$ に比例する．これは (4.7) に示した平面波の規格化と類似した条件から出る．したがって，V を無限大とした極限では，基底状態との行列要素 $\langle \phi_{E>0}|z|1s\rangle$ は無視できる*1)．すなわち中間状態として束縛状態のみをとれば完全系を張るので，不等式

$$\Delta E_1 < \frac{(e\mathcal{E})^2}{\epsilon_1} \sum_{n=2}^{\infty} |b_n|^2 = -\frac{(e\mathcal{E})^2}{\mathrm{Ryd}} \langle 1s|z^2|1s\rangle \tag{10.15}$$

を得る．最後の表現の導出には束縛状態 $|\alpha\rangle$ の完全性

$$\sum_{\alpha} \langle 1s|z|\alpha\rangle\langle\alpha|z|1s\rangle = \langle 1s|z^2|1s\rangle \tag{10.16}$$

を用いている．ここでは α には 1s 状態も含めるが，行列要素が 0 になるので (10.12) が成り立つ．波動関数の具体形 (9.45) を用いて評価すると $\langle 1s|z^2|1s\rangle = a_{\mathrm{B}}^2$ となるので (109 ページの例題参照)，(10.15) から Ryd$= e^2/(2a_{\mathrm{B}})$ に注意

*1)　強い電場による電離現象はいまの摂動論の枠組みでは無視されている．

して

$$\Delta E_1 < -2a_{\rm B}^3\mathcal{E}^2 \tag{10.17}$$

と評価することができる．この上限値は，(10.14) よりも精度が高い．

一方，ΔE_1 の下限は，(10.12) で分母の $\epsilon_1-\epsilon_n$ をすべての n で $\epsilon_1-\epsilon_2$ に置き換えてしまうことで評価できる．こうすると，$n>2$ で分母の絶対値は実際よりも小さくなるので，

$$\Delta E_1 > \frac{(e\mathcal{E})^2}{\epsilon_1-\epsilon_2}\sum_{n=2}^{\infty}|b_n|^2 = -\frac{4(e\mathcal{E})^2}{3{\rm Ryd}}\langle 1s|z^2|1s\rangle = -\frac{8}{3}\mathcal{E}^2a_{\rm B}^3 \tag{10.18}$$

を得る．以上の結果を $\Delta E=-\alpha_E\mathcal{E}^2/2$ で定義される**水素原子の分極率** α_E を用いて表現すると

$$4 < \frac{\alpha_E}{a_{\rm B}^3} < \frac{16}{3} \sim 5.33 \tag{10.19}$$

のように書ける．エネルギーシフト ΔE は，電場によって双極子モーメント p_E が誘起されたとして解釈できる．その大きさは，

$$p_E = -\frac{\partial \Delta E}{\partial \mathcal{E}} = \alpha_E\mathcal{E} \tag{10.20}$$

で与えられ，電場に比例する．

いよいよ，ΔE_1 の評価を厳密に行う．(10.12) で必要な行列要素 b_n は，各状態の波動関数がわかれば計算できる．しかし，n についての和をそのまま計算するのは煩雑である．そこで，**この和を微分方程式の解によって求める**．この考え方は摂動論一般に適用できる．基底状態波動関数の補正部分 $\psi_1^{(1)}$ は状態ベクトルとして

$$\psi_1^{(1)} = (\epsilon_1-\hat{H}_0)^{-1}\hat{H}_1\phi_1 \tag{10.21}$$

と表すことができる．上式は ϕ_n との内積をとることにより，(10.6) に帰着する．(10.21) の両辺に左から $(\epsilon_1-\hat{H}_0)$ をかけると，

$$(\epsilon_1-\hat{H}_0)\psi_1^{(1)} = \hat{H}_1\phi_1 \tag{10.22}$$

を得るが，この段階で座標表示に移れば，$\psi_1^{(1)}(\boldsymbol{r})$ に関する微分方程式を得る．

一様な電場が z 軸方向に存在する場合には，(10.22) の右辺は $r\cos\theta$ に比例する．そこで，波動関数 $\psi_1^{(1)}(\boldsymbol{r})$ の角度依存性も $\cos\theta$ に限られる．微分方程式を簡単にするため，$\rho=r/a_{\rm B}$ として

$$a_{\rm B}^{3/2}\psi_1^{(1)}(\boldsymbol{r}) = \frac{1}{\sqrt{4\pi}\rho}\chi(\rho)e^{-\rho}\cos\theta \tag{10.23}$$

とおく．因子 ρ^{-1} は (9.13), (9.15) に示したように，$\hat{H}_0$ の動径部分を簡単化する．また $e^{-\rho}$ は右辺の指数因子に合わせたものである．(10.22) の両辺を Ryd$\cdot\cos\theta$ で割って整理すると $\chi(\rho)$ に対する微分方程式は

$$\left[\left(\frac{d}{d\rho}-1\right)^2-\frac{2}{\rho^2}+\frac{2}{\rho}-1\right]\chi(\rho)\equiv\mathcal{D}\chi(\rho)=4\tilde{\mathcal{E}}\rho^2 \qquad (10.24)$$

となる．ここで，$\tilde{\mathcal{E}}$ は無次元化した電場で，$e\mathcal{E}z=\frac{e^2}{a_\mathrm{B}}\cdot\tilde{\mathcal{E}}\rho\cos\theta=2\mathrm{Ryd}\cdot\tilde{\mathcal{E}}\rho\cos\theta$ で定義される．(10.24) 左辺の中カッコ内の項のうち，$-2/\rho^2$ は遠心力，$2/\rho$ はクーロン引力に起因する．この微分方程式は，以下の例題で示すように解くことができる．すなわち，(10.24) の解として以下を得る：

$$\chi(\rho)=-\left(2\rho^2+\rho^3\right)\tilde{\mathcal{E}}. \qquad (10.25)$$

これから (10.23) によって $\psi_1^{(1)}$ を求められるので，最終的に

$$\Delta E_1=-\frac{9}{4}\mathcal{E}^2a_\mathrm{B}^3 \qquad (10.26)$$

を得る．

さて，励起状態 $n=2$ にある水素原子では，$2s$ と $2p$ の状態が縮退していることにより，一様電場中で定性的に異なる状況が実現する．3 つの $2p$ 軌道のうち，$2s$ $(l=0)$ と演算子 $\hat{z}$ で結合する状態は $2p_z$ $(l=1, m=0)$ だけである．そこで (10.3) において状態 1 として $(l=0, m=0)$ および，状態 2 として $(l=1, m=0)$ を考慮し，非対角要素として h_{12}, h_{21}，対角要素として $\epsilon_1=\epsilon_2=-\mathrm{Ryd}/4$ をもつ行列の対角化を行う．行列要素は，110 ページの例題から，

$$h_{12}=h_{21}=e\mathcal{E}\langle 2,1,0|z|2,0,0\rangle=-3ea_\mathrm{B}\mathcal{E} \qquad (10.27)$$

と計算されるので，固有値として直ちに，

$$E_\pm=-\frac{1}{4}\mathrm{Ryd}\pm 3ea_\mathrm{B}\mathcal{E} \qquad (10.28)$$

を得る．電場の 1 次に比例する項があるので，(10.20) にしたがって双極子モーメント p_E を求めると，$p_E=\pm 3ea_\mathrm{B}$ となり，電場によらない．すなわち，$n=2$ **状態には自発的な双極子モーメントが存在する**ことがわかる．これに対して $1s$ 状態では，(10.20) で求めたように，双極子モーメントは電場に比例する．

例題： $n=1$ **の状態において，**z^2 **の期待値を求めよ．**

解説： (9.45) を参照して，$1s$ 状態の等方性を用いると，$\langle z^2\rangle=\langle r^2\rangle/3$ の

関係がある．したがって，

$$\langle 1s|z^2|1s\rangle = \frac{4}{3}a_{\rm B}^2\int_0^\infty d\rho\ \rho^4 e^{-2\rho} = \frac{4}{3}\times 2^{-5}\times 4!\,a_{\rm B}^2 = a_{\rm B}^2 \qquad (10.29)$$

を得る．ここで数因子 2^{-5} は積分変数を 2ρ に変えること，また $4!$ は積分がガンマ関数になることに由来する．このような積分の手法は以下で繰り返し用いる．

例題：　$n=1,2$ の状態において，z の行列要素を導出せよ．

解説：　z の行列要素のうち，s 状態と結ばれる状態は p 状態だけである．そこで $z=r\cos\theta$ に注意して，行列要素を以下のように動径部分と角度部分の積として書く．

$$\langle n,1|z|n',0\rangle = I_{nn'}I_\Omega, \qquad (10.30a)$$

$$I_{nn'} = \int_0^\infty dr\ r^3 R_n^{(1)}(r)R_{n'}^{(0)}(r), \qquad (10.30b)$$

$$I_\Omega = \int d\Omega\cos\theta Y_{10}(\theta,\phi)Y_{00}(\theta,\phi). \qquad (10.30c)$$

このうち $I_\Omega=\sqrt{3}/3$ は，(8.57) を参照して直ちに得ることができる．$I_{nn'}$ は，(9.45) を参照して

$$I_{21} = \frac{a_{\rm B}}{\sqrt{6}}\int_0^\infty d\rho\ \rho^4 e^{-3\rho/2} = \left(\frac{2}{3}\right)^5 4\sqrt{6}a_{\rm B}, \qquad (10.31a)$$

$$I_{22} = \frac{a_{\rm B}}{4\sqrt{3}}\int_0^\infty d\rho\ \rho^4\left(1-\frac{\rho}{2}\right)e^{-\rho} = -3\sqrt{3}a_{\rm B}, \qquad (10.31b)$$

と求めることができる．したがって，

$$\langle 2,1,0|z|1s\rangle = \left(\frac{2}{3}\right)^5 4\sqrt{2}a_{\rm B}, \qquad \langle 2,1,0|z|2,0,0\rangle = -3a_{\rm B} \qquad (10.32)$$

を得る．

研究課題：　水素原子の分極率を厳密に求めよ．

解説：　(10.24) に現れる演算子 $\mathcal{D}$ を整理すると，

$$\mathcal{D} = \frac{d^2}{d\rho^2} - \frac{2}{\rho^2} - 2\frac{d}{d\rho} + \frac{2}{\rho} \qquad (10.33)$$

を得る．$\mathcal{D}$ を自然数 n のベキ関数に作用させると，右辺の第 1，第 2 項はベキ指数を 2 だけ減らし，第 3，第 4 項は 1 だけ減らす．すなわち，

$$\mathcal{D}\rho^n = [n(n-1)-2]\rho^{n-2} - 2(n-1)\rho^{n-1} \qquad (10.34)$$

となる．これに注意すると，(10.24) の解として，(10.25) を得る．したがって

$\langle 1s|\hat{H}_1|\psi_1^{(1)}\rangle$ を評価することができる．すなわち，角度部分の積分から 1/3 が出ることを考慮して

$$\frac{\Delta E_1}{2\mathrm{Ryd}} = -\frac{2}{3}\tilde{\mathcal{E}}^2 \int_0^\infty d\rho\rho^2(2\rho^2+\rho^3)e^{-2\rho} = -\frac{9}{4}\tilde{\mathcal{E}}^2 \tag{10.35}$$

を得る．これをもとの単位に戻すと，(10.26) を得る．よって分極率の厳密な値として $\alpha_E = 4.5a_{\mathrm{B}}^3$ を得る．

10.3 変　分　法

関数 $f(x)$ の微分は，変数 x が変化するときの $f(x)$ の変化率である．それに対して，関数 $f(x)$ を変数として持つ汎関数 $\mathcal{F}[f]$ の変分とは，$f(x)$ の変化に伴う変化率のことであり，一般に $\delta\mathcal{F}/\delta f$ と表記する．古典力学の運動方程式は，ラグランジアンの時間積分である作用に対する変分原理から導くことができる．これは最小作用の原理として知られており，第 12 章で触れる．同様に，量子力学の運動も変分原理の枠に載せることができる．

一方，量子力学の近似理論としての変分法では，関数の任意の変分をとることはせず，試行関数に含まれる変分パラメーターの変化に対して停留性を要求する．この節では，一様電場中の水素原子の問題を例にとって，変分法を説明する．変分に用いる試行関数は，物理的洞察によって妥当な関数形に選ぶ．また，ハミルトニアンの期待値をなるべく評価しやすい形にする．波動関数を，非摂動ハミルトニアンの固有関数の重ね合わせで表現するのが摂動論の手法であるが，変分法ではより柔軟に試行関数を選ぶことができる．簡単のために，変分パラメーター w を含む規格化された試行関数を $\psi_w(\boldsymbol{r})$ とする．摂動項を含むハミルトニアン $\hat{H} = \hat{H}_0 + \hat{H}_1$ の固有関数 $\Psi_n(\boldsymbol{r})$ を用いると，試行関数は

$$\psi_w(\boldsymbol{r}) = \sum_{n=0}^{\infty} c_n \Psi_n(\boldsymbol{r}) \tag{10.36}$$

と展開することができる．$\Psi_n(\boldsymbol{r})$ の規格化条件から，$\sum_n |c_n|^2 = 1$ を得る．一方，$\hat{H}$ の $\psi_w(\boldsymbol{r})$ による期待値は

$$E_{\mathrm{tr}} \equiv \langle\psi_w|\hat{H}|\psi_w\rangle = \sum_{n=0}^{\infty} |c_n|^2 E_n \tag{10.37}$$

となる．ここで $\Psi_n(\boldsymbol{r})$ のエネルギー固有値を E_n とした．この結果から，E_{tr} は厳密な基底状態エネルギー E_0 よりも大きくなることがわかる．したがって

$E_{\rm tr}$ を w について最小化すれば，試行関数は最適化される．

たとえば，規格化されていない波動関数として，

$$\phi_w(\boldsymbol{r}) = \psi_{1s}(\boldsymbol{r}) + w\psi_{210}(\boldsymbol{r}) \tag{10.38}$$

をとってみよう．第 1 項は $1s$ 状態の波動関数であり，第 2 項は $2p_z$ 状態である．電場 $\mathcal{E}$ が弱くなるについて変分パラメーター w はゼロに近づく．この試行関数は，$\hat{H}_0$ の固有関数の重ね合わせになっているので，エネルギーの期待値を計算することは容易である．その結果，

$$\begin{aligned} E_{\rm tr} &\equiv \frac{\langle \phi_w | \hat{H}_0 + \hat{H}_1 | \phi_w \rangle}{\langle \phi_w | \phi_w \rangle} \\ &= (1-w^2)E_{1s} + w^2 E_{2p} + 2w\langle 2,1,0|\hat{H}_1|1s\rangle + O(w^3) \end{aligned} \tag{10.39}$$

を得る．$E_{\rm tr}$ を w について最適化する条件は，$O(w^3)$ の項を無視すると

$$\frac{\partial E_{\rm tr}}{\partial w} = 2w(E_{2p} - E_{1s}) + 2\langle 2,1,0|\hat{H}_1|1s\rangle = 0 \tag{10.40}$$

となる．この式から

$$w = \frac{\langle 2,1,0|\hat{H}_1|1s\rangle}{E_{1s} - E_{2p}} \tag{10.41}$$

を得るが，この結果は最低次の摂動計算 (10.6) と同じであり，エネルギー・シフトとして (10.13) を再現する．

一方，任意の $l=1, m=0$ 束縛状態は，$1s$ 状態の波動関数 $\psi_{1s}(\boldsymbol{r})$ を用いて

$$\phi_n(\boldsymbol{r}) = zr^n \psi_{1s}(\boldsymbol{r}) \qquad (n = 0, 1, 2, \ldots) \tag{10.42}$$

の重ね合わせで表現することができる．これは以下の例題で示す．したがって，z 軸方向の一様電場中では，$\psi_{1s}(\boldsymbol{r})$ に加えて $\phi_n(\boldsymbol{r})$ をすべて考慮すれば，厳密な波動関数を得ることができる．実際，$\mathcal{E}$ の 1 次で求めた波動関数の補正 (10.23) は，ϕ_n のうちの $n=0,1$ 成分の重ね合わせである．

変分法の考え方に沿って，規格化する前のもっとも簡単な試行関数として

$$\phi_b(\boldsymbol{r}) = \psi_{1s}(\boldsymbol{r}) + b\phi_0(\boldsymbol{r}) = \psi_{1s}(\boldsymbol{r})(1+bz) \tag{10.43}$$

を採用し，実数の変分パラメーター b を最適化しよう．その際，必要な期待値は

$$\langle \phi_b | \phi_b \rangle = 1 + b^2 a_{\rm B}^2, \tag{10.44a}$$

$$\langle \phi_b | \hat{H}_0 | \phi_b \rangle = E_{1s} + b^2 \langle \psi_{1s} | z\hat{H}_0 z | \psi_{1s} \rangle, \tag{10.44b}$$

$$\langle \phi_b | \hat{H}_1 | \phi_b \rangle = b\langle \psi_{1s} | z\hat{H}_1 | \psi_{1s} \rangle + b\langle \psi_{1s} | \hat{H}_1 z | \psi_{1s} \rangle \tag{10.44c}$$

となる．(10.44c) の各項を計算してから，電場の 2 次の範囲で，エネルギー期待値を最小化すると，

$$b = e\mathcal{E}/E_{1s}, \qquad \Delta E_{1s} < -2a_{\rm B}^3\mathcal{E}^2 \tag{10.45}$$

を得る．この結果は，(10.17) と一致する．計算の詳細は例題で示す．

精度を上げた変分関数として，$\phi_1(\boldsymbol{r})$ まで含めて

$$\phi_{bc} = \psi_{1s}(\boldsymbol{r}) + b\phi_0(\boldsymbol{r}) + c\phi_1(\boldsymbol{r}) = \psi_{1s}(\boldsymbol{r})(1 + bz + crz) \tag{10.46}$$

を最適化すると，結果は，(10.25) で与えられた波動関数と一致する．したがって，変分によるエネルギーシフトは 1 次摂動の結果と厳密に一致する．

研究課題：　任意の p_z 状態は (10.42) の重ね合わせで得られることを示せ．

解説：　任意の p_z すなわち $l = 1, m = 0$ をもつ状態は，球面調和関数を用いて

$$\psi_{10}(\boldsymbol{r}) = Y_{10}(\theta, \phi)\chi_1(r) \tag{10.47}$$

と表される．ここで，$\chi_1(r)$ は動径 $r = |\boldsymbol{r}|$ だけの関数で，$r = 0$ でゼロになる．したがって，$\chi_1(r)$ は，r のべき級数に展開でき，定数項はない．一方，$\chi_1(r)$ を $1s$ 電子の波動関数 $\psi_{1s}(r) = e^{-r/a_{\rm B}}/\sqrt{\pi a_{\rm B}^3}$ で割った関数 $\chi_1(r)/\psi_{1s}(r)$ も同様に定数項なしのベキ級数に展開できる．そこで球面調和関数の具体形 $Y_{10} = \sqrt{3/(4\pi)}\,z/r$ を考慮すると，

$$\psi_{10}(\boldsymbol{r}) = z(b_0 + b_1 r + b_2 r^2 + \ldots)\psi_{1s}(r) \tag{10.48}$$

と展開できることがわかる．

研究課題：　(10.45) で現れる ΔE_1 の上限を導出せよ．

解説：　(10.44b) の右辺第 2 項を効率よく計算するために，以下の関係を用いるのが便利である．

$$2z\hat{H}_0 z = -[z, [z, \hat{H}_0]] + \{z^2, \hat{H}_0\} = \frac{\hbar^2}{m} + \{z^2, \hat{H}_0\}. \tag{10.49}$$

これは，下記に注意すれば得られる．

$$z\hat{H}_0 = [z, \hat{H}_0] + \hat{H}_0 z, \qquad \hat{H}_0 z = [\hat{H}_0, z] + z\hat{H}_0.$$

さらに $[z, \hat{H}_0] = \hat{p}_z[z, \hat{p}_z]/m$ および $E_{1s} = -\hbar^2/(2ma_{\rm B}^2)$ などを用いると，

$$[z, [z, \hat{H}_0]] = -\frac{\hbar^2}{m}, \qquad \langle\psi_{1s}|\{z^2, \hat{H}_0\}|\psi_{1s}\rangle = 2a_{\rm B}^2\frac{-\hbar^2}{2ma_{\rm B}^2} \tag{10.50}$$

となるので，(10.49) 最右辺の 2 つの項の寄与が相殺し，$\langle\psi_{1s}|z\hat{H}_0 z|\psi_{1s}\rangle$ は 0 になる．一方，z^2 の期待値をとる計算から

$$\langle\psi_{1s}|\hat{H}_1 z|\psi_{1s}\rangle = \langle\psi_{1s}|z\hat{H}_1|\psi_{1s}\rangle = e\mathcal{E}a_{\mathrm{B}}^2 \tag{10.51}$$

を得る．これらから

$$\begin{aligned} E_{\mathrm{tr}} &\equiv \frac{\langle\phi_b|\hat{H}_0 + \hat{H}_1|\phi_b\rangle}{\langle\phi_b|\phi_b\rangle} \\ &= E_{1s} + 2ba_{\mathrm{B}}^2 e\mathcal{E} - b^2 a_{\mathrm{B}}^2 E_{1s} + O(b^3) \end{aligned} \tag{10.52}$$

を得る．これを b について最適化すると $E_{1s} = -e^2/2a_{\mathrm{B}}$ を用いて (10.45) を得る．

10.4 準古典近似

プランク定数 $\hbar$ を 0 とおくと，量子力学は古典力学に戻る．この意味で，量子力学は古典力学の一般化とみなせる．それでは，この中間領域の物理はどうなっているのだろうか？　最近では，非常に微細な半導体や生体物質がナノ構造として物理学の手法で研究されている．第 3 章では，井戸型ポテンシャルの束縛状態を厳密に求めた．また，第 4 章では量子力学特有のトンネル現象を，理想化された場合に求めた．実際の系では，ポテンシャルの空間変化が複雑なので，シュレーディンガー方程式を厳密に解くことは不可能な場合が多い．そこで，トンネル確率などを近似的に求める必要が生ずる．本節では，プランク定数に関する摂動展開の手法を用いて，準古典的な場合に便利になる近似方法を説明する．この方法は，ヴェンツェル (Wentzel)，クラマース (Kramers)，ブリユアン (Brillouin) によって独立に発展されたので，WKB 法とよぶことが多い．

一般的な 1 次元ポテンシャルのある場合のシュレーディンガー方程式 (3.2) の解を

$$\psi(x) = \exp\left[\frac{i}{\hbar}S(x)\right] \tag{10.53}$$

と書く．$S(x)$ は一般に複素数の関数である．この微分は

$$\psi'(x) = \psi(x)\frac{i}{\hbar}S'(x), \tag{10.54}$$

$$\psi''(x) = \psi(x)\left[\frac{i}{\hbar}S'' + \left(\frac{i}{\hbar}S'\right)^2\right] \tag{10.55}$$

と求められる．この結果をシュレーディンガー方程式に代入すると，

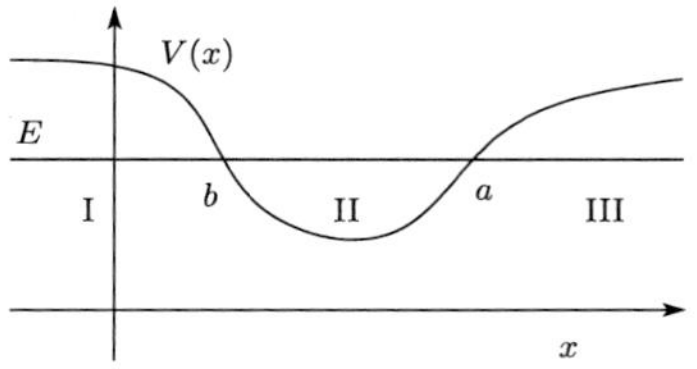

図 10.1 準古典近似で想定するポテンシャルの空間変化の例
領域 I, III は $V(x) > E$, 領域 II は $V(x) < E$ である. それらの境界の座標を a, b とする.

$$-\frac{\hbar^2}{2m}\left[-\left(\frac{S'}{\hbar}\right)^2+\frac{i}{\hbar}S''\right]=E-V(x) \tag{10.56}$$

となる. そこで

$$S(x)=S_0(x)+\frac{\hbar}{i}S_1(x)+\left(\frac{\hbar}{i}\right)^2S_2(x)+\dots \tag{10.57}$$

と展開して, $\hbar$ の各次数で (10.56) を満たすようにする.

図 10.1 は, ポテンシャル $V(x)$ とエネルギー E の関係を示す. まず, 領域 II で最低次の解を求めよう. (10.56) の両辺の次数を比較すると

$$\frac{1}{2m}\left(S_0'\right)^2=E-V(x) \tag{10.58}$$

となる. これを積分して,

$$S_0(x)=\pm\int^x dy\sqrt{2m[E-V(y)]}\equiv\pm\int^x p(y)dy \tag{10.59}$$

を得る. 積分の下端は後で決める. $S_1(x)$ 以下の補正項を無視する近似が許されるのは, (10.56) から $\hbar S''/(S')^2=-\hbar(1/S')'$ の絶対値が 1 より十分小さい場合である. ここで, $S'(x)=p(x)$ が局所的な運動量の意味をもっていることに注意して, $p(x)=2\pi\hbar/\lambda(x)$ で局所的なド・ブロイ波長を導入する. こうすると, (10.59) がよい近似になるのは, $|\lambda'(x)|\ll 2\pi$ となる. すなわち, 波長の変化する距離が波長そのものより十分大きい, ということである. 別の表現をすると,

$$|V'(x)\lambda(x)|\ll\frac{p(x)^2}{m} \tag{10.60}$$

とも書ける. これはド・ブロイ波長程度の距離でのポテンシャル変化が運動エネルギーに比べて十分小さい, という条件である.

次に $O(\hbar)$ の精度で解く. (10.56) から

$$2S_0'S_1'+S_0''=0 \tag{10.61}$$

を得る．S_0 はすでに求められているので，$S_1' = -S_0''/(2S_0')$ を積分し，積分定数を C として

$$S_1(x) = -\frac{1}{2}\ln p(x) + C \tag{10.62}$$

を得る．ここまでの精度で (10.53) に $S = S_0 + \hbar S_1/i$ を代入して整理すると，C_1, C_2 を定数として

$$\psi_{\rm II}(x) = \frac{C_1}{\sqrt{p(x)}}\exp\left[\frac{i}{\hbar}\int^x dyp(y)\right] + \frac{C_2}{\sqrt{p(x)}}\exp\left[-\frac{i}{\hbar}\int^x dyp(y)\right] \tag{10.63}$$

となる．ここで，分母に現れた $\sqrt{p(x)}$ の意味を考える．$|\psi(x)|^2 \propto 1/p(x)$ は，粒子が早く運動する場所付近の存在確率が小さいことを示し，古典論の描像と調和する．図 10.1 においては，a, b の付近では $p(x) \sim 0$ なので存在確率 $|\psi(x)|^2$ が大きい．また領域 II の中心付近では，$p(x)$ が大きいので，$|\psi(x)|^2$ は小さい．

今度は，領域 I, III の解を求めよう．$E < V(x)$ の場合には $p(x)$ は純虚数になる．波動関数は

$$\psi(x) = \frac{C_1'}{\sqrt{|p(x)|}}\exp\left[\frac{1}{\hbar}\int^x dy|p(y)|\right] + \frac{C_2'}{\sqrt{|p(x)|}}\exp\left[-\frac{1}{\hbar}\int^x dy|p(y)|\right] \tag{10.64}$$

と書けるが，a, b から遠ざかるにつれて増大する部分は不適当なので落とす．すなわち，領域 I では $C_2' = 0$ であり，領域 III では $C_1' = 0$ である．

準古典近似では E と $V(x)$ の大小関係によって波動関数は異なる表現をもっている．いま，領域 II, III における波動関数を座標 a で接続することを考える．まず，III における波動関数を

$$\psi_{\rm III}(x) = \frac{C}{2\sqrt{|p(x)|}}\exp\left[-\frac{1}{\hbar}\int_a^x |p(y)|dy\right] \tag{10.65}$$

と表す．ここで $|p(x)| = \sqrt{2m[V(x) - E]}$ なので，x を a に近づけると，$|p(x)|$ は 0 になる．この場合，(10.60) が満たされないので，準古典近似の結果を使うことはできない．したがって，接続もできない．そこで x を複素数に拡張し，$x = a$ を避けて $x < a$ の領域 II における波動関数と接続することを考える．接続する経路を図 10.2 に示す．$x < a$ の実軸上には切断があるので，接続経路によって異なった行き先になる．$V(x) - E \simeq V'(a)(x - a)$ と展開するとわかるように，上半平面の経路 P_u をたどって接続すると $\sqrt{|p|}$ は位相因子 $e^{i\pi/4}$ を得る．すなわち

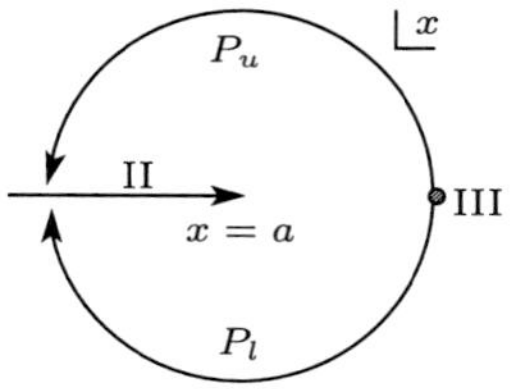

図 10.2　座標 x を複素平面に拡張し，$x < a$ の領域 II に接続するための経路

$$P_u: \quad \frac{1}{\sqrt{|p(x)|}}\exp\left[-\frac{1}{\hbar}\int_a^x |p(y)|dy\right]$$
$$\rightarrow \quad \frac{1}{\sqrt{p(x)}e^{i\pi/4}}\exp\left[-\frac{i}{\hbar}\int_a^x p(y)dy\right] \qquad (10.66)$$

となる．一方，下半平面の経路 P_l をたどって接続すると，$\sqrt{|p|}$ は位相因子 $e^{-i\pi/4}$ を得る．すなわち

$$P_l: \quad \frac{1}{\sqrt{|p(x)|}}\exp\left[-\frac{1}{\hbar}\int_a^x |p(y)|dy\right]$$
$$\rightarrow \quad \frac{1}{\sqrt{p(x)}e^{-i\pi/4}}\exp\left[\frac{i}{\hbar}\int_a^x p(y)dy\right] \qquad (10.67)$$

となる．(10.66) と (10.67) の線形結合が，領域 II における波動関数 (10.63) を与える．ここで $C_1 = \frac{1}{2}Ce^{i\pi/4}$，$C_2 = \frac{1}{2}Ce^{-i\pi/4}$ とおけば，(10.65) に接続することがわかる．(10.63) を整理して書き直すと，

$$\psi_{\mathrm{IIa}}(x) = \frac{C}{\sqrt{p(x)}}\cos\left[\frac{1}{\hbar}\int_a^x p(y)dy + \frac{\pi}{4}\right] \qquad (10.68\mathrm{a})$$
$$= \frac{C}{\sqrt{p(x)}}\sin\left[\frac{1}{\hbar}\int_x^a p(y)dy + \frac{\pi}{4}\right] \qquad (10.68\mathrm{b})$$

という結果を得る．

ボーアは量子力学を建設するにあたって古典力学との対応を考え，これを制限するものとして量子化条件を仮定した．いままでの議論から，ボーアの仮説との対応をつけることができる．まず図 10.1 の領域 II で $x \lesssim a$ では (10.68b) を用いるが，$x \gtrsim b$ では

$$\psi_{\mathrm{IIb}}(x) = \frac{C_b}{\sqrt{p(x)}}\sin\left[\frac{1}{\hbar}\int_b^x p(y)dy + \frac{\pi}{4}\right] \qquad (10.69)$$

を用いる．一方の端から他方へ適用範囲を延ばしていくと，これらは同じ関数になっているはずなので，n を整数として $C_b = (-1)^n C$，かつ

$$\frac{\pi}{2}+\frac{1}{\hbar}\int_b^a dy\ p(y)=(n+1)\pi \tag{10.70}$$

が成り立つ．これを書き直して

$$2\int_b^a dy\ p(y)=\oint dy\ p(y)=2\pi\hbar\left(n+\frac{1}{2}\right) \tag{10.71}$$

と表すこともできる．n は量子数であり，自然数あるいは 0 となる．この結果は**ボーア-ゾンマーフェルトの量子化条件**とよばれるもので，はじめは経験的に要請されたものであったが，ここでは量子力学の体系に基づいて微視的に導出した．

研究課題：　任意の束縛状態のエネルギー準位の間隔を準古典近似で求めよ．

解説：　隣り合うエネルギー準位の間隔を ΔE とすると，(10.71) で n が 1 だけ変わったことに相当するので，

$$\Delta E\frac{\partial}{\partial E}\oint dy\ p(y)=2\pi\hbar \tag{10.72}$$

となる．一方，粒子の速度 v が満たす関係 $\partial p/\partial E=1/v$ を考慮すると，

$$\oint dy\ \frac{\partial p}{\partial E}=\oint\frac{dy}{v}=\oint\frac{dy}{dy/dt}=T=\frac{2\pi}{\omega} \tag{10.73}$$

となり，積分から周期 T と振動数 ω が定義される．この結果から $\Delta E=\hbar\omega$ となり，(7.12) で与えた調和振動子と同じ関係式が出る．一般に，準古典近似は運動エネルギーの十分大きい場合だけに正確になるが，調和振動子系の場合には，すべての量子数 n で厳密に成り立つ．

10.5　任意のポテンシャルに対するトンネル確率

準古典近似の応用として，一般のポテンシャルに対してトンネル確率を近似的に求める．これは実用上重要である．図 10.3 において，領域 I から入射した粒子は，一部反射されるが，一部は領域 II にしみだして，領域 III では右向きだけに進む．ここで，$x=d$ の近傍での波動関数の接続が新しく問題になる．これに対して，$x=c$ での接続は，図 10.1 の $x=a$ での接続にならって行うことができる．領域 II と III の波動関数を

$$\psi_{\rm II}(x)=\frac{C_{\rm II}}{\sqrt{|p(x)|}}\exp\left[-\frac{1}{\hbar}\int_d^x |p(y)|\,dy\right], \tag{10.74a}$$

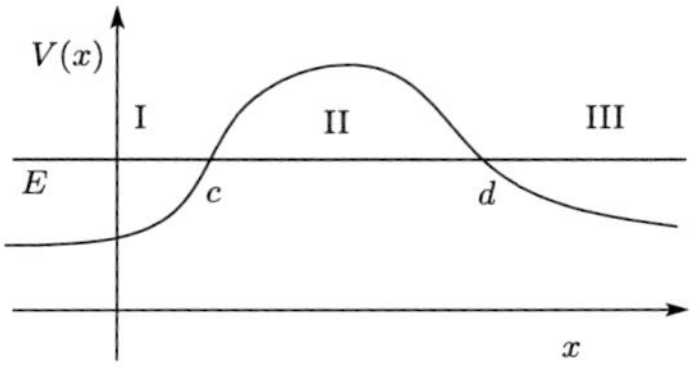

図 10.3　トンネル効果 を生ずるポテンシャルの例
図 10.1 のポテンシャルを $V(x)-E=0$ を中心に上下反転した形になっており，領域 I, III は $V(x)<E$，領域 II は $V(x)>E$ である．

$$\psi_{\mathrm{III}}(x)=\frac{C_{\mathrm{III}}}{\sqrt{p(x)}}\exp\left[\frac{i}{\hbar}\int_d^x p(y)dy+\frac{\pi}{4}i\right] \tag{10.74b}$$

と表す．いままでと異なる状況は $\psi_{\mathrm{III}}(x)$ は左向きの成分をもっていないことである．領域 II では，(10.74a) の他に x の減少につれて減少する成分があるが，トンネル効果には重要ではないので無視している．

C_{III} と C_{II} の関係を導くために，新たに III から左向きに粒子が入射して，II の領域にしみだすことを考える．この場合の解 $\phi(x)$ は，すでに求めている答から容易に導かれる．すなわち，(10.68a) から以下の結果を得る．

$$\phi_{\mathrm{III}}(x)=\frac{1}{\sqrt{p(x)}}\cos\left[\frac{1}{\hbar}\int_d^x p(y)dy+\frac{\pi}{4}\right], \tag{10.75a}$$

$$\phi_{\mathrm{II}}(x)=\frac{1}{2\sqrt{|p(x)|}}\exp\left[\frac{1}{\hbar}\int_d^x |p(y)|\,dy\right]. \tag{10.75b}$$

波動関数 $\psi_{\mathrm{II}}(x)$ と $\phi_{\mathrm{II}}(x)$，および $\psi_{\mathrm{III}}(x)$ と $\phi_{\mathrm{III}}(x)$ は同じハミルトニアンに対する解で，境界条件が異なるだけである．したがって，各領域で

$$\frac{\phi''(x)}{\phi(x)}=\frac{2m}{\hbar^2}\left[V(x)-E\right]=\frac{\psi''(x)}{\psi(x)} \tag{10.76}$$

が成り立つ．すなわち，

$$\phi''\psi-\psi''\phi=0=(\phi'\psi-\psi'\phi)' \tag{10.77}$$

となるので，

$$\phi'\psi-\psi'\phi=-\phi^2\left(\frac{\psi}{\phi}\right)'=\psi^2\left(\frac{\phi}{\psi}\right)' \tag{10.78}$$

は定数となる．これを各領域で評価すると，

$$\phi_{\mathrm{II}}^2\left(\frac{\psi_{\mathrm{II}}}{\phi_{\mathrm{II}}}\right)'=\frac{-C_{\mathrm{II}}}{\hbar}=-\psi_{\mathrm{III}}^2\left(\frac{\phi_{\mathrm{III}}}{\psi_{\mathrm{III}}}\right)'=\frac{iC_{\mathrm{III}}}{\hbar} \tag{10.79}$$

が得られるので，関係式 $C_{\mathrm{II}}=-iC_{\mathrm{III}}$ を導くことができる．

さてトンネル確率，あるいは透過係数は，領域 I に左から流束が入るときに，

領域 III で右側に走る流束の相対的な大きさとして定義される．領域 I での波動関数を (10.68b) にしたがって，

$$\psi_{\mathrm{I}}(x) = \frac{2}{\sqrt{p(x)}}\sin\left[\frac{1}{\hbar}\int_x^c p(y)dy + \frac{\pi}{4}\right] \tag{10.80}$$

と選ぶと，$x = c$ で $\psi_{\mathrm{II}}(x)$ に接続することから

$$C_{\mathrm{II}} = \exp\left[-\frac{1}{\hbar}\int_c^d |p(x)|\, dx\right] \tag{10.81}$$

となる．そこでトンネル確率 T は $|C_{\mathrm{III}}|^2 = C_{\mathrm{II}}^2$ で与えられる．あからさまに書くと

$$T = \exp\left[-\frac{2}{\hbar}\int_c^d |p(x)|\, dx\right] \tag{10.82}$$

である．これは非常に便利な近似式で，トンネル効果 の見積もりに際して実用上よく用いられる．(10.82) は $T \ll 1$ のときに使える．$|p(x)|$ が小さいと，図 10.3 の領域 II で，準古典近似を正当化する条件 (10.60) が破れるからである．

例題：　**(10.82)** と井戸型ポテンシャルに対する T の結果との関係を調べよ．

解説：　井戸型のポテンシャル障壁は, 準古典近似が正当化される条件 (10.60) を極端に破っている．したがって, 準古典近似の精度がもっとも落ちるケースである．準古典近似は $T \ll 1$ の場合にのみ使えるので, 井戸型ポテンシャルに対する結果 (4.41b) でも同じように $T \ll 1$ の場合を考える．すなわち，$\sinh \kappa a \gg 1$ とする．この極限では，(4.41b) は

$$T \simeq \frac{16E(V_0 - E)}{V_0^2}\exp(-2\kappa a) \tag{10.83}$$

と近似される．指数関数の中で

$$\kappa a = \int_0^a dx\left[\frac{2m}{\hbar^2}(V_0 - E)\right]^{\frac{1}{2}} = \int_0^a \frac{dx}{\hbar}|p(x)| \tag{10.84}$$

と書き直すと，(10.82) と対応することがわかる．しかし，指数関数にかかる係数 $16E(V_0 - E)/V_0^2$ を準古典近似で再現するのは困難である．(10.83) で T の対数をとって，

$$\hbar \ln T \simeq -2\int_0^a dx|p(x)| + \hbar \ln\frac{16E(V_0 - E)}{V_0^2} \tag{10.85}$$

と書くと，右辺第 2 項は $O(\hbar)$ であり，$O(\hbar^0)$ の第 1 項に比べて小さいことがわかる．すなわち (10.82) は，井戸型ポテンシャルの場合でも $\hbar$ による展開の主要項を再現している．

11 磁場中の荷電粒子

量子力学の少し進んだ話題として，本章では荷電粒子と電磁場との相互作用を扱う．まず，静的な磁場中の粒子の運動を量子力学で扱う．次に，原子内の電子が外部磁場に対してどのように反応するかを議論する．さらに，電磁場 $\boldsymbol{E}$, $\boldsymbol{B}$ がゼロであっても電磁ポテンシャル $\boldsymbol{A}$, ϕ の効果が現れるアハラノフ–ボーム効果とよばれる現象を説明する．

11.1 ゲージ不変性

磁場のもつ不思議な効果については，永久磁石や地磁気を通じて日常生活でもよく知られている．本章では，電荷 q をもつ粒子の電磁場中の運動を量子力学で議論する．まず古典力学の結果を復習しよう．粒子には**ローレンツ力**

$$\boldsymbol{F} = q\left(\boldsymbol{E} + \dot{\boldsymbol{r}} \times \boldsymbol{B}\right) \tag{11.1}$$

が働き，運動方程式は

$$m\ddot{\boldsymbol{r}} = q\left(\boldsymbol{E} + \dot{\boldsymbol{r}} \times \boldsymbol{B}\right) \tag{11.2}$$

となる．ここで SI 単位系を用いた．CGS ガウス単位系では，電場 $\boldsymbol{E}$ と磁場 $\boldsymbol{B}$ の次元が等しいので，速度 $\dot{\boldsymbol{r}}$ を $\dot{\boldsymbol{r}}/c$ で置き換えればよい．この例でわかるように，磁場中の荷電粒子に関する問題では，SI 単位系の方が光速が出てこない分だけ簡明である．したがって本章では SI 単位系を用いることにする．換言すると，CGS 単位系を $c=1$ とするように変形すると，本章の記法になる．

電場 $\boldsymbol{E}$ と磁場 $\boldsymbol{B}$ はベクトル・ポテンシャル $\boldsymbol{A}=(A_x, A_y, A_z)$ とスカラー・ポテンシャル ϕ を使って

$$E_k = -\partial_t A_k - \partial_k \phi, \qquad B_k = \varepsilon_{kij}\partial_i A_j \tag{11.3}$$

と表される．$\boldsymbol{A}$ と ϕ は合わせて**電磁ポテンシャル**とよばれる．電磁場中の荷電粒子の運動を記述するラグランジアンは

$$L=\frac{m}{2}\dot{\boldsymbol{r}}^2+q\dot{\boldsymbol{r}}\cdot\boldsymbol{A}(\boldsymbol{r},t)-q\phi(\boldsymbol{r},t) \tag{11.4}$$

である．**正準運動量**は定義 (6.44) に従って，

$$p_j=\frac{\partial L}{\partial \dot{x}_j}=m\dot{x}_j+qA_j \tag{11.5}$$

であり，力学的運動量 $\boldsymbol{\pi}\equiv m\dot{\boldsymbol{r}}=m\boldsymbol{v}$ とは異なる．オイラー–ラグランジュ方程式 (6.52) は，$\boldsymbol{A}(\boldsymbol{r}(t),t)$ の時間依存性に注意して

$$m\ddot{\boldsymbol{r}}+q\left[\frac{\partial \boldsymbol{A}}{\partial t}+(\dot{\boldsymbol{r}}\cdot\nabla)\,\boldsymbol{A}\right]-q\nabla\left(\dot{\boldsymbol{r}}\cdot\boldsymbol{A}-\phi\right)=0 \tag{11.6}$$

となる．ここでベクトル解析の公式

$$\dot{\boldsymbol{r}}\times(\nabla\times\boldsymbol{A})=\nabla\left(\dot{\boldsymbol{r}}\cdot\boldsymbol{A}\right)-(\dot{\boldsymbol{r}}\cdot\nabla)\,\boldsymbol{A} \tag{11.7}$$

を用いると運動方程式 (11.2) を得る．ハミルトニアンはラグランジアン (11.4) をルジャンドル変換 (6.45) したものであり

$$H=\dot{\boldsymbol{r}}\cdot\boldsymbol{p}-L=\frac{m}{2}\dot{\boldsymbol{r}}^2+q\phi=\frac{1}{2m}\left(\boldsymbol{p}-q\boldsymbol{A}\right)^2+q\phi(\boldsymbol{r},t) \tag{11.8}$$

となる．以上が古典力学の内容である．

ここで，6.3 節で述べた量子化手順に従い，ハミルトニアンに対して正準運動量を演算子 $\hat{\boldsymbol{p}}=-i\hbar\nabla$ で置き換える．

$$\hat{H}=\frac{1}{2m}\left(\hat{\boldsymbol{p}}-q\boldsymbol{A}\right)^2+q\phi(\boldsymbol{r},t)=\frac{1}{2m}\left(-i\hbar\nabla-q\boldsymbol{A}\right)^2+q\phi. \tag{11.9}$$

これより，シュレーディンガー方程式

$$i\hbar\frac{\partial}{\partial t}\psi(\boldsymbol{r},t)=\left[\frac{1}{2m}\left(-i\hbar\nabla-q\boldsymbol{A}\right)^2+q\phi\right]\psi(\boldsymbol{r},t) \tag{11.10}$$

を得る．これで，量子力学に移行できた．

次にゲージ自由度とよばれる電磁ポテンシャルの不定性に関して議論する．電磁ポテンシャル $\boldsymbol{A}$，ϕ を与えれば電磁場 $\boldsymbol{E}$，$\boldsymbol{B}$ は (11.3) により一意に決まるが，逆は成り立たない．2 つの電磁ポテンシャルの組 $(\boldsymbol{A},\phi)$ と $(\boldsymbol{A}^{(g)},\phi^{(g)})$ が実関数 $\chi(\boldsymbol{r},t)$ を用いた変換

$$A_j\to A_j^{(g)}=A_j+\partial_j\chi,\qquad \phi\to\phi^{(g)}=\phi-\partial_t\chi \tag{11.11}$$

で関係していれば，両者は同じ電磁場を与える．ゆえに，同じ電磁場を与える電磁ポテンシャルは無数に存在する．電磁ポテンシャル $\boldsymbol{A}^{(g)}$，$\phi^{(g)}$ を用いてシュレーディンガー方程式を書くと

$$i\hbar\frac{\partial}{\partial t}\psi^{(g)}(\boldsymbol{r},t)=\left[\frac{1}{2m}\left(-i\hbar\nabla-q\boldsymbol{A}^{(g)}\right)^2+q\phi^{(g)}\right]\psi^{(g)}(\boldsymbol{r},t). \tag{11.12}$$

ここで波動関数を $\psi^{(g)}(\boldsymbol{r},t)$ と区別して記した．2つのシュレーディンガー方程式 (11.10) と (11.12) は同じ物理的状態を記述しているのだから，波動関数 $\psi(\boldsymbol{r},t)$ と $\psi^{(g)}(\boldsymbol{r},t)$ は適当な位相変換で一致しなければならない．実際，電磁ポテンシャルに対して変換 (11.11) を行い，同時に波動関数に対して変換

$$\psi(\boldsymbol{r},t) \to \psi^{(g)}(\boldsymbol{r},t) = e^{iq\chi(\boldsymbol{r},t)/\hbar}\psi(\boldsymbol{r},t) \tag{11.13}$$

を行うことで，2つのシュレーディンガー方程式 (11.10) と (11.12) は一致する．これをシュレーディンガー方程式の**ゲージ不変性**という．電磁ポテンシャルを**ゲージ・ポテンシャル**ともいう．ゲージ・ポテンシャルに対する変換 (11.11) と波動関数に対する変換 (11.13) を合わせた変換を**ゲージ変換**という．一般に，**ゲージ変換に対して不変でない量は物理量ではない**．

ちなみに，力学的運動量 $\hat{\boldsymbol{\pi}} = \hat{\boldsymbol{p}} - q\boldsymbol{A}$ を波動関数に作用させた量は，ゲージ変換によって波動関数と同じ位相変換

$$\hat{\pi}_j\psi(\boldsymbol{r},t) \to e^{iq\chi(\boldsymbol{r},t)/\hbar}\hat{\pi}_j\psi(\boldsymbol{r},t) \tag{11.14}$$

を受ける．これは，**力学的運動量がゲージ不変量であること**の帰結である．この意味で $\hat{\boldsymbol{\pi}}$ を**共変運動量**ともいう．それに対して，正準運動量 $\hat{\boldsymbol{p}}$ はゲージ不変ではなく，ベクトル・ポテンシャルがある場合には，意外ではあるが物理量とはいえない．

ゲージ自由度を固定した電磁ポテンシャルを構成したい．いま，シュレーディンガー方程式 (11.12) が与えられており，ここからゲージ関数 χ を用いて，(11.10) に移行したとする．ゲージ関数 χ が

$$\partial_j\partial_j\chi = \partial_j A_j^{(g)} \tag{11.15}$$

を満たすように選んだ場合，ゲージ変換 (11.11) で結ばれるポテンシャル A_j は

$$\mathrm{div}\boldsymbol{A} = \partial_j A_j = 0 \tag{11.16}$$

を満たす．これは，ポテンシャル A_j を条件 (11.16) を満たすように選べることを意味する．この条件 (11.16) を**クーロン・ゲージ条件**という．

11.2　中心座標と相対座標

これまでの準備をもとに，z 軸に平行な一様磁場中での荷電粒子の運動を議論する．ハミルトニアンは (11.8) で $\phi = 0$ とおいたものである．磁場 $\boldsymbol{B} = (0,0,B)$

を与えるベクトル・ポテンシャルは無数にあるが，次の 2 つがよく採用される．

ランダウ・ゲージ： $\boldsymbol{A}_1 = (-By, 0, 0)$, あるいは $\boldsymbol{A}_2 = (0, Bx, 0)$,

$$\tag{11.17a}$$

$$\textbf{対称ゲージ：}\quad \boldsymbol{A}_s = \left(-\frac{1}{2}By, \frac{1}{2}Bx, 0\right) = \frac{1}{2}\boldsymbol{B}\times\boldsymbol{r}. \tag{11.17b}$$

これらを結ぶゲージ変換は

$$\left(-\frac{1}{2}By, \frac{1}{2}Bx, 0\right) = (-By, 0, 0) + \frac{1}{2}\nabla xyB = (0, Bx, 0) - \frac{1}{2}\nabla xyB \tag{11.18}$$

である．どのゲージもクーロン・ゲージ条件 (11.16) を満たしている．本節では，特定のゲージを選ばずに議論する．

ベクトル・ポテンシャル $\boldsymbol{A}$ は z 座標を含まないから，波動関数は $f(x,y)g(z)$ のように変数分離できる．z 軸方向の運動は自由粒子のそれであり，波動関数 $g(z)$ は平面波で与えられる．以下，xy 平面内の運動を記述する波動関数 $f(x,y)$ を解析する．このためには変数分離された xy 平面内のハミルトニアンを考察すればよい．平面内の 2 次元ベクトルを使用して，ハミルトニアンは

$$\hat{H} = \frac{1}{2m}(\hat{\boldsymbol{p}} - q\boldsymbol{A})^2 = \frac{1}{2m}\left(\hat{\pi}_x^2 + \hat{\pi}_y^2\right) \tag{11.19}$$

と書ける．以下の議論を簡潔にするため，電荷の正負によらず時計回りの古典的運動が生ずるように，q の正負と磁場の方向を連動させる．すなわち電子 $(q = -e < 0)$ の場合には，磁場を z 軸の負の方向 $(B < 0)$ にとり，陽電子 $(q = e > 0)$ の場合には，磁場を z 軸の正の方向 $(B > 0)$ にとる．こうすると常に $qB > 0$ となるので，共変運動量に対するハイゼンベルクの運動方程式は，以下の (11.25) に示す交換関係から電荷の正負によらず

$$i\hbar\frac{d\hat{\pi}_x}{dt} = [\hat{\pi}_x, \hat{H}] = i\hbar\omega_\mathrm{c}\hat{\pi}_y, \qquad i\hbar\frac{d\hat{\pi}_y}{dt} = [\hat{\pi}_y, \hat{H}] = -i\hbar\omega_\mathrm{c}\hat{\pi}_x \tag{11.20}$$

となる．ここに

$$\omega_\mathrm{c} = \frac{qB}{m} = \frac{\hbar}{m\ell_B^2} \tag{11.21}$$

は**サイクロトロン振動数**である．また

$$\ell_B = \sqrt{\hbar/(qB)} \tag{11.22}$$

は磁気長とよばれる距離の次元をもつパラメーターである．

サイクロトロン運動の中心から測った**相対座標**の演算子を $\hat{\boldsymbol{\rho}} = (\hat{\rho}_x, \hat{\rho}_y)$ と記

すと，時計回り円運動の性質から，$\hat{\boldsymbol{\rho}}$ と速度ベクトル $(\hat{v}_x, \hat{v}_y)$ は直交する．そこで関係

$$\hbar\hat{\boldsymbol{\rho}}/\ell_B^2 = m\,(-\hat{v}_y, \hat{v}_x) = (-\hat{\pi}_y, \hat{\pi}_x) \tag{11.23}$$

を得るので，中心座標 $(\hat{X}, \hat{Y}) = (x, y) - (\hat{\rho}_x, \hat{\rho}_y)$ を

$$\hat{X} \equiv x + \ell_B^2\hat{\pi}_y/\hbar, \qquad \hat{Y} \equiv y - \ell_B^2\hat{\pi}_x/\hbar, \tag{11.24}$$

のように導入する．正準交換関係から，以下の交換関係を得る．

$$[\hat{X}, \hat{Y}] = -i\ell_B^2, \qquad [\hat{\pi}_x, \hat{\pi}_y] = i(\hbar/\ell_B)^2,$$
$$[\hat{X}, \hat{\pi}_x] = [\hat{X}, \hat{\pi}_y] = [\hat{Y}, \hat{\pi}_x] = [\hat{Y}, \hat{\pi}_y] = 0 \tag{11.25}$$

相対座標の運動方程式は，$\hat{\rho}_+ \equiv \hat{\rho}_x + i\hat{\rho}_y$ とおくと，

$$\frac{d}{dt}\hat{\rho}_+ = \omega_{\mathrm{c}}\hat{\rho}_y - i\omega_{\mathrm{c}}\hat{\rho}_x = -i\omega_{\mathrm{c}}\hat{\rho}_+ \tag{11.26}$$

となる．古典力学と同様に，これを積分して，$\hat{\rho}_+ = \hat{\rho}_+^0 \exp(-i\omega_{\mathrm{c}}t)$ を得る．$\hat{\rho}_+^0$ は $t = 0$ での演算子である．成分ごとに分けると，

$$\hat{\rho}_x(t) = \hat{\rho}_x^0 \cos\omega_{\mathrm{c}}t + \hat{\rho}_y^0 \sin\omega_{\mathrm{c}}t, \qquad \hat{\rho}_y(t) = -\hat{\rho}_x^0 \sin\omega_{\mathrm{c}}t + \hat{\rho}_y^0 \cos\omega_{\mathrm{c}}t \tag{11.27}$$

を得る．これは古典的な**サイクロトロン運動**に対応する時間依存性である．z 軸の正の方向から見ると，相対座標は時計向きに回るサイクロトロン運動をする．これを磁場方向に対して左回転，あるいは左ねじ回転と呼ぶ．$q < 0$ の場合には，磁場方向に対して右回転をする．

一方，$(\hat{X}, \hat{Y})$ で指定される座標の運動方程式は

$$i\hbar\frac{d\hat{X}}{dt} = [\hat{X}, \hat{H}] = 0, \qquad i\hbar\frac{d\hat{Y}}{dt} = [\hat{Y}, \hat{H}] = 0 \tag{11.28}$$

となるので，中心座標は静止している．

11.3　ランダウ量子化

平面内でサイクロトロン運動している荷電粒子のエネルギー準位を求める．そのために，対称ゲージを選び演算子

$$\hat{a} \equiv \frac{\ell_B}{\sqrt{2}\hbar}(\hat{\pi}_x + i\hat{\pi}_y), \qquad \hat{a}^\dagger \equiv \frac{\ell_B}{\sqrt{2}\hbar}(\hat{\pi}_x - i\hat{\pi}_y), \tag{11.29a}$$

$$\hat{b} \equiv \frac{1}{\sqrt{2}\ell_B}(\hat{X} - i\hat{Y}), \qquad \hat{b}^\dagger \equiv \frac{1}{\sqrt{2}\ell_B}(\hat{X} + i\hat{Y}) \tag{11.29b}$$

を定義する．これらは，生成・消滅演算子と同じ交換関係

$$[\hat{a}, \hat{a}^\dagger] = [\hat{b}, \hat{b}^\dagger] = 1, \qquad [\hat{a}, \hat{b}] = [\hat{a}^\dagger, \hat{b}] = 0 \tag{11.30}$$

を満たす．したがって，7.1 節の最後で導入したフォック真空は

$$\hat{a}|0,0\rangle = 0, \qquad \hat{b}|0,0\rangle = 0 \tag{11.31}$$

で与えられ，他のすべての状態は

$$|n,l\rangle = \frac{1}{\sqrt{l!n!}}(\hat{a}^\dagger)^n(\hat{b}^\dagger)^l|0\rangle \tag{11.32}$$

で与えられる．

さらに，ハミルトニアン (11.19) は

$$\hat{H} = (\hat{a}^\dagger\hat{a} + \hat{a}\hat{a}^\dagger)\frac{\hbar\omega_c}{2} = \left(\hat{a}^\dagger\hat{a} + \frac{1}{2}\right)\hbar\omega_c \tag{11.33}$$

と書き直せる．固有状態 (11.32) に作用して，固有エネルギーは

$$\hat{H}|n,l\rangle = \left(n + \frac{1}{2}\right)\hbar\omega_c|n,l\rangle \tag{11.34}$$

と求まる．エネルギーは量子数 n にのみ依存し，量子数 l に関して縮退している．エネルギー $(n+1/2)\hbar\omega_c$ に属する状態を n 番目の**ランダウ準位**の状態という．演算子 $a^\dagger$ はランダウ準位を 1 つ上昇させる．一方，角運動量の z 成分は

$$\hat{L}_z = x\hat{p}_y - y\hat{p}_x = \frac{qB}{2}(\hat{X}^2 + \hat{Y}^2) - \frac{1}{2qB}(\hat{\pi}_x^2 + \hat{\pi}_y^2) = (\hat{b}^\dagger\hat{b} - \hat{a}^\dagger\hat{a})\hbar \tag{11.35}$$

と書かれる．したがって，演算子 $\hat{b}^\dagger$ は $\hat{L}_z$ の昇演算子であり，

$$\hat{L}_z|n,l\rangle = (l-n)\hbar|n,l\rangle \tag{11.36}$$

となる．$l, n \geq 0$ なので，固有値は $\hat{L}_z \geq -\hbar n$ を満たす．

前節で求めたサイクロトロン運動の半径を見積もることができる．ハミルトニアンは (11.23) から

$$\hat{H} = \frac{\hbar\omega_c}{2\ell_B^2}\hat{\boldsymbol{\rho}}^2 \tag{11.37}$$

とも書けるので，これを状態 $|n,l\rangle$ で期待値をとり，(11.34) と比較して

$$\langle\hat{\boldsymbol{\rho}}^2\rangle = (1+2n)\ell_B^2 \tag{11.38}$$

を得る．したがって**サイクロトロン半径**は n が大きい場合には $\sqrt{2n}\ell_B$ 程度と見積もられる．

波動関数はゲージ・ポテンシャルの具体的な形に依存する．最初に，対称ゲージ (11.17b) を選ぶ．共変運動量と中心座標は (11.24) から

$$\hat{\pi}_x = -i\hbar\frac{\partial}{\partial x} + \frac{\hbar}{2\ell_B^2}y, \qquad \hat{\pi}_y = -i\hbar\frac{\partial}{\partial y} - \frac{\hbar}{2\ell_B^2}x, \tag{11.39a}$$

$$\hat{X} = \frac{1}{2}x - i\ell_B^2\frac{\partial}{\partial y}, \qquad \hat{Y} = \frac{1}{2}y + i\ell_B^2\frac{\partial}{\partial x} \tag{11.39b}$$

で与えられる．ハミルトニアンは

$$\hat{H} = \frac{\hbar^2}{2m}\left(i\frac{\partial}{\partial x} - \frac{1}{2\ell_B^2}y\right)^2 + \frac{\hbar^2}{2m}\left(i\frac{\partial}{\partial y} + \frac{1}{2\ell_B^2}x\right)^2 \tag{11.40}$$

と書ける．対称ゲージでは，複素数を用いると簡潔な表現が可能になる．すなわち無次元の複素座標 z とそれによる微分を次式で導入する．

$$z = \frac{1}{2\ell_B}(x+iy), \qquad z^* = \frac{1}{2\ell_B}(x-iy), \tag{11.41a}$$

$$\frac{\partial}{\partial z} = \ell_B\left(\frac{\partial}{\partial x} - i\frac{\partial}{\partial y}\right), \qquad \frac{\partial}{\partial z^*} = \ell_B\left(\frac{\partial}{\partial x} + i\frac{\partial}{\partial y}\right). \tag{11.41b}$$

生成・消滅演算子 (11.29a) と (11.29b) は

$$\hat{a} = -\frac{i}{\sqrt{2}}\left(z + \frac{\partial}{\partial z^*}\right) = -\frac{i}{\sqrt{2}}e^{-|z|^2}\frac{\partial}{\partial z^*}e^{|z|^2}, \tag{11.42a}$$

$$\hat{a}^\dagger = \frac{i}{\sqrt{2}}\left(z^* - \frac{\partial}{\partial z}\right) = -\frac{i}{\sqrt{2}}e^{|z|^2}\frac{\partial}{\partial z}e^{-|z|^2}, \tag{11.42b}$$

$$\hat{b} = \frac{1}{\sqrt{2}}\left(z^* + \frac{\partial}{\partial z}\right) = \frac{1}{\sqrt{2}}e^{-|z|^2}\frac{\partial}{\partial z}e^{|z|^2}, \tag{11.42c}$$

$$\hat{b}^\dagger = \frac{1}{\sqrt{2}}\left(z - \frac{\partial}{\partial z^*}\right) = \frac{-1}{\sqrt{2}}e^{|z|^2}\frac{\partial}{\partial z^*}e^{-|z|^2} \tag{11.42d}$$

と表示される．

フォック真空 $|0,0\rangle$ は (11.31) で定義されるから，座標表示の方程式

$$\langle \boldsymbol{r}|\hat{a}|0,0\rangle = \hat{a}(\boldsymbol{r})\langle \boldsymbol{r}|0,0\rangle = -\frac{i}{\sqrt{2}}e^{-|z|^2}\frac{\partial}{\partial z^*}e^{|z|^2}\varphi_{00}(\boldsymbol{r}) = 0, \tag{11.43a}$$

$$\langle \boldsymbol{r}|\hat{b}|0,0\rangle = \hat{b}(\boldsymbol{r})\langle \boldsymbol{r}|0,0\rangle = \frac{1}{\sqrt{2}}e^{-|z|^2}\frac{\partial}{\partial z}e^{|z|^2}\varphi_{00}(\boldsymbol{r}) = 0 \tag{11.43b}$$

を得る．これを解いて，基底状態として

$$\varphi_{00}(\boldsymbol{r}) = \frac{1}{\sqrt{2\pi\ell_B^2}}e^{-|z|^2} = \frac{1}{\sqrt{2\pi\ell_B^2}}\exp\left(-\frac{r^2}{4\ell_B^2}\right) \tag{11.44}$$

が得られる．一般の状態は

$$\varphi_{nl}(\boldsymbol{r}) = \langle \boldsymbol{r}|n,l\rangle = \sqrt{\frac{1}{n!l!}}\langle \boldsymbol{r}|(\hat{a}^\dagger)^n(\hat{b}^\dagger)^l|0,0\rangle \tag{11.45a}$$

$$= \frac{1}{\sqrt{2\pi\ell_B^2}}\sqrt{\frac{1}{n!l!}}(\hat{a}^\dagger)^n(\hat{b}^\dagger)^l e^{-|z|^2} \tag{11.45b}$$

で与えられる．これが**ラゲール陪多項式**を用いて表現できることを以下の例題で示す．特に**最低ランダウ準位**に属する角運動量 l の状態の波動関数は以下である．

$$\varphi_{0l}(\boldsymbol{r}) = \sqrt{\frac{1}{2^l l!}} e^{|z|^2} \left(-\frac{\partial}{\partial z^*}\right)^l e^{-|z|^2} \varphi_{00}(\boldsymbol{r}) = \sqrt{\frac{2^l}{2\pi\ell_B^2 l!}} z^l e^{-|z|^2}. \quad (11.46)$$

次に，(11.17a) で与えられるランダウ・ゲージ $\boldsymbol{A}_1$ で波動関数を求める．共変運動量と重心座標は (11.24) から

$$\hat{\pi}_x = -i\hbar\frac{\partial}{\partial x} + \frac{\hbar}{\ell_B^2} y, \qquad \hat{\pi}_y = -i\hbar\frac{\partial}{\partial y}, \quad (11.47a)$$

$$\hat{X} = x - i\ell_B^2\frac{\partial}{\partial y}, \qquad \hat{Y} = i\ell_B^2\frac{\partial}{\partial x} \quad (11.47b)$$

となる．ハミルトニアンは

$$\hat{H} = \frac{\hbar^2}{2m}\left(i\frac{\partial}{\partial x} - \frac{1}{\ell_B^2}y\right)^2 - \frac{\hbar^2}{2m}\frac{\partial^2}{\partial y^2} \quad (11.48)$$

である．ゲージ変換を用いると，ランダウ・ゲージ $\boldsymbol{A}_1, \boldsymbol{A}_2$ での固有関数は

$$\boldsymbol{A}_1 \to \exp\left(-i\frac{xy}{2\ell_B^2}\right)\varphi_{nl}(\boldsymbol{r}), \qquad \boldsymbol{A}_2 \to \exp\left(i\frac{xy}{2\ell_B^2}\right)\varphi_{nl}(\boldsymbol{r}) \quad (11.49)$$

と即座に求められるが，ハミルトニアン (11.48) に x が現れていないこと，すなわち正準運動量 $\hat{p}_x$ が保存することに着目して，別の固有関数のセットを求めてみよう．$\hat{p}_x = -(\hbar/\ell_B^2)\hat{Y}$ となることに注意すると，中心座標 $\hat{Y}$ の固有値は $\hat{p}_x$ の固有値でもある．すなわち

$$\hat{p}_x|k\rangle = \hbar k|k\rangle, \qquad \hat{Y}|k\rangle = -k\ell_B^2|k\rangle \quad (11.50)$$

を得る．ここに，k は x 軸方向の波数である．以下，ランダウ準位を決める $\hat{a}^\dagger\hat{a}$ と x 軸方向の波数を決める $\hat{Y}$ を対角化する．

ランダウ準位の昇降演算子 (11.29a) は

$$\hat{a} = \frac{1}{\sqrt{2}}\left(\ell_B\frac{\partial}{\partial y} + \frac{y-\hat{Y}}{\ell_B}\right), \qquad \hat{a}^\dagger = -\frac{1}{\sqrt{2}}\left(\ell_B\frac{\partial}{\partial y} - \frac{y-\hat{Y}}{\ell_B}\right) \quad (11.51)$$

となるから，基底状態を決める方程式は

$$\langle\boldsymbol{r}|\hat{a}|0,k\rangle = \frac{1}{\sqrt{2}}\left(\ell_B\frac{\partial}{\partial y} + \frac{y+k\ell_B^2}{\ell_B}\right)\psi_{0k}(\boldsymbol{r}) = 0 \quad (11.52)$$

である．この方程式の解から，規格化された波動関数は

$$\psi_{0k}(\boldsymbol{r}) = \frac{1}{\sqrt{\pi^{1/2}\ell_B L}}\exp(ixk)\exp\left[-\frac{1}{2\ell_B^2}(y+k\ell_B^2)^2\right] \quad (11.53)$$

となる．ここで L は x 方向の系の長さである．ランダウ準位が n の状態は

$$\psi_{nk}(\boldsymbol{r}) = \langle \boldsymbol{r}|n,k\rangle = \sqrt{\frac{1}{n!}}(\hat{a}^\dagger)^n\psi_{0k}(\boldsymbol{r}) \tag{11.54}$$

で与えられる．これは以下の例題に示すようにエルミート多項式を用いて表現される．

研究課題：　固有関数 $\varphi_{nl}(\boldsymbol{r})$ をあからさまに座標表示せよ．

解説：　記法を簡略化して $\partial/\partial z \to \partial_z$，$\partial/\partial z^* \to \partial_{z^*}$ と表す．$\hat{L}_z$ の固有値を $\hbar m$ とすると，$l = n + m$ である．以下のように計算する．

$$\begin{aligned}(i\,\hat{a}^\dagger)^n(\hat{b}^\dagger)^{n+m}e^{-|z|^2} &= 2^{-n-m/2}e^{|z|^2}\partial_z^n(-\partial_{z^*})^{n+m}e^{-2|z|^2}\\ &= 2^{-n-m/2}e^{|z|^2}\partial_z^n(2z)^{n+m}e^{-2|z|^2}\\ &= e^{|z|^2}2^{-m/2}(z^*)^{-m}\frac{\partial^n}{\partial\xi^n}\xi^{n+m}e^{-\xi}.\end{aligned} \tag{11.55}$$

最後の行で，$\xi = 2|z|^2$ とおいた．z の偏角を θ とすると，$z^* = \sqrt{\xi/2}e^{-i\theta}$ となることに注意して，ラゲール陪多項式の定義[*1)]

$$L_q^{(\alpha)}(x) = \frac{1}{q!}x^{-\alpha}e^x\frac{d^q}{dx^q}\left(x^{q+\alpha}e^{-x}\right) \tag{11.56}$$

を参照すると，$n \geq 0$, $m \geq -n$ に対して

$$\varphi_{n,n+m}(\boldsymbol{r}) = \frac{(-i)^n}{\sqrt{2\pi\ell_B^2}}\sqrt{\frac{n!}{(n+m)!}}e^{im\theta-\xi/2}\xi^{m/2}L_n^{(m)}(\xi) \tag{11.57}$$

を得る．もちろん位相因子 $(-i)^n$ は省いても構わない．

例題：　中心座標 Y を対角化する固有関数 $\psi_{nk}(\boldsymbol{r})$ の座標表示を求めよ．

解説：　無次元座標を $\eta = (y - Y)/\ell_B$ で導入すると，(11.51) は

$$\hat{a}^\dagger = -\frac{1}{\sqrt{2}}\left(\frac{\partial}{\partial\eta} - \eta\right) = -\frac{1}{\sqrt{2}}e^{\eta^2/2}\frac{\partial}{\partial\eta}e^{-\eta^2/2} \tag{11.58}$$

と書ける．したがって，(11.54) から

$$\begin{aligned}\psi_{nk}(\boldsymbol{r}) &= \frac{(-1)^n}{\sqrt{2^n n!\pi^{1/2}\ell_B L}}e^{ikx}e^{\eta^2/2}\frac{\partial^n}{\partial\eta^n}e^{-\eta^2}\\ &= \frac{1}{\sqrt{2^n n!\pi^{1/2}\ell_B L}}e^{ikx}e^{-\eta^2/2}H_n(\eta)\end{aligned} \tag{11.59}$$

を得る．ここで，$H_n(\eta)$ は，(7.37) で導入したエルミート多項式である．対称ゲージの場合には，ゲージ変換を行って

---

*1)　困ったことに，ラゲール陪多項式の定義と表記には複数の異なるものがあり，同様の頻度で使われているので注意が必要である．ここで用いた定義は，ソニン (Sonine) 多項式ともよばれる．

$$\exp\left(-i\frac{xy}{\ell_B^2}\right)\psi_{nk}(\boldsymbol{r}) \tag{11.60}$$

が固有関数になる．

例題：　中心座標 X を対角化する固有関数を求めよ．

解説：　ランダウ・ゲージ $\boldsymbol{A}_2$ を選ぶと，ハミルトニアンは

$$\hat{H} = -\frac{\hbar^2}{2m}\frac{\partial^2}{\partial x^2} + \frac{\hbar^2}{2m}\left(i\frac{\partial}{\partial y} + \frac{1}{\ell_B^2}x\right)^2 \tag{11.61}$$

となる．これは，(11.48) の $x, -y$ を交換した形になっている．$\hat{p}_y$ を対角化して $\hbar k$ とすれば $X = \ell_B^2 k$ なので，固有関数は $\xi = (x - X)/\ell$ を用いて，

$$\frac{1}{\sqrt{2^n n! \pi^{1/2}\ell_B L}} e^{iky} e^{-\xi^2/2} H_n(\xi) \tag{11.62}$$

となる．その他のゲージでも，上記の波動関数に対応するゲージ変換を行えば，X を対角化する固有関数が求められる．

11.4 ゼーマン効果と反磁性

いままでは，一様な空間中の荷電粒子の量子力学を扱ってきたが，今度は原子内電子の磁気的性質を議論する．束縛状態にある電子 $(q = -e)$ の磁場効果をハミルトニアン (11.9) に基づき解析する．まず，次の展開を行う．

$$(\hat{\boldsymbol{p}} + e\boldsymbol{A})^2 = \hat{\boldsymbol{p}}^2 + e^2\boldsymbol{A}^2 + e\hat{\boldsymbol{p}}\cdot\boldsymbol{A} + e\boldsymbol{A}\cdot\hat{\boldsymbol{p}}. \tag{11.63}$$

クーロン・ゲージ条件 (11.16) により，$\hat{\boldsymbol{p}}\cdot\boldsymbol{A} = \boldsymbol{A}\cdot\hat{\boldsymbol{p}}$ である．磁場の方向を z 軸方向に選び，対称ゲージでのポテンシャル (11.17b) を用いると，

$$\hat{\boldsymbol{p}}\cdot\boldsymbol{A} = \boldsymbol{A}\cdot\hat{\boldsymbol{p}} = -\frac{1}{2}B\left(y\hat{p}_x - x\hat{p}_y\right) = \frac{1}{2}B\hat{L}_z, \tag{11.64}$$

$$\boldsymbol{A}^2 = \frac{1}{4}B^2(x^2 + y^2) \tag{11.65}$$

を得る．

まず，電子が有限の角運動量をもつ場合を考える．弱い磁場では，(11.64) が主要になる．運動エネルギー項で，任意の方向にかけられた磁場の 1 次の効果は $B\hat{L}_z \to \boldsymbol{B}\cdot\hat{\boldsymbol{L}}$ を置き換えをすれば，(11.65) の寄与を無視して

$$\frac{1}{2m_\mathrm{e}}(\hat{\boldsymbol{p}} + e\boldsymbol{A})^2 \simeq \frac{1}{2m_\mathrm{e}}\hat{\boldsymbol{p}}^2 + \frac{e}{2m_\mathrm{e}}\boldsymbol{B}\cdot\hat{\boldsymbol{L}} = \frac{1}{2m_\mathrm{e}}\hat{\boldsymbol{p}}^2 - \boldsymbol{B}\cdot\hat{\boldsymbol{M}}_{\text{軌道}} \tag{11.66}$$

と表される．ここで，**軌道磁気モーメント**を

$$\hat{\boldsymbol{M}}_{\text{軌道}} = -\frac{e}{2m_{\rm e}}\hat{\boldsymbol{L}} \tag{11.67}$$

とおいた．したがって，エネルギーは $\Delta E = -\boldsymbol{B}\cdot\langle\hat{\boldsymbol{M}}_{\text{軌道}}\rangle$ だけ変化する．$\hat{\boldsymbol{M}}$ を

$$\hat{\boldsymbol{M}} = g\frac{q}{2m_{\rm e}}\hat{\boldsymbol{L}} \tag{11.68}$$

と書いたとき，係数 g を**ランデのg-因子**とよぶ．磁気モーメント (11.68) と (11.67) を比較すると，電子の軌道角運動量に関係したランデの g-因子は $g=1$ であることがわかる．その際，$q=-e$ に注意する．

一方，スピン角運動量 $\hat{\boldsymbol{S}} = \hbar\hat{\boldsymbol{s}}$ に付随する磁気モーメントは

$$\hat{\boldsymbol{M}}_{\text{スピン}} = -2\frac{e}{2m_{\rm e}}\hat{\boldsymbol{S}} = -2\mu_B\hat{\boldsymbol{s}} \tag{11.69}$$

となることがわかっている．電子の磁気モーメント (11.69) は相対論的なディラック方程式から導かれる．ここで**ボーア磁子**といわれるパラメーター

$$\mu_B \equiv \frac{e\hbar}{2m_{\rm e}} \tag{11.70}$$

を導入した．スピン角運動量に関係したランデの g-因子は $g=2$ である．

軌道角運動量とスピン角運動量からの寄与を合わせて，弱磁場 $\boldsymbol{B}=(0,0,B)$ 中で電子のハミルトニアンは

$$\hat{H}_{\rm Z} = -(\hat{\boldsymbol{M}}_{\text{軌道}}+\hat{\boldsymbol{M}}_{\text{スピン}})\cdot\boldsymbol{B} = \frac{eB}{2m_{\rm e}}(\hat{L}_z+2\hat{S}_z) \equiv \omega_L(\hat{L}_z+2\hat{S}_z) \tag{11.71}$$

だけ変化する．これを**ゼーマン項**という．また，

$$\omega_L \equiv \frac{eB}{2m_{\rm e}} \tag{11.72}$$

は**ラーモア振動数**であり，(11.20) で定義した ω_c の半分に相当する．

磁場 $\boldsymbol{B}$ 中でシュレーディンガー方程式は，スピンによるゼーマン項を加えて，

$$i\hbar\frac{\partial}{\partial t}\Psi(\boldsymbol{r},t) = \left[\frac{1}{2m_{\rm e}}(-i\hbar\nabla+e\boldsymbol{A})^2 + V(r) + 2\mu_B\hat{\boldsymbol{s}}\cdot\boldsymbol{B}\right]\Psi(\boldsymbol{r},t) \tag{11.73}$$

となる．これは**パウリ方程式**とよばれる．磁場が弱ければ，$O(\boldsymbol{A}^2)$ の項を無視し，(11.66) を用いて，ハミルトニアンは

$$\hat{H}_B = \frac{1}{2m_{\rm e}}\hat{\boldsymbol{p}}^2 + V(r) + \omega_L(\hat{L}_z+2\hat{S}_z) \tag{11.74}$$

と近似できる．

9.1 節で議論したように，スピンを無視した中心力ハミルトニアン (9.1) の固有状態は主量子数 n，方位量子数 l，磁気量子数 m で完全に指定できる．スピンを考慮した場合，スピン演算子の磁気量子数 $s_z=\pm 1/2$ が固有状態の量子数に追加される．したがって，状態は $|n,l,m,s_z\rangle$ と表記できる．磁場がゼロのと

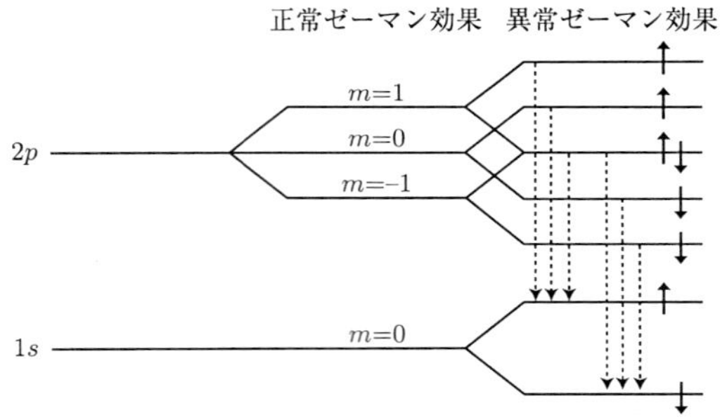

図 **11.1** 正常および異常ゼーマン効果
実線は磁場中における $1s$ 状態と $2p$ 状態のエネルギー準位の分裂を表す．波線は準位間の遷移を表す．これに伴って電磁波が放出される．

きの固有方程式は

$$\left[\frac{1}{2m_{\mathrm{e}}}\hat{\boldsymbol{p}}^2 + V(r)\right]|n,l,m,s_z\rangle = E_{nl}^0|n,l,m,s_z\rangle \tag{11.75}$$

であり，固有エネルギー E_{nl}^0 は主量子数 n と方位量子数 l で決まる．磁場中では，ハミルトニアン (11.74) を用いて

$$\begin{aligned}\hat{H}_B|n,l,m,s_z\rangle &=[E_{nl}^0 + \omega_L(\hat{L}_z + 2\hat{S}_z)]|n,l,m,s_z\rangle \\ &= \left[E_{nl}^0 + \hbar\omega_L(m+2s_z)\right]|n,l,m,s_z\rangle \end{aligned} \tag{11.76}$$

となる．磁場中で軌道角運動量によってエネルギー準位が $m\hbar\omega_L$ だけ分裂し，磁気量子数に関する縮退が解ける．これを**正常ゼーマン効果**という．スピンによるエネルギー変化 $2s_z\hbar\omega_L$ を**異常ゼーマン効果**という．基底状態の水素原子は軌道角運動量ゼロ状態だから，軌道角運動量による磁気モーメントをもたない．しかし，1921 年にシュテルン（Stern）とゲルラッハ（Gerlach）によって，磁場を掛けると基底状態が 2 つの状態に分離することが実験的に示された．これによって電子がスピン $\hbar/2$ をもつことがはじめて示された．

いくつかのエネルギーの低い状態を具体的に調べてみる（図 11.1）．基底状態は 2 重に縮退した $1s$ 状態 $|1,0,0,s_z\rangle$ である．正常ゼーマン効果はなく，異常ゼーマン効果で $s_z = \pm 1/2$ の 2 つの状態に分離する．励起状態の $2p$ 状態 $|2,1,m,s_z\rangle$ は 6 重に縮退している．正常ゼーマン効果で，$m=0$，± 1 の 3 つの状態に分離し，異常ゼーマン効果でそれぞれが $s_z = \pm 1/2$ の 2 つの状態に分離する．しかし，2 つの状態 $|2,1,1,-1/2\rangle$ と $|2,1,-1,1/2\rangle$ のエネルギーは $\hbar\omega_L(m+2s_z) = 0$ となり，縮退している．結局，エネルギー準位はゼーマン

効果で 5 つの状態に分離した．

電子がエネルギーの高い状態 $|n, l, m, s_z\rangle$ から低い状態 $|n', l', m', s'_z\rangle$ へ遷移すると，電磁波が放出される．この電磁波とスピンの相互作用は小さいので，電子のスピンは遷移で変わらないとしてよい $(s_z = s'_z)$．さらに，光子のスピンは 1 であるから，双極子選択則

$$\Delta m \equiv m - m' = \pm 1,\ あるいは\ 0 \tag{11.77}$$

が成り立つ．選択則についてのより詳しい議論は 13.6 節で行う．放出される電磁波の周波数は，

$$\omega = \omega_0 + \omega_L \Delta m, \qquad ただし\quad \omega_0 = \frac{(E^0_{nl} - E^0_{n'l'})}{\hbar} \tag{11.78}$$

である．ω_0 は磁場のないときの周波数である．$2p$ 状態から $1s$ 状態への遷移を図 11.1 に示した．

今度は軌道角運動量がゼロである場合を考える．この場合には (11.65) の効果が重要になる．たとえば，水素原子の基底状態である $1s$ 状態が該当する．磁場が弱いとすると，(11.65) によるハミルトニアンへの寄与は，ラーモア振動数 (11.72) を用いて

$$\hat{H}_{\rm dia} = \frac{1}{2} m\omega_L^2 (\hat{x}^2 + \hat{y}^2) \tag{11.79}$$

と表される．この項はエネルギーに対して常に正の寄与をする．10.2 節では，たとえば (10.20) のように電場に対する応答が分極率 α_E で表されることを述べた．これにならって帯磁率 χ を以下のように定義する：

$$\Delta E = -\frac{1}{2}\chi B^2. \tag{11.80}$$

エネルギーシフト ΔE が正の場合には，χ は負になる．磁場で誘起された磁気モーメント M は $M = -\partial \Delta E/\partial B = \chi B$ で与えられるので，$\chi < 0$ は M が磁場と反対方向を向いていることを意味する．これを反磁性とよぶ．$1s$ 状態の場合には，(11.79) の期待値をとって，

$$\Delta E = m\omega_L^2 a_{\rm B}^2 > 0 \tag{11.81}$$

を得る．すなわち，水素原子の基底状態は軌道反磁性をもたらす．

(11.76) で示したように，角運動量がゼロでない場合には，ゼーマン効果が生ずるが，この場合には，基底状態の ΔE は負になる．また，基底状態の角運動量がゼロであっても，(11.64) によって異なる主量子数の状態が結合し，2 次の摂動効果によって ΔE が負になる場合がある．これは 2 次のシュタルク効果に

類似した現象である．この場合には，磁場に比例する磁気モーメントが誘起され，帯磁率は正になる．正の帯磁率は，磁気モーメントの向きと磁場の向きが揃っていることを意味し，これを反磁性と対照させて常磁性とよぶ．さらに軌道角運動量はゼロであっても，スピンによる寄与で全体の帯磁率が正になる場合がある．これはスピン常磁性とよばれている．ちなみにヘリウム原子では $1s$ 軌道に電子が 2 個存在し，軌道とスピンの角運動量はともにゼロになっているので，全体としても反磁性である．これは，希ガス原子一般にあてはまる性質である．

例題：　反磁性の大きさの程度を見積もれ．

解説：　この見積もりのためには，微細構造定数 $\alpha = e^2/(\hbar c) \sim 1/137$ を用いて

$$\Delta E = m\omega_L^2 a_{\mathrm{B}}^2 = \frac{1}{4}\alpha^2 a_{\mathrm{B}}^3 B^2 = -\frac{1}{2}\chi B^2 \tag{11.82}$$

と変形するのが便利である．ここで長さのスケールとして a_{B} を用いている．これから，反磁性帯磁率として $\chi = -\alpha^2 a_{\mathrm{B}}^3/2$ を得る．この結果を，電場による分極率 (10.19) と比較すると，反磁性帯磁率の大きさは，電気分極率の $1/137^2 \sim 10^{-4}$ 程度であることがわかる．

11.5 スピンの歳差運動

磁場中でのスピンの運動を解析する．スピン演算子を $\hat{\boldsymbol{S}} = \hbar\hat{\boldsymbol{s}}$ とおき，演算子 $\hat{\boldsymbol{s}}$ に対するハイゼンベルグの運動方程式を書く．ハミルトニアン (11.74) で演算子 $\hat{\boldsymbol{s}}$ と交換しないのは最後のゼーマン項のみである．交換関係 (8.81) を用いて計算すると

$$\partial_t \hat{s}_x = \frac{i}{\hbar}[\hat{H}, \hat{s}_x] = \frac{2i}{\hbar}\mu_B B[\hat{s}_z, \hat{s}_x] = -2\omega_L \hat{s}_y. \tag{11.83}$$

同じく，

$$\partial_t \hat{s}_y = \frac{i}{\hbar}[\hat{H}, \hat{s}_y] = \frac{2i}{\hbar}\mu_B B[\hat{s}_z, \hat{s}_y] = 2\omega_L \hat{s}_x. \tag{11.84}$$

これら 2 つの式から

$$\partial_t \left(\hat{s}_x + i\hat{s}_y\right) = 2i\omega_L \left(\hat{s}_x + i\hat{s}_y\right) \tag{11.85}$$

を得るから，解は A を積分定数として

$$\hat{s}_x(t) + i\hat{s}_y(t) = Ae^{2i\omega_L t} \tag{11.86}$$

と求まる．時刻 $t=0$ で，演算子 $2\hat{\boldsymbol{s}}$ は通常のパウリ行列に一致するという境界条件をつければ，

$$[\hat{s}_x + i\hat{s}_y]_{t=0} = \hat{A} = \begin{pmatrix} 0 & 1 \\ 0 & 0 \end{pmatrix} \tag{11.87}$$

と積分定数は決まる．したがって，(11.86) から，

$$2\hat{s}_x(t) = \begin{pmatrix} 0 & e^{2i\omega_L t} \\ e^{-2i\omega_L t} & 0 \end{pmatrix}, \qquad 2\hat{s}_y(t) = \begin{pmatrix} 0 & -ie^{2i\omega_L t} \\ ie^{-2i\omega_L t} & 0 \end{pmatrix},$$

$$2\hat{s}_z(t) = \begin{pmatrix} 1 & 0 \\ 0 & -1 \end{pmatrix} \tag{11.88}$$

と求まる．

シュレディンガー方程式 (11.73) から，波動関数は $\Psi(\boldsymbol{r},t) = \psi(\boldsymbol{r},t)\chi(t)$ のように座標部分 $\psi(\boldsymbol{r},t)$ とスピノール部分 $\chi(t)$ に変数分離できる．時刻 $t=0$ でのスピノール部分 $\chi_0 = \chi(t=0)$ はハイゼンベルグ描像での状態を表す．これを

$$\chi_0 = \begin{pmatrix} \cos\frac{1}{2}\theta e^{i\phi/2} \\ \sin\frac{1}{2}\theta e^{-i\phi/2} \end{pmatrix} \tag{11.89}$$

と表示する．スピン演算子のスピノールによる期待値は，x, y, z 成分を行ベクトルにまとめて

$$\langle \hat{\boldsymbol{S}}(t) \rangle = \hbar \langle \hat{\boldsymbol{s}}(t) \rangle = \frac{1}{2}\hbar \begin{pmatrix} \cos(2\omega_L t - \phi)\sin\theta \\ \sin(2\omega_L t - \phi)\sin\theta \\ \cos\theta \end{pmatrix} \tag{11.90}$$

となる．すなわちスピンは z 軸の周りに振動数 $2\omega_L$ で歳差運動をし，その z 成分は変化しない．

例題：　(11.90) を導出せよ．

解説：　(11.89) を用いて，$\hat{\boldsymbol{s}}$ の各成分の期待値を計算する．(11.88) を代入して

$$\langle\chi_0|2\hat{s}_x(t)|\chi_0\rangle = \left(e^{2i\omega_L t - i\phi} + e^{-2i\omega_L t + i\phi}\right)\sin\frac{1}{2}\theta\cos\frac{1}{2}\theta,$$
$$= \cos(2\omega_L t - \phi)\sin\theta \tag{11.91a}$$
$$\langle\chi_0|2\hat{s}_y(t)|\chi_0\rangle = -i\left(e^{2i\omega_L t - i\phi} - e^{-2i\omega_L t + i\phi}\right)\sin\frac{1}{2}\theta\cos\frac{1}{2}\theta,$$
$$= \sin(2\omega_L t - \phi)\sin\theta \tag{11.91b}$$
$$\langle\chi_0|2\hat{s}_z(t)|\chi_0\rangle = \cos^2\frac{1}{2}\theta - \sin^2\frac{1}{2}\theta = \cos\theta \tag{11.91c}$$

を得る．

例題：　スピノールの時間発展を求めよ．

解説：　シュレーディンガー方程式 (11.73) を解くことにより解析できる．スピノール部分 $\chi(t)$ に対するシュレーディンガー方程式は

$$i\hbar\partial_t\chi(t) = 2\mu_B\hat{\boldsymbol{s}}\cdot\boldsymbol{B}\chi(t) = 2\mu_B B\hat{s}_z\chi(t). \tag{11.92}$$

これを 2 成分で表示すると

$$i\begin{pmatrix}\partial_t\chi_\uparrow\\ \partial_t\chi_\downarrow\end{pmatrix} = \omega_L\begin{pmatrix}1 & 0\\ 0 & -1\end{pmatrix}\begin{pmatrix}\chi_\uparrow\\ \chi_\downarrow\end{pmatrix} = \omega_L\begin{pmatrix}\chi_\uparrow\\ -\chi_\downarrow\end{pmatrix} \tag{11.93}$$

となるが，微分方程式は簡単に解けて

$$\chi_\uparrow(t) = \chi_\uparrow(0)e^{-i\omega_L t}, \qquad \chi_\downarrow(t) = \chi_\downarrow(0)e^{i\omega_L t} \tag{11.94}$$

を得る．初期条件としてスピノール (11.89) を用いれば，

$$\chi(t) = \begin{pmatrix} e^{-i(\omega_L t - \phi/2)}\cos\frac{1}{2}\theta\\ e^{i(\omega_L t - \phi/2)}\sin\frac{1}{2}\theta\end{pmatrix}. \tag{11.95}$$

シュレーディンガー描像でパウリ行列のスピノールによる期待値を計算すると，ハイゼンベルグ描像で得たのと同じ結果 (11.90) を得る．

11.6 アハラノフ–ボーム効果

電磁気学での物理量は電磁場 $\boldsymbol{E}$, $\boldsymbol{B}$ であり，電磁ポテンシャル $\boldsymbol{A}$, ϕ ではない．しかし，ゲージ・ポテンシャルでのみ記述可能な**アハラノフ–ボーム効果**といわれる大域的な性質がある．z 軸に沿って磁束 Φ の磁場があり，これが円柱の内部に閉じこめられているとする（図 11.2）．円柱の外部では，磁場はまったく存在しないのでゲージ・ポテンシャルもゼロと考えたくなるが，これは正

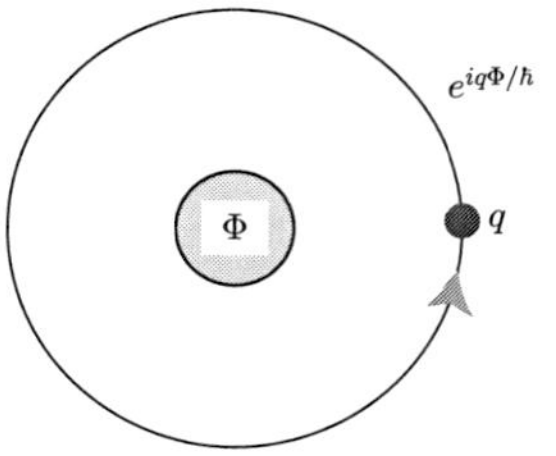

図 11.2　円柱の中に閉じこめられた磁束を電荷をもつ粒子が回るとアハラノフ・ボーム効果が現れる

しくない．電荷 q の粒子をこの円柱の周りを一回転してみる．粒子の軌跡が xy 平面内にあれば，ストークスの定理を用いて軌跡に沿ってゲージ・ポテンシャルの周回積分を行える．以下，座標の添字は x か y を表すものとし，$\varepsilon_{ijz} = \varepsilon_{ij}$ と書く．この結果は

$$\oint dx_k A_k = \int d^2x\ \varepsilon_{ij}\partial_i A_j = \int d^2x\ B_z = \Phi \neq 0, \tag{11.96}$$

となるから，いたる所 $A_k(\boldsymbol{r}) = 0$ とおくことは不可能である．したがって，磁場が存在しない領域でもゲージ・ポテンシャルは値をもたねばならない．

半径 R_0 の円柱の外部におけるゲージ・ポテンシャルは，θ を円柱の周りの回転角として，

$$A_k(\boldsymbol{r}) = \frac{\Phi}{2\pi}\partial_k\theta(\boldsymbol{r}) = -\frac{\Phi}{2\pi}\varepsilon_{kj}\frac{x_j}{r^2} \tag{11.97}$$

である．実際，原点 $(\boldsymbol{r} \neq 0)$ を除くすべての点で，$\theta = \arccos(x/r)$ は解析的な関数だから，

$$B_z = \partial_x A_y - \partial_y A_x = \frac{\Phi}{2\pi}\left(\partial_x\partial_y\theta - \partial_y\partial_x\theta\right) = 0 \tag{11.98}$$

となる．円柱の内部で磁場が均一であるなら，ポテンシャルは円柱座標 $(A_x, A_y, A_z) = (A_\theta\cos\theta,\ A_\theta\sin\theta,\ A_z)$ を用いて

$$A_r = A_z = 0, \qquad A_\theta = \begin{cases} \dfrac{r}{2\pi R_0^2}\Phi & (r < R_0) \\ \dfrac{1}{2\pi r}\Phi & (r > R_0) \end{cases} \tag{11.99}$$

ととれる．

電荷を持った粒子の波動関数は，(11.13) に見るようにゲージ不変でないから，それ自身では物理量とはいえない．時間に依存しないゲージ変換 (11.11) および (11.13) を行っても変化しない波動関数は図 11.3(a) を参照して以下のように構成できる：

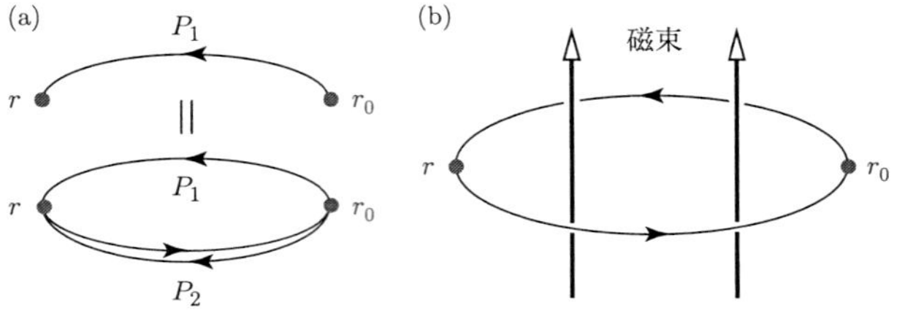

図 11.3 ゲージ不変な波動関数は積分経路とともに (11.100) で定義される
(a) 経路 $\mathcal{P}_1$ を用いた場合と経路 $\mathcal{P}_2$ を用いた場合の差は閉路に沿った積分である．
(b) 閉路に沿った積分はアハラノフ-ボーム効果を生む．

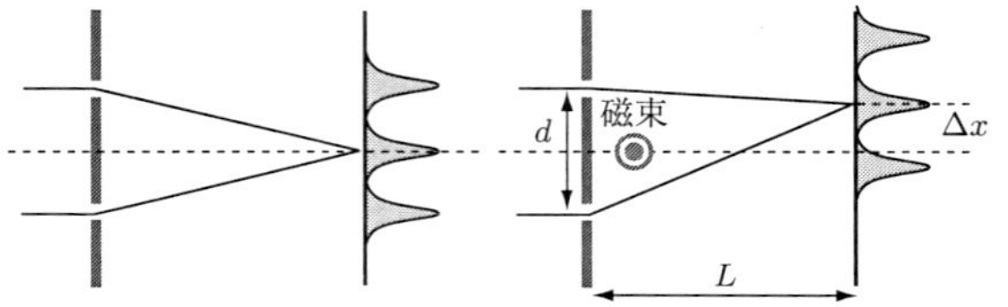

図 11.4 アハラノフ-ボーム位相を実証する二重スリット干渉実験の模式図
磁束 Φ が円柱に閉じこめられているとき，電子ビームの作る干渉縞は Φ に比例して Δx だけ移動する．

$$\psi_{\mathcal{P}}(\boldsymbol{r}) = \exp\left(-i\frac{q}{\hbar}\int_{\boldsymbol{r}_0}^{\boldsymbol{r}} dy_k A_k\right)\psi(\boldsymbol{r}). \tag{11.100}$$

ここで任意の決まった点 $\boldsymbol{r}_0$ を出発点とする経路 $\mathcal{P}$ に沿ってゲージ・ポテンシャルの積分を行っている．さて，点 $\boldsymbol{r}_0$ と点 $\boldsymbol{r}$ を結ぶ 2 つの経路 $\mathcal{P}_1$ と $\mathcal{P}_2$ を考える．それぞれに対して，ゲージ不変な波動関数を (11.100) で導入できる．両者の関係は，経路 $\mathcal{P}_1$ と $\mathcal{P}_2$ の作る閉路に囲まれた領域を通過する磁束を Φ として，

$$\psi_{\mathcal{P}_1}(\boldsymbol{r}) = \exp\left(-i\frac{q}{\hbar}\oint dy_k A_k\right)\psi_{\mathcal{P}_2}(\boldsymbol{r}) = \exp\left(-i\frac{q\Phi}{\hbar}\right)\psi_{\mathcal{P}_2}(\boldsymbol{r}), \tag{11.101}$$

となる．位相 $-q\Phi/\hbar = \delta$ を**アハラノフ–ボーム位相**という．荷電粒子が電子の場合には，**磁束量子** $\Phi_0 = 2\pi\hbar/2e$ を導入すると，位相 δ は $\delta = \pi\Phi/\Phi_0$ と書ける．アハラノフ–ボーム位相は図 11.4 で示すように，二重スリット干渉実験で電子の作る干渉パターンを観測することで実証されている．すなわち，スクリーンにできる干渉縞は

$$\frac{\Delta x}{L} = \frac{\lambda\Phi}{2d\Phi_0} \tag{11.102}$$

で与えられる距離 Δx だけ移動する．

アハラノフ–ボーム効果のもうひとつの実例として，上記の円柱に閉じこめられている磁束の周りを回転する電荷 q の粒子の運動を考える．簡単のために粒

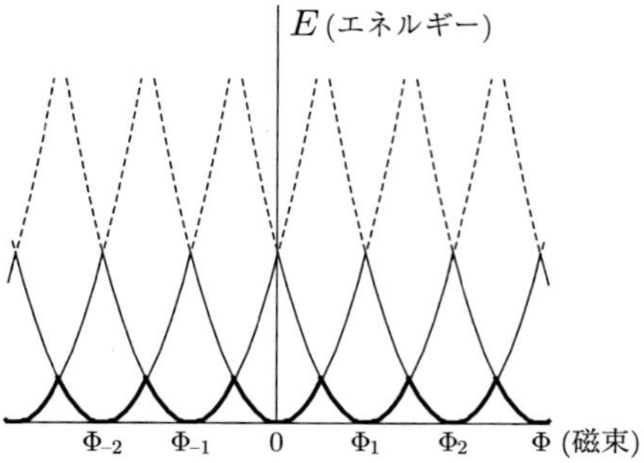

図 11.5　磁束 Φ を円形に囲んで運動する荷電粒子のエネルギー準位
横軸は磁束の大きさ．エネルギー $E(\Phi)$ は磁束の関数であり，磁束が $\Phi_n = 2\pi\hbar n/q$ となる点でゼロになる．太い曲線は基底状態エネルギーを表す．細い曲線と破線はそれぞれ第 1 励起状態と第 2 励起状態のエネルギーで，磁束の周期関数である．

子は xy 平面内で半径 R の円周運動を行うものとする．ゲージポテンシャルは (11.97) で与えられるとして，シュレーディンガー方程式は

$$\frac{1}{2m}\left(-i\hbar\nabla - q\boldsymbol{A}\right)^2 \psi(\theta) = E\psi(\theta) \tag{11.103}$$

である．これを解くと，固有エネルギーは，

$$E = \frac{\hbar^2}{2MR^2}\left(n + \frac{q\Phi}{2\pi\hbar}\right)^2 \tag{11.104}$$

と求まる．詳細は以下の例題で議論する．粒子の軌道上には磁場は存在していないのに，エネルギーは磁束 Φ の関数である．この事情を図 11.5 に示す．

研究課題：　(11.104) を導出せよ．

解説：　(11.103) を (11.100) で定義される $\psi_{\mathcal{P}}(\boldsymbol{r})$ を用いて書き換える．$\psi_{\mathcal{P}}(\boldsymbol{r})$ を微分して，

$$-i\hbar\partial_k\psi_{\mathcal{P}}(\theta) = \exp\left(-i\frac{q}{\hbar}\int_{\boldsymbol{r}_0}^{\boldsymbol{r}} dy_k A_k\right)\left(-i\hbar\partial_k - qA_k\right)\psi(\theta). \tag{11.105}$$

これを再び微分すると (11.103) を用いて

$$\begin{aligned}\left(-i\hbar\nabla\right)^2 \psi_{\mathcal{P}}(\theta) &= \exp\left(-i\frac{q}{\hbar}\int_{\boldsymbol{r}_0}^{\boldsymbol{r}} dy_k A_k\right)\left(-i\hbar\partial_k - qA_k\right)^2\psi(\theta) \\ &= 2mE\psi_{\mathcal{P}}(\theta)\end{aligned} \tag{11.106}$$

となる．ここで，$\psi_{\mathcal{P}}(\theta)$ は角度 θ にしか依存しないから，

$$\frac{-\hbar^2}{R^2}\frac{d^2}{d\theta^2}\psi_{\mathcal{P}}(\theta) = 2mE\psi_{\mathcal{P}}(\theta) \tag{11.107}$$

を得る．この解はパラメーター C を用いて $\psi_{\mathcal{P}}(\theta) \propto e^{iC\theta}$ と書ける．C と固有

エネルギー E は

$$E = \frac{C^2\hbar^2}{2mR^2} \tag{11.108}$$

と関係づけられる．したがって波動関数は

$$\psi(\boldsymbol{r}) = \exp\left(i\frac{q}{\hbar}\int_{\boldsymbol{r}_0}^{\boldsymbol{r}} dy_k A_k\right)\psi_{\mathcal{P}}(\boldsymbol{r}) \propto \exp\left[i\left(-\frac{q\Phi}{2\pi\hbar}+C\right)\theta\right] \tag{11.109}$$

となる．波動関数は一価であるから，

$$n = -\frac{q\Phi}{2\pi\hbar}+C \tag{11.110}$$

は整数である．すなわち，固有エネルギーは (11.104) と求まる．基底状態はエネルギー E が最小値になるように n を選んで得られる．

12 電磁場の量子論

電磁場の量子化は，系を多数存在する調和振動子の集合とみなしてなされる．この章では，まず古典的な振動子の集合体としての弦振動を復習し，その量子化を行う．ついで電磁場が横波であることに注意して，その量子化に進む．さらに，電磁場と物質の相互作用の特性的大きさについて見積もりを行う．

12.1 弦振動の正準形式と量子化

電磁場の量子論を展開する準備として，古典的波動の正準量子化の一般論を述べる．波動としては，1 次元の振動がもっとも簡単である．実際の弦の振動を単純化して，時間 t, 座標 x における変位が $u(x,t)$ で与えられるモデルを考える．古典力学のラグランジアン L は，弦の長さを R として

$$L = \int_0^R dx \mathcal{L}(x) \tag{12.1}$$

で与えられる．$\mathcal{L}(x)$ はラグランジアンの密度に対応するものであり，

$$\mathcal{L}(x) = \frac{1}{2}\rho \left(\frac{\partial u}{\partial t}\right)^2 - \frac{1}{2}T\left(\frac{\partial u}{\partial x}\right)^2 \tag{12.2}$$

となる．ここで ρ は一様な弦の質量密度であり，T は張力を与えるばね定数である．以後，簡単のために変位の時間微分を $\dot{u}$, 空間微分を u' と表すこともある．

オイラー–ラグランジュ方程式は，粒子に対する運動方程式 (6.51) と同様に変分原理から導かれる．すなわち作用 $S = \int_0^\tau dtL$ が，実際に生ずる変位 $u(x,t)$ で最小値をとることを要求すると，S は $u(x,t)$ の微小変化に対して不変になる．この条件から

$$\int_0^\tau dt\delta L = \int_0^\tau dt \int_0^R dx \left(\frac{\partial \mathcal{L}}{\partial u}\delta u + \frac{\partial \mathcal{L}}{\partial u'}\delta u' + \frac{\partial \mathcal{L}}{\partial \dot{u}}\delta \dot{u}\right) = 0 \tag{12.3}$$

となる．さらに

$$\delta u' = \frac{\partial}{\partial x}\delta u(x,t), \qquad \delta \dot{u} = \frac{\partial}{\partial t}\delta u(x,t) \tag{12.4}$$

を用いて部分積分し，$\delta u(x,t)$ を括りだす．ここで，時間の上下端 $t=\tau, 0$ および弦の端 $x=0, R$ では変分をゼロにすると，部分積分の境界項は消え，

$$\int_0^\tau dt \int_0^R dx \left(\frac{\partial \mathcal{L}}{\partial u} - \frac{\partial}{\partial x}\frac{\partial \mathcal{L}}{\partial u'} - \frac{\partial}{\partial t}\frac{\partial \mathcal{L}}{\partial \dot{u}} \right) \delta u(x,t) = 0 \tag{12.5}$$

を得る．任意の変分に対して，(12.5) を要求すると，$\delta u(x,t)$ の係数がゼロになる必要がある．これからオイラー–ラグランジュ方程式

$$\frac{\partial}{\partial t}\frac{\partial \mathcal{L}}{\partial \dot{u}} + \frac{\partial}{\partial x}\frac{\partial \mathcal{L}}{\partial u'} = \rho \ddot{u} - T u'' = 0 \tag{12.6}$$

が求められる．この解の 1 つは，平面波

$$u(x,t) = u_0 \exp(ikx - i\omega_k t) \tag{12.7}$$

で与えられる．ここで波数 k は，周期的境界条件のもとでは n を整数として $k = 2\pi n/L$ となり，振動数 ω_k は

$$\rho \omega_k^2 = T k^2 \equiv \rho v^2 k^2 \tag{12.8}$$

の関係を満たす．$v = \sqrt{T/\rho}$ は波の速度である．運動方程式の一般解は異なる k の重ね合わせである．弦の振幅なので重ね合わせの結果は実数になる必要がある．

古典的波動の正準形式では，$u(x,t)$ を場の座標とみなす．これに対応する場の運動量 $\pi(x,t)$ は，ラグランジュ形式の一般論にしたがって，

$$\pi(x,t) = \frac{\partial \mathcal{L}}{\partial \dot{u}} = \rho \dot{u}(x,t) \tag{12.9}$$

で与えられる．波動のハミルトニアン密度 $\mathcal{H}$ は

$$\mathcal{H} = \pi \dot{u} - \mathcal{L} = \frac{1}{2\rho}\pi(x)^2 + \frac{1}{2}T\left(\frac{\partial u}{\partial x}\right)^2 \tag{12.10}$$

となる．エネルギー保存から，$\mathcal{H}$ は時間に依存しない．

場の座標 $u(x)$ と運動量 $\pi(y)$ が与えられたので，正準量子化の処方箋にしたがって，これらを演算子とみなす．交換関係は

$$[\hat{u}(x), \hat{\pi}(y)] = i\hbar \delta(x-y) \tag{12.11}$$

で与えられる．連続空間上の演算子を扱っているので，デルタ関数が出てくる．ばねでつながれたパチンコ玉のように，x, y が格子点に離散化されていれば，デルタ関数はクロネッカーのデルタに置き換えられる．

量子化された振動モードは，種々の波数をもつ平面波に対応する．そこでハミルトニアンを振動モードによって表現しよう．以下のようにフーリエ展開する．

$$\hat{u}(x) = \frac{1}{\sqrt{L}} \sum_k \hat{Q}_k \exp(ikx), \tag{12.12a}$$

$$\hat{\pi}(y) = \frac{1}{\sqrt{L}} \sum_k \hat{P}_k \exp(iky), \tag{12.12b}$$

$$\delta(x-y) = \frac{1}{L} \sum_q \exp\left[iq(x-y)\right]. \tag{12.12c}$$

ここで $\hat{Q}_k, \hat{P}_k$ は，それぞれ波数 k をもつモードの座標と運動量である．これらの交換関係は，(12.11) を用いると，

$$[\hat{Q}_k, \hat{P}_{-q}] = i\hbar\delta_{kq} \tag{12.13}$$

で与えられることがわかる．またハミルトニアン $\hat{H} = \int dx \hat{\mathcal{H}}(x)$ は

$$\hat{H} = \sum_k \left(\frac{1}{2\rho} \hat{P}_k \hat{P}_{-k} + \frac{1}{2} T k^2 \hat{Q}_k \hat{Q}_{-k} \right) \tag{12.14}$$

で与えられ，いかにも調和振動子の集合体のように表現される．

1 個の調和振動子で行ったように，座標と運動量を生成演算子 $\hat{a}_k^\dagger$ と消滅演算子 $\hat{a}_k$ を用いて書き直すことができる．詳細は以下の例題で行うことにして，まず結果を提示する:

$$\hat{H} = \sum_k \hbar\omega_k \left(\hat{a}_k^\dagger \hat{a}_k + \frac{1}{2} \right). \tag{12.15}$$

ここで，生成・消滅演算子の交換関係は

$$[\hat{a}_k, \hat{a}_q^\dagger] = \delta_{kq} \tag{12.16}$$

である．量子化された弦振動の基底状態エネルギーは，(12.15) 中の定数項 1/2 のために発散している．この発散は物理的なものではない．すなわち，量子力学では基底状態の原点は任意に選ぶことができ，物理的に意味があるのは励起状態との差だけである．この差は光スペクトルなどで観測することができるが，基底状態エネルギー自体は観測量ではない．

例題：　(12.15) を導出せよ．

解説：　まず (12.14) を因数分解することを試みる．このために，$Tk^2 = \rho\omega_k^2$ に注意して生成・消滅演算子を次のように定義する．

$$\hat{a}_k = \frac{1}{\sqrt{2\hbar\omega_k\rho}}(\hat{P}_k - i\omega_k\rho\hat{Q}_k), \tag{12.17a}$$

$$\hat{a}_k^\dagger = \frac{1}{\sqrt{2\hbar\omega_k\rho}}(\hat{P}_{-k} + i\omega_k\rho\hat{Q}_{-k}). \tag{12.17b}$$

ここで $\hat{Q}_k^\dagger = \hat{Q}_{-k}$ などに注意すると，生成演算子は $\hat{a}_k$ のエルミート共役であることがわかる．すると，(12.13) から，交換関係 (12.16) を導ける．さらに $\hat{P}_k, \hat{Q}_{-k}$ が交換しないことを考慮して，(12.14) の因数分解を対称化した表現にする．すなわち，

$$\hat{H} = \frac{1}{2}\sum_k \hbar\omega_k\{\hat{a}_k, \hat{a}_k^\dagger\} \tag{12.18}$$

が成り立つ．これを (12.16) を用いて整理すれば，(12.15) を得る．

12.2 古典電磁場の正準形式

マックスウェル方程式から出発して，電磁場の正準形式を定式化する．電場と磁場を同等に扱うために，CGS ガウス単位系を用いる．こうすると $\boldsymbol{B}$ と $\boldsymbol{H}$ を区別しなくてよい．さらに表記を簡単にするために光速 c を 1 におく．この表記は，誘電率が出てこない限り，第 11 章で用いた SI 単位系と実質上同じになる．すると真空中のマックスウェル方程式は以下のように書ける．

$$\nabla\times\boldsymbol{B} = \dot{\boldsymbol{E}}, \qquad \nabla\times\boldsymbol{E} = -\dot{\boldsymbol{B}}. \tag{12.19}$$

ベクトル・ポテンシャル $\boldsymbol{A}$ とスカラー・ポテンシャル ϕ を導入すると，$\boldsymbol{B} = \nabla\times\boldsymbol{A}$, $\boldsymbol{E} = -\nabla\phi - \dot{\boldsymbol{A}}$ と表される．真空中では電荷がないので $\Delta\phi = 0$ となり，$\phi = 0$ とゲージを選ぶことができる．さらにクーロン・ゲージの条件 $\mathrm{div}\boldsymbol{A} = 0$ を追加できる．このようにして，ベクトル・ポテンシャルは横波成分だけになる．電磁波のモードは，波数 $\boldsymbol{k}$ と横波の偏りに対応する単位ベクトル $\boldsymbol{e}_\lambda$ で指定されるので，以下のようにモードに分解できる．

$$\boldsymbol{A}(\boldsymbol{r},t) = \sum_{\boldsymbol{k}\lambda} q_{\boldsymbol{k}\lambda}(t)\boldsymbol{A}_{\boldsymbol{k}\lambda}(\boldsymbol{r}), \tag{12.20}$$

$$\boldsymbol{A}_{\boldsymbol{k}\lambda}(\boldsymbol{r}) = \sqrt{\frac{4\pi}{V}}\boldsymbol{e}_\lambda \exp(i\boldsymbol{k}\cdot\boldsymbol{r}). \tag{12.21}$$

波数を決めると，これに垂直な単位ベクトルとして独立なものは 2 個ある．例えば，$\boldsymbol{k}$ が z 軸に平行ならば，$\boldsymbol{e}_\lambda$ は x 軸と y 軸方向の単位ベクトルにとることができる．これを直線偏光とよぶ．

一方，$\boldsymbol{e}_\lambda = \boldsymbol{e}_x + i\boldsymbol{e}_y$ と選ぶと，y 方向の場の位相は x 方向よりも $\pi/2$ 進んでいる波を表す．x 方向の電場 E_x の時間依存性が $\cos\omega t$ で与えられる場合には，E_y は $\cos(\omega t + \pi/2) = -\sin\omega t$ となるので，$(E_x, E_y) \propto (\cos\omega t, -\sin\omega t)$ は円周上を動く．これを円偏光とよぶ．逆回りの円偏光は $\boldsymbol{e}_\lambda = \boldsymbol{e}_x - i\boldsymbol{e}_y$ で与えられる．

無限に広がった真空は数学的に扱いにくいので，十分に大きい体積 V をとって周期的境界条件を課すことにする．電場と磁場を固有モードで展開すると

$$\boldsymbol{E} = -\dot{\boldsymbol{A}} = -\sum_{\boldsymbol{k}\lambda} \dot{q}_{\boldsymbol{k}\lambda} \boldsymbol{A}_{\boldsymbol{k}\lambda}, \tag{12.22}$$

$$\boldsymbol{B} = \nabla \times \boldsymbol{A} = i\sum_{\boldsymbol{k}\lambda} q_{\boldsymbol{k}\lambda} \boldsymbol{k} \times \boldsymbol{A}_{\boldsymbol{k}\lambda} \tag{12.23}$$

となる．マックスウェル方程式は $\Delta\boldsymbol{A} - \ddot{\boldsymbol{A}} = 0$ と表されるが，空間部分と時間部分に変数を分離したので，$\boldsymbol{A}$ の時間部分に着目すると，

$$\ddot{q}_{\boldsymbol{k}\lambda}(t) + \omega_{\boldsymbol{k}}^2 q_{\boldsymbol{k}\lambda}(t) = 0 \tag{12.24}$$

となり，マックスウェル方程式は調和振動子の運動方程式に帰着する．ここで $\omega_{\boldsymbol{k}} = |\boldsymbol{k}| \equiv k$ は光の振動数であるが，$c = 1$ としていることに注意する．

さて，電磁場のエネルギー U は

$$U = \int \frac{d\boldsymbol{r}}{8\pi} \left(\boldsymbol{E}^2 + \boldsymbol{B}^2\right) \tag{12.25}$$

と書ける．$\boldsymbol{E}$ と $\boldsymbol{B}$ を固有モードで書き直すと，ベクトル解析の公式を用いて空間積分を実行することができ，少し計算すると

$$U = \frac{1}{2}\sum_{\boldsymbol{k}\lambda} \left(\dot{q}_{\boldsymbol{k}\lambda}\dot{q}_{-\boldsymbol{k}\lambda} + k^2 q_{\boldsymbol{k}\lambda} q_{-\boldsymbol{k}\lambda}\right) \tag{12.26}$$

を得る．運動量が $p_{\boldsymbol{k}\lambda} = \dot{q}_{\boldsymbol{k}\lambda}$ で与えられることに注意すると，(12.26) から古典電磁場の正準形式を得ることができる．

研究課題： (12.26) を導出せよ．

解説： (12.21) において，直交関係

$$\int d\boldsymbol{r} \boldsymbol{A}_{\boldsymbol{k}\lambda}(\boldsymbol{r}) \cdot \boldsymbol{A}_{-\boldsymbol{k}\mu}(\boldsymbol{r}) = 4\pi\delta_{\lambda\mu} \tag{12.27}$$

が成立する．したがって，$\boldsymbol{E}^2$ の積分から，電磁場の運動エネルギー $\sum_{\boldsymbol{k}\lambda} \dot{q}_{\boldsymbol{k}\lambda}\dot{q}_{-\boldsymbol{k}\lambda}/2$ が出る．一方，$\boldsymbol{B}^2$ の積分で生き残る項は

$$(\boldsymbol{k} \times \boldsymbol{A}_{\boldsymbol{k}\lambda}) \cdot (\boldsymbol{k} \times \boldsymbol{A}_{-\boldsymbol{k}\lambda}) \tag{12.28}$$

であるが，ベクトル解析の公式 $\boldsymbol{a}\cdot(\boldsymbol{b}\times\boldsymbol{c})=\boldsymbol{b}\cdot(\boldsymbol{c}\times\boldsymbol{a})=\boldsymbol{c}\cdot(\boldsymbol{a}\times\boldsymbol{b})$ および $\boldsymbol{a}\times(\boldsymbol{b}\times\boldsymbol{c})=\boldsymbol{b}(\boldsymbol{a}\cdot\boldsymbol{c})-\boldsymbol{c}(\boldsymbol{a}\cdot\boldsymbol{b})$ を使うと，

$$(\boldsymbol{k}\times\boldsymbol{A}_{\boldsymbol{k}\lambda})\cdot(\boldsymbol{k}\times\boldsymbol{A}_{-\boldsymbol{k}\lambda})=-\boldsymbol{A}_{-\boldsymbol{k}\lambda}\cdot[\boldsymbol{k}\times(\boldsymbol{k}\times\boldsymbol{A}_{\boldsymbol{k}\lambda})]=\boldsymbol{k}^2\boldsymbol{A}_{\boldsymbol{k}\lambda}\cdot\boldsymbol{A}_{-\boldsymbol{k}\lambda} \tag{12.29}$$

を得る．ここで横波条件 $\boldsymbol{k}\cdot\boldsymbol{A}_{\boldsymbol{k}\lambda}=0$ を用いている．このようにして，$\boldsymbol{B}^2$ の積分から，ばねの弾性エネルギーに相当する成分 $\sum_{\boldsymbol{k}\lambda}k^2q_{\boldsymbol{k}\lambda}q_{-\boldsymbol{k}\lambda}/2$ が出る．以上より，(12.26) が導出された．

12.3 電磁場の量子化

弦振動の量子化の手順を参照して，電磁場の正準量子化を行う．モード $(\boldsymbol{k},\boldsymbol{e}_\lambda)$ の光子を生成・消滅させる演算子をそれぞれ $\hat{a}^\dagger_{\boldsymbol{k}\lambda},\hat{a}_{\boldsymbol{k}\lambda}$ と書き，時間依存性をあからさまに考慮すると，

$$\hat{q}_{\boldsymbol{k}\lambda}(t)=\sqrt{\frac{\hbar}{2\omega_{\boldsymbol{k}}}}\left(\hat{a}_{\boldsymbol{k}\lambda}e^{-i\omega_{\boldsymbol{k}}t}+\hat{a}^\dagger_{-\boldsymbol{k}\lambda}e^{i\omega_{\boldsymbol{k}}t}\right),\qquad \hat{q}_{-\boldsymbol{k}\lambda}(t)=\hat{q}_{\boldsymbol{k}\lambda}(t)^\dagger, \tag{12.30a}$$

$$\hat{p}_{\boldsymbol{k}\lambda}(t)=-i\sqrt{\frac{\hbar\omega_{\boldsymbol{k}}}{2}}\left(\hat{a}_{\boldsymbol{k}\lambda}e^{-i\omega_{\boldsymbol{k}}t}-\hat{a}^\dagger_{-\boldsymbol{k}\lambda}e^{i\omega_{\boldsymbol{k}}t}\right),\qquad \hat{p}_{-\boldsymbol{k}\lambda}(t)=\hat{p}_{\boldsymbol{k}\lambda}(t)^\dagger \tag{12.30b}$$

を得る．これらは，(12.17a), (12.17b) を逆に解いたことに対応する．

電磁場のエネルギーを量子化したハミルトニアン $\hat{H}$ と見ると，1 次元の弦の場合と同じ計算により，

$$\hat{H}=\sum_{\boldsymbol{k}\lambda}\hbar\omega_{\boldsymbol{k}}\left(\hat{a}^\dagger_{\boldsymbol{k}\lambda}\hat{a}_{\boldsymbol{k}\lambda}+\frac{1}{2}\right) \tag{12.31}$$

を得る．ここで，各モードのゼロ点エネルギー 1/2 の和は発散するが，これを除くように真空エネルギーの原点をずらすことができる．いずれにせよ，励起エネルギーは有限になる．これから，光子演算子のハイゼンベルク表示として

$$\hat{a}_{\boldsymbol{k}\lambda}(t)=e^{it\hat{H}/\hbar}\hat{a}_{\boldsymbol{k}\lambda}e^{-it\hat{H}/\hbar}=\hat{a}_{\boldsymbol{k}\lambda}e^{-i\omega_{\boldsymbol{k}}t}, \tag{12.32a}$$

$$\hat{a}^\dagger_{\boldsymbol{k}\lambda}(t)=e^{it\hat{H}/\hbar}\hat{a}^\dagger_{\boldsymbol{k}\lambda}e^{-it\hat{H}/\hbar}=\hat{a}^\dagger_{\boldsymbol{k}\lambda}e^{i\omega_{\boldsymbol{k}}t} \tag{12.32b}$$

を得る．ただし，$\omega_{\boldsymbol{k}}=\omega_{-\boldsymbol{k}}$ に注意する．

電磁場のエネルギーの流れはポインティング・ベクトル $\boldsymbol{P}$ で表される．すな

わち，

$$\boldsymbol{P} = \frac{1}{4\pi}\int d\boldsymbol{r}\,(\boldsymbol{E}\times\boldsymbol{B}) \tag{12.33}$$

である．これを量子化して電磁場の生成・消滅演算子で表すと，

$$\hat{\boldsymbol{P}} = \sum_{\boldsymbol{k}\lambda}\hbar\boldsymbol{k}\hat{a}^{\dagger}_{\boldsymbol{k}\lambda}\hat{a}_{\boldsymbol{k}\lambda} \tag{12.34}$$

を得る．この結果は，**光子 1 個あたりの運動量が $\hbar\boldsymbol{k}$ で与えられること**を自然に表現している．

研究課題：　(12.34) を導出せよ．

解説：　(12.33) の積分で生き残る項は，$\boldsymbol{A}_{\boldsymbol{k}\lambda}(\boldsymbol{r})$ の直交性から

$$i\dot{q}_{\boldsymbol{k}\lambda}q_{-\boldsymbol{k}\lambda}\boldsymbol{A}_{\boldsymbol{k}\lambda}\times(\boldsymbol{k}\times\boldsymbol{A}_{-\boldsymbol{k}\lambda}) \tag{12.35}$$

の形をしている．ベクトル解析の公式から外積を内積の和に直し，横波条件を使うと，

$$\boldsymbol{P} = i\sum_{\boldsymbol{k}\lambda}\boldsymbol{k}\dot{q}_{\boldsymbol{k}\lambda}q_{-\boldsymbol{k}\lambda} \tag{12.36}$$

となる．ここで $\dot{q}_{\boldsymbol{k}\lambda}, q_{-\boldsymbol{k}\lambda}$ を量子化して，生成・消滅演算子で表現すると，(12.34) が得られる．

12.4　光と物質の相互作用

第 11 章では，静的な磁場中の電子の運動を議論した．その際，パウリの非相対論的近似による方程式 (11.73) を用いた．電磁場中の荷電粒子のハミルトニアンは，この式に現れるベクトル・ポテンシャルを時空に依存した形に置き換えればよい．すなわち，

$$\hat{H} = \frac{1}{2m_{\mathrm{e}}}\left(\hat{\boldsymbol{p}} + e\hat{\boldsymbol{A}}\right)^2 + V(r) + \mu_B\hat{\sigma}\cdot\hat{\boldsymbol{B}} \tag{12.37}$$

を考える．ここで，ベクトル・ポテンシャルと磁場は量子化された演算子とした．光子の波数 $\boldsymbol{k}$ と偏り $\boldsymbol{e}_\lambda$ を用いて

$$\hat{\boldsymbol{A}}(\boldsymbol{r},t) = \sum_{\boldsymbol{k}\lambda}\sqrt{\frac{2\pi\hbar}{\omega_k V}}\boldsymbol{e}_\lambda\left(\hat{a}_{\boldsymbol{k}\lambda}(t)e^{i\boldsymbol{k}\cdot\boldsymbol{r}} + \hat{a}^{\dagger}_{\boldsymbol{k}\lambda}(t)e^{-i\boldsymbol{k}\cdot\boldsymbol{r}}\right), \tag{12.38a}$$

$$\hat{\boldsymbol{B}}(\boldsymbol{r},t) = i\sum_{\boldsymbol{k}\lambda}\sqrt{\frac{2\pi\hbar}{\omega_k V}}\boldsymbol{k}\times\boldsymbol{e}_\lambda\left(\hat{a}_{\boldsymbol{k}\lambda}(t)e^{i\boldsymbol{k}\cdot\boldsymbol{r}} - \hat{a}^{\dagger}_{\boldsymbol{k}\lambda}(t)e^{-i\boldsymbol{k}\cdot\boldsymbol{r}}\right) \tag{12.38b}$$

と表される．

電磁場がないときのハミルトニアン $\hat{H}_0$ を非摂動ハミルトニアンとみなして，全ハミルトニアン $\hat{H} = \hat{H}_0 + \hat{H}_1$ から電磁場による摂動項 $\hat{H}_1$ を分離すると，

$$\hat{H}_1 = \frac{e}{m_\mathrm{e}}\hat{\boldsymbol{A}}\cdot\hat{\boldsymbol{p}} + \frac{e^2}{2m_\mathrm{e}}\hat{\boldsymbol{A}}^2 + \mu_B\hat{\sigma}\cdot\hat{\boldsymbol{B}} \tag{12.39}$$

と電子と光の相互作用が得られる．ここで横波条件 $\nabla\cdot\boldsymbol{A} = 0$ を用いている．摂動ハミルトニアン (12.39) の第 1 項は，光の生成・消滅演算子について 1 次であり，電子の軌道運動による光の吸収と放出を表す．また，第 2 項は，光子が 2 個生成 $(\hat{a}^\dagger\hat{a}^\dagger)$ あるいは消滅 $(\hat{a}\hat{a})$ する過程，および光の散乱 $(\hat{a}^\dagger\hat{a}, \hat{a}\hat{a}^\dagger)$ を表す．第 3 項は電子のスピン自由度による光の吸収と放出を表す．

研究課題： 水素原子で (12.39) の第 1 項と第 3 項の大きさの比を見積もれ．

解説： 光の吸収あるいは放出については (12.39) の第 2 項は関与しない．水素原子では，第 1 項は第 3 項よりもはるかに大きい．これを示すために，相互作用に重要な寄与をする光の波数を見積もる．水素原子の励起エネルギーは $\mathrm{Ryd} = e^2/(2a_\mathrm{B})$ の程度なので，対応する光の波数 k は $\hbar ck \simeq e^2/a_\mathrm{B}$ を満たす．すなわち，$ka_\mathrm{B} \simeq e^2/(\hbar c) \equiv \alpha \sim 1/137$ である．磁場の大きさの程度は，ベクトル・ポテンシャルに k をかけた程度である．k が現れるのは空間微分にともなう．したがって，両者の比をとると

$$\langle\frac{e\hbar}{m_\mathrm{e}c}\sigma\cdot\boldsymbol{B}\rangle / \langle\frac{e}{m_\mathrm{e}c}\boldsymbol{A}\cdot\boldsymbol{p}\rangle \simeq ka_\mathrm{B} \sim \frac{1}{137} \tag{12.40}$$

のように見積もることができる．すなわち，(12.39) の第 3 項は第 1 項に比べて 2 桁小さい．次章では，光との相互作用による量子力学的遷移を実際に計算するが，上記の見積もりから第 1 項だけを残すことにする．

13 量子力学的遷移

いままでは，定常状態の量子力学を扱ってきた．実際の応用では，量子状態間の遷移確率を議論することが非常に多い．量子力学が誕生するきっかけとなった多くの実験でも，原子の励起状態から基底状態への遷移や，原子の散乱が重要な役割を演じている．本章では，遷移確率を求めるための考え方を説明し，重要な例題を解説する．摂動論を時間に依存した現象に適用すると，量子力学的遷移の議論ができる．これによって，量子力学と実験的測定の橋渡しができる．

13.1 時間に依存する摂動

ハミルトニアン $\hat{H}$ が無摂動部分 $\hat{H}_0$ と時間に依存する摂動 $\hat{V}(t)$ からなる系を考える．たとえば，交流電場中の水素原子の場合には，$\hat{V}(t)$ は $\cos\omega t$ の時間依存性をもつ．シュレーディンガー方程式は

$$i\hbar\frac{\partial}{\partial t}\psi(\boldsymbol{r},t) = \left[\hat{H}_0 + \hat{V}(t)\right]\psi(\boldsymbol{r},t) \tag{13.1}$$

となる．任意の時刻 t_0 をとり，$\hat{V}(t)$ は $t < t_0$ には存在せず，固有状態 $\phi_0(\boldsymbol{r},t)$ が実現していたと仮定する．$t > t_0$ の状態は，$\hat{H}_0$ の固有状態 $\phi_k(\boldsymbol{r},t)$ の重ね合わせで表現される．すなわち，座標 $\boldsymbol{r}$ を省略して

$$\psi(t) = \sum_k a_k(t)\phi_k(t) \tag{13.2}$$

と表される．これを (13.1) に代入すると，

$$i\hbar\sum_k \dot{a}_k(t)\phi_k(t) = \sum_k \hat{V}(t)a_k(t)\phi_k(t) \tag{13.3}$$

が得られるが，両辺に左側から $\phi_m(\boldsymbol{r},t)^*$ をかけて空間積分する．ここで，記号 $\omega_{mk} \equiv (E_m - E_k)/\hbar$ を導入すると，積分結果は $\phi_k(\boldsymbol{r},t) = \phi_k(\boldsymbol{r})\exp(-iE_k t/\hbar)$ に注意して

$$\int d\boldsymbol{r}\phi_m(\boldsymbol{r})^*\hat{V}(\boldsymbol{r},t)\phi_k(\boldsymbol{r})e^{i\omega_{mk}t} \equiv V_{mk}(t)e^{i\omega_{mk}t} \tag{13.4}$$

と簡潔に書ける．そこで

$$i\hbar\frac{\partial}{\partial t}a_m(t) = \sum_k V_{mk}(t)\exp(i\omega_{mk}t)a_k(t) \tag{13.5}$$

が得られる．

$t = t_0$ においては，初期条件の仮定から $a_0 = 1$ かつ $a_k = 0$ $(k \neq 0)$ が成り立つことに注意すると，(13.5) の両辺を積分して，逐次近似に便利な形

$$a_m(t) = \delta_{m0} - \frac{i}{\hbar}\sum_k \int_{t_0}^{t} dt' V_{mk}(t')\exp(i\omega_{mk}t')a_k(t') \tag{13.6}$$

を得る．これから $O(V)$ の精度で

$$a_0(t) = 1 - \frac{i}{\hbar}\int_{t_0}^{t} dt' V_{00}(t'), \tag{13.7a}$$

$$a_k(t) = -\frac{i}{\hbar}\int_{t_0}^{t} dt' V_{k0}(t')\exp(i\omega_{k0}t') \tag{13.7b}$$

と確率振幅を求めることができる．最低次の近似が許されるのは，摂動 $\hat{V}$ が運動エネルギーに比べて十分小さい場合である．**この最低次の近似は，ボルン近似とよばれる．**ここで，$\hat{V}(t)$ の時間依存性は任意であることに注意する．したがって，時間によらない場合も許される．この場合には，$\hat{H}_0 + \hat{V}$ の定常解が存在するが，$t < t_0$ での境界条件として $\hat{H}_0$ の固有状態が実現する場合をとると，この状態から $\hat{H}_0$ の別の状態への遷移を議論することもできる．

13.2 遷移確率の黄金律

(13.7b) は，任意の時間依存性をもつ摂動に対して成立する．ここでは，特に有用な場合である振動数 ω (> 0) をもつ周期的な摂動があるときの遷移確率を求める．具体的には，エルミート演算子

$$-\hat{V}(t) = \hat{F}e^{-i\omega t} + \hat{F}^\dagger e^{i\omega t} \tag{13.8}$$

をとり，$t < t_0$ では $\hat{V}(t) = 0$ とする．(13.7b) に代入して，十分大きい t に対して，励起エネルギーが正 $(\omega_{k0} > 0)$ の場合を考えると，$\omega_{k0} \simeq \omega$ の成分以外は被積分関数が振動するために小さい寄与しか与えない．したがって，$\hat{F}^\dagger$ の寄与は無視でき，

$$a_k(t) = \frac{i}{\hbar} F_{k0} \int_{t_0}^{t} dt' \exp\left[i(\omega_{k0} - \omega)t'\right] \to \frac{2\pi i}{\hbar} F_{k0} \delta(\omega_{k0} - \omega) \quad (13.9)$$

を得る．最後の表現は $t \to \infty$ かつ $t_0 \to -\infty$ の極限をとった結果である．極限の詳細は以下の例題で議論する．$\omega_{k0} = \omega$ が満たされることは，古典力学の共鳴に対応するが，量子力学ではエネルギー保存の意味をもつ．これは，$\hbar\omega$ のエネルギー量子が ϕ_0 の状態に加えられて，$\hbar\omega + E_0 = E_k$ の状態に遷移するからである．エネルギー保存が満たされる場合には (13.9) の被積分関数が 1 になるので，任意の時間間隔に対して，

$$a_k(t) = \frac{i}{\hbar}(t - t_0) F_{k0} \quad (13.10)$$

が成り立つ．したがって，(13.9), (13.10) を組み合わせて極限 $t \to \infty$ かつ $t_0 \to -\infty$ の場合の $|a_k(t)|^2$ を求めることができる．これは，ϕ_0 以外の状態 ϕ_k が実現する確率を与える．単位時間あたりの遷移確率 $w_{k\leftarrow 0}$ は $|a_k(t)|^2/(t - t_0)$ によって求めることができる．以下の例題を参照すると

$$w_{k\leftarrow 0} = \lim_{t\to\infty} \lim_{t_0\to-\infty} \frac{|a_k(t)|^2}{t - t_0} = \frac{2\pi}{\hbar} |F_{k0}|^2 \delta(E_k - E_0 - \hbar\omega) \quad (13.11)$$

を得る．ここで，デルタ関数の中身を振動数からエネルギーに変えている．

一方，はじめの状態が励起状態 ϕ_k であり，これがエネルギーのより小さい状態 ϕ_0 に遷移する確率 $w_{0\leftarrow k}$ を考える．この場合は (13.8)の $\hat{F}^\dagger e^{i\omega t}$ が，ゆっくりと振動する被積分関数を与えることがわかる．行列要素が $(\hat{F}^\dagger)_{0k} = (\hat{F})^*_{k0}$ を満たすことに注意すると結果は

$$w_{0\leftarrow k} = \frac{2\pi}{\hbar} |F_{k0}|^2 \delta(E_k - E_0 - \hbar\omega) \quad (13.12)$$

となり，$w_{k\leftarrow 0}$ とまったく同じになる．有限時間内の測定では，エネルギーに不確定性があるが，観測に要する時間間隔 $t - t_0$ が，量子力学的運動を支配する時間の尺度よりも桁違いに大きい場合には，有限の幅 $\hbar/(t - t_0)$ は無視できる．したがって，(13.11) および (13.12) は，実際の現象を解析するために使える．**この公式は非常に有用なので，黄金律 (golden rule) とよばれている．**黄金律は，高次の摂動効果も取り入れるように精密化することができる．これについては，13.5 節で説明する．

例題：　$w_{k\leftarrow 0}$ **を有限の幅をもった関数の極限として求めよ．**

解説：　(13.9), (13.11) において $t = -t_0 = T$, $\omega - \omega_{k0} = \Delta\omega$ とおくと

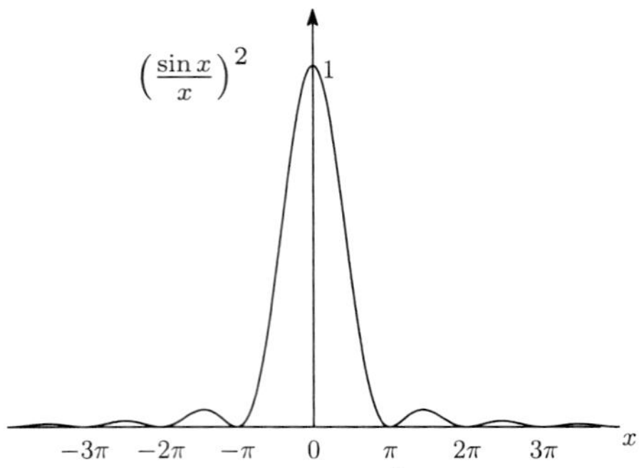

図 **13.1** 関数 $(\sin x/x)^2$ の x 依存性

$$a_k(T) = \frac{i}{\hbar}F_{k0}\int_{-T}^{T} dt\exp(-it\Delta\omega) = \frac{i}{\hbar}F_{k0}\frac{2\sin T\Delta\omega}{\Delta\omega} \tag{13.13}$$

が得られる．単位時間あたりの遷移確率は

$$w_{k\leftarrow 0} = \frac{|a_k(T)|^2}{2T} = \hbar^{-2}|F_{k0}|^2 2T\left(\frac{\sin T\Delta\omega}{T\Delta\omega}\right)^2 \tag{13.14}$$

と求められる．$\Delta\omega \neq 0$ の場合には，T の増大とともに右辺はデルタ関数に近づく．なぜなら，図 13.1 に示すように $(\sin x/x)^2$ は，$|x|$ が π に比べて大きくなると，急速に減少すること，および積分公式から $\int_{-\infty}^{\infty} dx(\sin x/x)^2 = \pi$ となるからである．すなわち，

$$\lim_{T\to\infty} T\left(\frac{\sin T\Delta\omega}{T\Delta\omega}\right)^2 = \pi\delta(\Delta\omega) \tag{13.15}$$

が成り立つ．

例題： 水素原子が $2p$ 状態から $1s$ 状態に遷移する際の時間尺度を見積もれ．

解説： 不確定性原理を用いると，Ryd のエネルギーに対応する特性的時間 τ は，SI 単位に揃えて

$$\tau = \frac{\hbar}{\mathrm{Ryd}} = \frac{1.1\times 10^{-34}}{13.6\times 1.6\times 10^{-19}} \sim 5\times 10^{-17}\mathrm{s} \tag{13.16}$$

と見積もられる．$1s$ と $2p$ のエネルギー差は 0.75 Ryd なので，特性的時間は 10^{-16}s 程度になる．このように短い時間分解能で測定を行わない限り，エネルギー保存すなわち黄金律が成り立つ．$2p$ 励起状態が光を放出して $1s$ 基底状態に遷移する確率 は (13.77) で見積もられるが，τ より 10^7 倍程度長い．この場合にはエネルギー保存は十分に成立する．

13.3 散乱の量子力学的記述

散乱現象へのアプローチとして，定常状態の摂動論と時間に依存する摂動論の両方が可能である．すなわち，定常的に供給される無限遠で一様な確率密度流が，散乱ポテンシャルによって乱される様相を調べると，時間依存性をあからさまに入れなくても散乱状態の波動関数を求めることができる．しかし，内向きの球面波はシュレーディンガー方程式の解としては許されるのにもかかわらず，散乱状態としては不適当である．すなわち，**球対称のポテンシャルによって散乱される波は，外向きの球面波だけである**．このことは，散乱において過去から未来に向かう時間の向きが意味をもつこと，すなわちポテンシャルが原因になって，散乱が結果として生じていることを示している．原因と結果の時間的前後関係を因果律とよぶ．因果律の帰結は，時間に依存した摂動論を，初期条件を指定した上で用いることによって自然に扱うことができる．一方，最終的な結果は，時間依存性をあからさまに考慮しなくても，エネルギーに無限小の虚部を加えることによって簡単に得ることができる．本節では，上記の事情を勘案し，時間依存ならびに定常解の両方から散乱現象を議論する．ここで扱うのは，もっぱら**散乱波のエネルギーが入射波と同じ場合であり，弾性散乱とよばれる**．

まず散乱中心が原点に固定されていると仮定し，質量 m の粒子が z 軸方向に入射するように座標系をとる．散乱粒子の方向は，立体角 (θ, ϕ) で指定される．散乱中心から十分離れた場所 $\boldsymbol{r}$ での波動関数は，自由粒子の波動関数の重ね合わせであり，以下のように書ける．

$$\psi_+(\boldsymbol{r}) = e^{ikz} + \frac{f(\theta,\phi)}{r}e^{ikr} \equiv \psi_{\text{in}}(\boldsymbol{r}) + \psi_{\text{scatt}}(\boldsymbol{r}). \tag{13.17}$$

ここで，k は波数の絶対値であり，粒子のエネルギーは $E = \hbar^2k^2/(2m)$ と与えられる．また，波動関数の規格化は平面波の係数が 1 になること，あるいは大きな体積 L^3 の系を考えて，

$$\frac{1}{L^3}\int d\boldsymbol{r}|\psi_+(\boldsymbol{r})|^2 = 1 \tag{13.18}$$

としている．このように規格化条件は，首尾一貫していれば便利なものを選んで使ってよい．

(13.17) の右辺第 2 項の $\psi_{\rm scatt}(\boldsymbol{r})$ は散乱波を表す．$f(\theta,\phi)$ **は長さの次元をもつ量であり，散乱振幅とよばれる．**分母の r は，散乱波の流れの総量が散乱体からの距離によらないことから出てくる．実際，散乱波の確率密度流 $\boldsymbol{j}(\boldsymbol{r})$ を計算すると，$kr \gg 1$ では

$$\boldsymbol{j}(\boldsymbol{r}) = \frac{\hbar}{2mi}\left(\psi^*_{\rm scatt}\nabla\psi_{\rm scatt} - \psi_{\rm scatt}\nabla\psi^*_{\rm scatt}\right) \to \frac{\boldsymbol{r}}{r}\frac{\hbar k}{m}\frac{|f(\theta,\phi)|^2}{r^2} \tag{13.19}$$

となる．ここで $\nabla\psi_{\rm scatt}$ において，$kr \gg 1$ では e^{ikr} の微分だけが重要になることを用いた．この結果は，動径方向に進む波を表し，その流れの総量は $d\boldsymbol{S}$ を微小面積要素（面に垂直なベクトル）として

$$\int d\boldsymbol{S}\cdot\boldsymbol{j}(\boldsymbol{r}) = \frac{\hbar k}{m}\int d\Omega\,|f(\theta,\phi)|^2 \tag{13.20}$$

となる．この総量は r の大きさには依存しない．散乱ポテンシャルが中心力であれば，散乱波の角運動量は保存する．特にその z 成分は $m=0$ のみが許される．なぜなら，入射波は $m=0$ の成分しかもたないからである．以下，中心力の散乱だけを考えることにすると，散乱振幅を $f(\theta)$ とすることができる．

ラプラシアンの極座標表示 (9.8) を用いると，角運動量が 0 のときの自由粒子波動関数は $\phi_\pm(r) = \exp(\pm ikr)/r$ で与えられることがわかる．すなわち，球面波は自由粒子の波動関数である．$\phi_+(r)$ は外向き球面波，$\phi_-(r)$ は内向き球面波を表す．後者はシュレーディンガー方程式の解ではあるが，散乱波としては許されない．

散乱問題を扱うためには，シュレーディンガー方程式

$$(\hat{H}_0 + \hat{V})|\psi\rangle = E\,|\psi\rangle \tag{13.21}$$

を積分方程式に変換する方が都合がよい．そのために，同じ固有エネルギー E を持ち，散乱ポテンシャル V がないときの固有状態 $|\phi\rangle$ をもとにして，以下のような厳密な関係式を考える．

$$|\psi\rangle = |\phi\rangle + \frac{1}{E-\hat{H}_0}\hat{V}|\psi\rangle \tag{13.22}$$

ここで，$1/(E-\hat{H}_0) \equiv \hat{R}_0(E)$ は $E-\hat{H}_0$ の逆演算子であり，解核 (resolvent) とよばれる．この式が正しいことは，両辺に $E-\hat{H}_0$ をかけると確認できるが，$R_0(E)$ が発散する場合の対処方針が必要である．正の無限小量 ϵ を用いて

$$|\psi_\pm\rangle = |\phi\rangle + \frac{1}{E-\hat{H}_0 \pm i\epsilon}\hat{V}|\psi_\pm\rangle = |\phi\rangle + \hat{R}_0(E\pm i\epsilon)\hat{V}|\psi_\pm\rangle \tag{13.23}$$

を考察する．**上記をリップマン–シュヴィンガー(Lippmann-Schwinger) 方程式とよぶ．**すぐ示すように $|\psi_+\rangle$ は外向きの散乱波をもつ解，$|\psi_-\rangle$ は内向きの散

乱波をもつ解を表す．これを示すために，左から $\langle \boldsymbol{r}|$ をかけ，$\hat{R}, \hat{V}$ 間に完全系 $|\boldsymbol{r}'\rangle\langle\boldsymbol{r}'|$ を挿入して座標表示にする．

$$\psi_\pm(\boldsymbol{r}) = \phi(\boldsymbol{r}) + \int d\boldsymbol{r}' \left\langle \boldsymbol{r} \left| R_0(E \pm i\epsilon) \right| \boldsymbol{r}' \right\rangle \langle \boldsymbol{r}'|\hat{V}|\psi_\pm\rangle \tag{13.24}$$

これは，$\psi_\pm(\boldsymbol{r})$ に対する積分方程式であり，散乱現象で重要になる波動関数の遠方での挙動を解析する際に便利な形になっている．まず以下の関係式が成り立つことに注目する（157 ページの例題参照）．

$$\left\langle \boldsymbol{r} \left| \hat{R}_0(E \pm i\epsilon) \right| \boldsymbol{r}' \right\rangle = -\frac{2\,m}{\hbar^2}\,\frac{\exp(\pm i\,k\,|\boldsymbol{r}-\boldsymbol{r}'|\,)}{4\pi\,|\boldsymbol{r}-\boldsymbol{r}'|}. \tag{13.25}$$

つまり無限小量の正負によって球面波の向きが決まる，という不思議な結果である．これを理解するために，時間依存するシュレーディンガー方程式に戻って考える必要がある．$\epsilon > 0$ の場合には，波動関数の時間依存性を記述する因子 $\exp[-i(E+i\epsilon)t]$ の絶対値は $t \to -\infty$ で消えることに注意する．この事情は (13.24) の第 2 項が，散乱ポテンシャルの出現によって外向き球面波ができたこと，すなわち因果律に対応する．$t \to -\infty$ に関する境界条件は，時間依存摂動論を用いてリップマン–シュヴィンガー方程式を導くとあからさまになる．しかし，その際に散乱ポテンシャルを無限次まで取り入れた形式論が必要になり，結果は (13.24) と同じになる．本書では形式論の詳細には立ち入らない．

さて，$r' \ll r$ では

$$|\boldsymbol{r}-\boldsymbol{r}'| \simeq r - \hat{\boldsymbol{r}}\cdot\boldsymbol{r}' \tag{13.26}$$

が成り立つ．ここで，$\hat{\boldsymbol{r}}$ は $\boldsymbol{r}$ 方向の単位ベクトルである．したがって，ポテンシャルが到達する距離より十分遠方では，

$$\exp(\pm i\,k\,|\boldsymbol{r}-\boldsymbol{r}'|\,) \simeq \exp(\pm i\,k\,r \mp i\,\boldsymbol{k}\cdot\boldsymbol{r}') \tag{13.27}$$

としてよい．ただし，$\boldsymbol{k}$ は $\boldsymbol{r}$ 方向を向いた波数ベクトルである．これを (13.24) に代入して，$\phi(\boldsymbol{r}) = \exp(ikz)$ を用い

$$\psi_\pm(\boldsymbol{r}) \simeq e^{ikz} - \frac{m}{2\pi\hbar^2}\frac{\exp(\pm i\,k\,r)}{r}\langle \pm\boldsymbol{k}|\hat{V}|\psi_\pm\rangle \tag{13.28}$$

を得る．ただし，

$$\langle \pm\boldsymbol{k}|\hat{V}|\psi_\pm\rangle = \int \exp(\mp i\,\boldsymbol{k}\cdot\boldsymbol{r}')V(\boldsymbol{r}')\,\psi_\pm(\boldsymbol{r}')\,d\boldsymbol{r}' \tag{13.29}$$

である．したがって散乱振幅は (13.17) と比較して

$$f(\theta) = -\frac{m}{2\pi\hbar^2}\,\langle \boldsymbol{k}|\hat{V}|\psi_+\rangle \tag{13.30}$$

となることがわかる．ただし，θ は $\boldsymbol{k}$ が入射粒子の方向 (z 軸) となす角である．

微分断面積は，半径 r の球の微小面積要素をとったとき入射の流れ密度 $\boldsymbol{j}_{\rm in}$ と散乱の流れ密度 $\boldsymbol{j}_{\rm scatt}$ を用いて

$$|\boldsymbol{j}_{\rm in}|d\sigma = |\boldsymbol{j}_{\rm scatt}|r^2\, d\Omega \tag{13.31}$$

と定義されるので，

$$\frac{d\sigma}{d\Omega} = |f(\theta)|^2 \tag{13.32}$$

を得る．

散乱ポテンシャルよりも十分大きい運動エネルギーをもつ粒子の場合には，(13.30) の右辺の ψ を，第 1 項の平面波で置き換える近似が許される．別の言い方をすると，逐次近似で ψ を求める際に，V に関する展開の最低次の近似をとることにする．このボルン近似では，**(13.29) により，散乱振幅はポテンシャルのフーリエ変換で与えられる**ことがわかる．すなわち，

$$f(\boldsymbol{k},\boldsymbol{k}') = -\frac{m}{2\pi\hbar^2}\int d\boldsymbol{r}V(r)\exp\left[i(\boldsymbol{k}-\boldsymbol{k}')\cdot\boldsymbol{r}\right] \equiv -\frac{m}{2\pi\hbar^2}V(\boldsymbol{k}-\boldsymbol{k}')^* \tag{13.33}$$

である．ここで弾性散乱なので，$|\boldsymbol{k}| = |\boldsymbol{k}'|$ であり，両者のなす角度を θ とすると，$f(\theta) = f(\boldsymbol{k},\boldsymbol{k}')$ となり，(13.17) の散乱振幅に相当する．

一方，散乱を量子状態の遷移と見て，微分断面積を遷移確率の黄金律から求めることもできる．すなわち，入射波と散乱中心の相対速度を v，遷移確率を w_{fi} とすると，この遷移に対する散乱断面積 σ_{fi} は

$$L^{-3}v\sigma_{fi} = w_{fi} \tag{13.34}$$

で与えられる．ここで，$L^{-3}v$ は $|\boldsymbol{j}_{\rm in}|$ に相当する。(13.34) の両辺とも系全体で単位時間あたり $i \to f$ の反応が生ずる数を表している．w_{fi} を与える黄金律 (13.11)，(13.12) において，$\omega = 0$ とする．始状態の入射平面波状態が散乱ポテンシャル $\hat{V}$ によって別の**平面波状態** ψ_f に遷移する確率は，

$$w_{fi} = \frac{2\pi}{\hbar}\delta(E_f - E_i)|\langle f|\hat{V}|i\rangle|^2 \tag{13.35}$$

で与えられる．すなわち遷移確率の考え方では，散乱波を平面波の重ね合わせと見る．$\boldsymbol{k}_f$ の方向を定めれば，1 つの平面波が決まるわけである．また $\hat{V}$ について球対称を仮定していないところが散乱振幅 $f(\theta)$ の議論とは異なっている．

さて L^3 が大きいとエネルギーはほぼ連続的に分布する．このような場合に便利な概念として，状態密度 $\rho(E)$ がある．この意味は微小範囲 $(E, E+\delta E)$ にある状態数が単位体積あたり $\rho(E)\delta E$ で与えられる，というものである．終

状態 E_f についての和をとると，

$$\rho(E) = \frac{1}{L^3}\sum_f \delta(E - E_f) = \int \frac{d\boldsymbol{k}}{(2\pi)^3}\delta\left(E - \frac{\hbar^2 k^2}{2m}\right) = \frac{mk(E)}{2\pi^2\hbar^2} \quad (13.36)$$

が得られる．ここで，$k(E)$ は $\hbar^2 k(E)^2/(2m) = E$ で定義され，エネルギー保存から k_i と等しい．(13.34)～(13.36) を用いて終状態の波数について微小立体角要素 $d\Omega$ の範囲で和をとる．すると以下の結果を得る．

$$d\sigma_{fi} = \frac{2\pi}{\hbar v}\rho(E_i)|V(\boldsymbol{k}_i - \boldsymbol{k}_f)|^2\frac{d\Omega}{4\pi} = \left|\frac{m}{2\pi\hbar^2}V(\boldsymbol{k}_i - \boldsymbol{k}_f)\right|^2 d\Omega. \quad (13.37)$$

この結果と (13.33) と比較すると，遷移確率から求めた微分断面積は，$|f(\theta)|^2$ と等しくなることがわかる．

例題：　(13.25) を導出せよ．

解説：　解核の行列要素を平面波状態でとると，

$$\langle\boldsymbol{k}|\hat{R}_0(E \pm i\epsilon)|\boldsymbol{k}'\rangle = \frac{2m}{\hbar^2}\frac{1}{\kappa_\pm^2 - k^2}\delta_{\boldsymbol{k}\boldsymbol{k}'} \quad (13.38)$$

となる．ここで，$\kappa_\pm^2 = 2m(E \pm i\epsilon)/\hbar^2$ は正の実部と微小な虚数部分をもつ複素数である．平面波は完全系を張っており，$\langle\boldsymbol{r}|\boldsymbol{k}\rangle = \exp(i\boldsymbol{k}\cdot\boldsymbol{r})$ である．これは規格化条件

$$\frac{1}{L^3}\int d\boldsymbol{r}\langle\boldsymbol{k}|\boldsymbol{r}\rangle\langle\boldsymbol{r}|\boldsymbol{k}'\rangle = \delta_{\boldsymbol{k}\boldsymbol{k}'} \quad (13.39)$$

に対応する．一方，

$$\frac{1}{L^3}\sum_{\boldsymbol{k}}\langle\boldsymbol{r}|\boldsymbol{k}\rangle\langle\boldsymbol{k}|\boldsymbol{r}'\rangle = \delta(\boldsymbol{r} - \boldsymbol{r}') \quad (13.40)$$

である．ここで $L^{-3}\sum_{\boldsymbol{k}} \to (2\pi)^{-3}\int d\boldsymbol{k}$ を用いている．計算すべき量は

$$\langle\boldsymbol{r}|\hat{R}_0(E \pm i\epsilon)|\boldsymbol{r}'\rangle = \frac{2m}{\hbar^2}\int\frac{d\boldsymbol{k}}{(2\pi)^3}\frac{1}{\kappa_\pm^2 - k^2}e^{i\boldsymbol{k}\cdot(\boldsymbol{r}-\boldsymbol{r}')} \equiv \frac{2m}{\hbar^2}G_\pm(|\boldsymbol{r} - \boldsymbol{r}'|) \quad (13.41)$$

となる．$G_\pm(r)$ の積分において，$\boldsymbol{k}$ を極座標にすると角度部分はすぐに計算できる．この結果が動径部分 k の偶関数であることを用いて

$$G_\pm(r) = \int_0^\infty \frac{dk}{(2\pi)^2}\frac{k^2}{\kappa_\pm^2 - k^2}\cdot\frac{e^{ikr} - e^{-ikr}}{ikr}$$

$$= \frac{1}{2ir}\int_{-\infty}^{\infty}\frac{dk}{(2\pi)^2}\frac{k}{\kappa_\pm^2 - k^2}(e^{ikr} - e^{-ikr}) \quad (13.42a)$$

$$= -\frac{1}{4\pi r}\exp(\pm ikr) \quad (13.42b)$$

となる．たとえば，$G_+(r)$ に対する (13.42a) の積分では，e^{ikr} に対しては積分路を複素平面の上半部に延長し，$k = \kappa + i\epsilon$ の極を拾う．また，e^{-ikr} に対しては積分路を複素平面の下半部に延長し，$k = -\kappa - i\epsilon$ の極を拾う．両者とも $\exp(i\kappa r)$ に寄与し，(13.42b) を与える．

13.4 ラザフォード散乱

ラザフォード (Rutherford) は，原子の構造を確定した業績によって有名である．彼は α 粒子が原子によって散乱される断面積を，硬い中心からのクーロン力があるとしたモデルをとって計算し，実験とよく合っていることを示した．当時は，広がった正電荷の中で電子が調和振動する，というモデルも支持されていたが，そのようなモデルでは，α 粒子が大きな角度でも散乱されることを説明できない．ラザフォードの散乱公式は古典力学によって導出されたものであるが，量子力学による計算結果は，実は古典力学の結果と同じになる．これは量子力学が古典力学を含むことから見れば意外ではないが，量子補正が無視できたことは，物理学の発展から省みると非常に幸いなことであった．本節では，量子力学の適用によって散乱断面積を導出する．

ボルン近似では，散乱振幅の計算は簡単である．クーロン相互作用のフーリエ変換は以下のようになる．

$$V_{\mathrm{C}}(q) = \int d\boldsymbol{r}\exp(i\boldsymbol{q}\cdot\boldsymbol{r})\frac{e^2}{r} = \frac{4\pi e^2}{q^2} \tag{13.43}$$

この導出は以下の例題で行う．波数の変化 q と θ の関係が，粒子の波数 $\boldsymbol{k}$ を用いて

$$2k\sin\frac{\theta}{2} = q \tag{13.44}$$

で表されることを使うと (13.37) に代入して

$$\frac{d\sigma}{d\Omega} = |f(\theta)|^2 = \left(\frac{me^2}{2p^2\sin^2\theta/2}\right)^2 \tag{13.45}$$

と計算される．ここで $p = \hbar k$ を用いてプランク定数が出ない形にした．この散乱断面積は，近似によらない厳密な結果と一致する．

例題：　波数空間におけるクーロン相互作用 (13.43) を導出せよ．

解説：　まず湯川ポテンシャル $(e^2/r)e^{-\kappa r}$ のフーリエ変換 $V_{\mathrm{Y}}(q)$ を考え，こ

の結果で $\kappa \to 0$ の極限をとることにする．これは積分の収束を改善するためである．この計算は，(13.41) の逆フーリエ変換に相当する．角度部分を (13.47) に示すようにまず計算し，以下のように変形する．

$$\begin{aligned} V_{\mathrm{Y}}(q) &= 4\pi e^2 \int_0^\infty r^2 dr \frac{1}{r} e^{-\kappa r} \frac{e^{iqr} - e^{-iqr}}{2iqr} \\ &= \frac{2\pi e^2}{iq} \int_0^\infty dr e^{-\kappa r} \left(e^{iqr} - e^{-iqr} \right) \\ &= \frac{4\pi e^2}{q} \mathrm{Im} \frac{1}{\kappa - iq} = \frac{4\pi e^2}{q^2 + \kappa^2}. \end{aligned} \tag{13.46}$$

この結果で $\kappa \to 0$ とすれば (13.43) を得る．

13.5　S 行列と T 行列

中心力ポテンシャルによる散乱現象は，角運動量が保存することから，各 l ごとに記述することもできる．これを数学的に煩雑にならない形で見るために，まず以下のように平面波の角度平均を行う：

$$\int \frac{d\Omega}{4\pi} e^{ikz} = \frac{1}{2} \int_{-1}^{1} d\mu e^{ikr\mu} = \frac{e^{ikr} - e^{-ikr}}{2ikr} \tag{13.47}$$

この結果を解釈するのに，振動する被積分関数において $\theta \sim 0$ $(\mu \sim 1)$ および $\theta \sim \pi$ $(\mu \sim -1)$ の近傍だけが，停留性によって積分結果に寄与したと考える．そこで，緩やかに変動する角度の関数 $F(\theta)$ があると $kr \gg 1$ の場合には

$$\int \frac{d\Omega}{4\pi} F(\theta) e^{ikz} \simeq \frac{1}{2ikr} \left[F(0) e^{ikr} - F(\pi) e^{-ikr} \right] \tag{13.48}$$

と近似することができる．(13.48) は $\mu = \cos\theta$ に関する部分積分を行い，$1/(kr)$ の主要項だけを残すことによっても得られる．特に $F(\theta) = P_l(\cos\theta)$ とすると，$P_l(\pm 1) = (\pm 1)^l$ となることから

$$\int \frac{d\Omega}{4\pi} P_l(\cos\theta) e^{ikz} \simeq \frac{1}{2ikr} [e^{ikr} - (-1)^l e^{-ikr}] \tag{13.49}$$

を得る．kr の任意の値に対しては，動径部分の依存性は球ベッセル関数で与えられ，186 ページの研究課題に示すように (15.44) となる．さて，$kr \gg 1$ を仮定して (13.17) の両辺に $P_l(\cos\theta)$ をかけて積分する．右辺は

$$\int \frac{d\Omega}{4\pi} P_l(\cos\theta) e^{ikz} + \frac{e^{ikr}}{r} \int \frac{d\Omega}{4\pi} P_l(\cos\theta) f(\theta) \tag{13.50}$$

となるが，第 2 項の積分において散乱振幅の角運動量成分 f_l を

$$f(\theta) = \sum_l (2l+1) P_l(\cos\theta) f_l \tag{13.51}$$

$$f_l = \frac{1}{2}\int_{-1}^{1} d(\cos\theta) P_l(\cos\theta) f(\theta) \tag{13.52}$$

によって定義する．すると，各項を積分することができ，

$$\int \frac{d\Omega}{4\pi} P_l(\cos\theta)\psi_+(r) \simeq \frac{1}{2ikr}\{(1+2ikf_l)e^{+ikr} - e^{-ikr}(-1)^l\} \tag{13.53}$$

を得る．(13.53) は入射波と散乱波の和を内向き球面波と外向き球面波の和で表している．外向き球面波の無次元係数

$$S_l = 1 + 2ikf_l \tag{13.54}$$

を角運動量 l に対する散乱行列あるいは S 行列の要素と呼ぶ．(13.54) は**中心力場での S 行列は角運動量について対角的になる**ことを示している．平面波を用いた S 行列の表示は後に (13.63) で与える．

角運動量が保存すれば，内向きと外向き球面波の流れの総量は各 l ごとに等しいはずである．そうでないと，中心に流れがたまるか，湧き出しがあることになる．内向き球面波の振幅（絶対値）はすべての l で 1 になっているので確率密度流の保存則は $|S_l| = 1$ を要求する．すなわち角運動量の空間で **S 行列はユニタリー行列**になる．実数のパラメーター δ_l を用いて

$$S_l = \exp(2i\delta_l) \tag{13.55}$$

とおくことができる．ここで，δ_l は**位相のずれ** (phase shift) とよばれる．散乱振幅は (13.54) を解いて，

$$f_l = \frac{1}{k} e^{i\delta_l} \sin\delta_l \tag{13.56}$$

と表すことができる．散乱ポテンシャルによる位相のずれは，波動関数の遠方の振る舞いを見るとはっきりする．特に $l = 0$ の場合は簡単で，外向き球面波の位相が $kr \to kr + \delta_0$ になっている．ポテンシャルが引力的であれば，$\delta_0 > 0$ になる．これは中心部分に粒子が引き込まれるので，決まった場所で見る位相は，ポテンシャルがない場合のより遠くの場所と等しくなるからである．反対に，斥力的なポテンシャルでは，粒子がはじき出され，$\delta_0 < 0$ になる．

さて，**ユニタリー性は，散乱の全断面積 σ_{tot} と前方散乱の振幅を関連づける．**実際，角運動量成分の和をとって

$$\sigma_{\rm tot} = \int d\Omega \frac{d\sigma}{d\Omega} = 4\pi \sum_l (2l+1)|f_l|^2 = \frac{4\pi}{k^2}\sum_l (2l+1)\sin^2\delta_l$$
$$= \frac{4\pi}{k^2}\sum_l (2l+1){\rm Im}\,\sin\delta_l e^{i\delta} = \frac{4\pi}{k}{\rm Im}\,f(\theta=0) \qquad (13.57)$$

という結果を得る．これから，前方散乱は虚数部をもつ複素数であることがわかる．(13.57) は，**光学定理**とよばれている．この名前の由来は，光の減衰を表す前方散乱振幅の虚数部が光の全散乱断面積で決まっていることによる．

さて散乱振幅にも対応する演算子がある．これを S 行列にならって T 行列とよぶ．リップマン–シュヴィンガー方程式 (13.23) で，演算子 $\hat{T}$ を以下のように導入する．

$$|\psi_\pm\rangle = |\phi\rangle + \hat{R}_0(E\pm i\epsilon)\hat{V}|\psi_\pm\rangle = |\phi\rangle + \hat{R}_0(z)\hat{T}(z)|\phi\rangle. \qquad (13.58)$$

ただし，$z = E \pm i\epsilon$ である．複素数のパラメーター z をもつ演算子 $\hat{T}(z)$ が遷移行列あるいは T 行列である．形式解として

$$\hat{T}(z) = \hat{V} + \hat{V}\hat{R}_0(z)\hat{T}(z) = \hat{V} + \hat{V}\hat{R}(z)\hat{V} \qquad (13.59)$$

が成り立つ．これが正しいことは $\hat{R}(z) \equiv (z-\hat{H})^{-1} = (z-\hat{H}_0-\hat{V})^{-1}$ を $\hat{V}$ について展開すると確かめられる．散乱振幅に対する関係 (13.30) は T 行列を用いると，

$$f(\theta) = -\frac{m}{2\pi\hbar^2}\langle \boldsymbol{k}'|\hat{T}(E_{\boldsymbol{k}}+i\epsilon)|\boldsymbol{k}\rangle \qquad (13.60)$$

と表すことができる．f_l を含む関係式 (13.54), (13.56) などは，T 行列を角運動量への分解した場合の結果と解釈することができる．

散乱振幅と遷移確率と微分断面積の関係 (13.34) は，ボルン近似に限定されたものではない．さらに微分断面積と散乱振幅の関係 (13.32) も近似なしに成り立つ．したがって，T 行列要素を用いると，黄金律は

$$L^3 w_{fi} = \frac{2\pi}{\hbar}\delta(E_f - E_i)|\langle f|\hat{T}(E_i+i\epsilon)|i\rangle|^2 \qquad (13.61)$$

と一般化される．すなわち，**T 行列は遷移確率を厳密に与える．**

S 行列を平面波の基底で表現することもできる．(13.60) において，状態密度 (13.36) を用いると，微小立体角要素を微小波数ベクトル要素に関連づけられる．したがって以下の結果を得る．

$$f(\theta)\frac{d\Omega}{4\pi} = -\frac{\pi}{k}\rho(E_{\boldsymbol{k}})\langle \boldsymbol{k}'|\hat{T}(E_{\boldsymbol{k}}+i\epsilon)|\boldsymbol{k}\rangle\frac{d\Omega}{4\pi}$$
$$= -\frac{d\boldsymbol{k}}{(2\pi)^3}\delta(E_{\boldsymbol{k}}-E_{\boldsymbol{k}'})\frac{\pi}{k}\langle \boldsymbol{k}'|\hat{T}(E_{\boldsymbol{k}}+i\epsilon)|\boldsymbol{k}\rangle. \qquad (13.62)$$

これを (13.54) に代入して，平面波の始状態を i，終状態を f と書いて整理すると，

$$\langle i|\hat{S}|f\rangle = \delta_{fi} - 2\pi i\delta(E_f - E_i)\langle i|\hat{T}(E_f + i\epsilon)|f\rangle \qquad (13.63)$$

という結果を得る．この結果は，ポテンシャルが球対称でなくても正しい．同じ結果は，リップマン–シュウィンガー方程式から直接得ることもできる．すなわち，S 行列要素を外向き散乱波 ψ_{f+} と内向き散乱波 ψ_{i-} の内積として定義する．すると (13.59) を用いて

$$\langle i|\hat{S}|f\rangle = \langle\psi_{i-}|\psi_{f+}\rangle = \langle\phi_i|\psi_{f+}\rangle + \langle\phi_i|\hat{V}\hat{R}(E_i - i\epsilon)^\dagger|\psi_{f+}\rangle$$
$$= \langle\phi_i|\phi_f\rangle + \langle\phi_i|\hat{R}_0(E_f+i\epsilon)\hat{V}|\psi_{f+}\rangle + \langle\phi_i|\hat{V}\hat{R}(E_i+i\epsilon)|\psi_{f+}\rangle$$
$$= \delta_{fi} + \left(\frac{1}{E_f - E_i + i\epsilon} + \frac{1}{E_i - E_f + i\epsilon}\right)\langle\phi_i|\hat{V}|\psi_{f+}\rangle$$
$$= \delta_{fi} - 2\pi i\delta(E_i - E_f)\langle\phi_i|\hat{V}|\psi_{f+}\rangle \qquad (13.64)$$

を得る．ここで，$\langle\phi_i|\hat{V}|\psi_{f+}\rangle = \langle i|\hat{T}(E_f+i\epsilon)|f\rangle$ に注意すると，上記は (13.63) と同じ結果になっていることがわかる．

例題： 光学定理 (13.57) を平面波の基底関数で表現せよ．

解説： 角運動量表示での S 行列は，確率の保存から，ユニタリー行列であることを (13.54) で見た．**S 行列がユニタリーであることは，基底の選び方にはよらない．** したがって (13.63) でユニタリー性 $\hat{S}\hat{S}^\dagger = 1$ を要求すると，光学定理 (13.57) に対応する結果が平面波の基底で得られる．すなわち

$$\mathrm{Im}\langle\boldsymbol{k}|\hat{T}(E_{\boldsymbol{k}}+i\epsilon)|\boldsymbol{k}\rangle = -\pi\sum_{\boldsymbol{k}'}\delta(E_{\boldsymbol{k}}-E_{\boldsymbol{k}'})\left|\langle\boldsymbol{k}'|\hat{T}(E_{\boldsymbol{k}}+i\epsilon)|\boldsymbol{k}\rangle\right|^2 \qquad (13.65)$$

という表現になる．

13.6 光の放出と吸収

量子力学的遷移の基本的な現象として，光の吸収と放出を議論する．以下の議論にはすべて最低次の近似（ボルン近似）を用いる．電子の始状態について

は，波動関数を $\psi_i(\boldsymbol{r})$，エネルギーを E_i とする．また終状態については波動関数を $\psi_f(\boldsymbol{r})$，エネルギーを E_f とおく．波数と偏りが $(\boldsymbol{k}, \boldsymbol{e}_\lambda)$ で与えられる光の放出において，ベクトル・ポテンシャルの行列要素は (12.38a) から

$$\langle \boldsymbol{k}\lambda|\hat{\boldsymbol{A}}(\boldsymbol{r})|0\rangle = \sqrt{\frac{2\pi\hbar}{\omega_k V}}\boldsymbol{e}_\lambda \exp(-i\boldsymbol{k}\cdot\boldsymbol{r}) \tag{13.66}$$

となる．相互作用ハミルトニアン $\hat{V} = e\hat{\boldsymbol{A}}\cdot\hat{\boldsymbol{p}}/m_{\mathrm{e}}$ を電子・光子双方の状態で行列要素をとると

$$\begin{aligned}\langle E_f; \boldsymbol{k}\lambda|\hat{V}|E_i; 0\rangle &= \int d\boldsymbol{r}\langle \boldsymbol{k}\lambda|e\hat{\boldsymbol{A}}(\boldsymbol{r})|0\rangle\psi_f^*(\boldsymbol{r})\frac{\hat{\boldsymbol{p}}}{m_{\mathrm{e}}}\psi_i(\boldsymbol{r}) \\ &= e\sqrt{\frac{2\pi}{\hbar\omega_k V}}\int d\boldsymbol{r}\psi_f^*(\boldsymbol{r})i[\hat{H}_0, \boldsymbol{r}]\cdot\boldsymbol{e}_\lambda\psi_i(\boldsymbol{r})e^{-i\boldsymbol{k}\cdot\boldsymbol{r}} \\ &= -ie\sqrt{\frac{2\pi\hbar\omega_k}{V}}\int d\boldsymbol{r}\psi_f^*(\boldsymbol{r})\boldsymbol{r}\cdot\boldsymbol{e}_\lambda\psi_i(\boldsymbol{r})e^{-i\boldsymbol{k}\cdot\boldsymbol{r}}\end{aligned} \tag{13.67}$$

と求められる．ここで，$\hbar\hat{\boldsymbol{p}}/m_{\mathrm{e}} = i[\hat{H}_0, \boldsymbol{r}]$ の $\hbar$ 行列要素において，エネルギー保存から $(E_i - E_f)/\hbar = \omega_k$ を用いた．

さて，水素原子では $\boldsymbol{k}\cdot\boldsymbol{r}$ は 10^{-2} 程度の小さい量である．これを見るには，$\hbar ck \simeq e^2/a_{\mathrm{B}}$ の程度であることに注意して，$ka_{\mathrm{B}} \simeq e^2/(\hbar c) = \alpha \sim 1/137$ とすればよい*1)．したがって，$e^{-i\boldsymbol{k}\cdot\boldsymbol{r}}$ はよい近似で 1 とおくことができる．これを双極子近似とよぶ．ちょうど双極子モーメント $e\boldsymbol{r}$ の行列要素をとっているからである．

黄金律を用いて，$2p$ 状態から $1s$ 状態への光放出遷移を議論する．(13.12) をいまの問題に合わせて書くと

$$w_{1s+k\leftarrow 2p} = \frac{2\pi}{\hbar}|\langle 1s, k|\hat{V}|2p\rangle|^2\delta(E_{2p} - E_{1s} - \hbar\omega) \tag{13.68}$$

となる．本節の議論では電磁場を量子化して，系の一部として扱っているので，摂動ハミルトニアンは時間に依存しない．しかし，上記の結果は電磁場を振動数 ω の時間依存する外場として扱ったものと同じである．

まず，遷移確率の大きさを概算する．光速 c を復活させて，状態密度を

$$\int \frac{d^3k}{(2\pi)^3}\delta(E_{21} - \hbar\omega) = \frac{k_{21}^2}{(2\pi)^3\hbar c}\int d\Omega_{\boldsymbol{k}} \tag{13.69}$$

とする．ここで，$E_{21} = E_{2p} - E_{1s}$ であり，k_{21} は $\hbar ck_{21} = E_{21}$ から決まる波数，$d\Omega_{\boldsymbol{k}}$ は立体角要素である．一方，(13.67) からは，表記を簡略化して

---

*1) ここで物理量の次元をはっきりさせるために CGS ガウス単位系をとり，光速 c を復活させた．

$$V|\langle E_f;\boldsymbol{k}\lambda|\hat{V}|E_i;0\rangle|^2 = 2\pi\hbar\omega_k e^2|\langle f|\boldsymbol{e}_\lambda\cdot\boldsymbol{r}|i\rangle|^2 \qquad (13.70)$$

を得るので，遷移確率 w_{fi} は $\alpha = e^2/(\hbar c)$ として

$$w_{fi} = \alpha c k_{21}^3 \int \frac{d\Omega_{\boldsymbol{k}}}{2\pi}|\langle f|\boldsymbol{e}_\lambda\cdot\boldsymbol{r}|i\rangle|^2 \qquad (13.71)$$

で与えられる．右辺の次元が，確かに $[\mathrm{s}^{-1}]$ であることに注意する．

双極子近似の条件から $k_{21}r \simeq \alpha$ と評価されるので，(13.71) は $w_{fi} \simeq \alpha^3\omega \sim 10^{-6}\omega$ と概算される．これから，$2p$ 励起状態の寿命は w_{fi} の逆数をとって

$$\tau \sim 10^6 \times \frac{\hbar}{\mathrm{Ryd}} \sim 10^{-10}\ [\mathrm{s}] \qquad (13.72)$$

と評価される．より正確な評価では，$\tau \sim 1.6\times10^{-9}$ s となることを後に (13.77) で示す．

放出される光子の強度分布を求めよう．まず，始状態が決まっている場合を考える．内積を

$$\boldsymbol{e}_\lambda\cdot\boldsymbol{r} = \frac{1}{2}(e_x+ie_y)(x-iy) + \frac{1}{2}(e_x-ie_y)(x+iy) + e_z z \qquad (13.73)$$

と分解する．始状態が $2p_z$ すなわち $l=1, m=0$ であると，行列要素に寄与するのは $e_z z$ だけである．$\boldsymbol{k}\perp\boldsymbol{e}_\lambda$ を考慮すると，立体角 (θ,ϕ) 方向に放出される光子の強度分布は $1-\hat{z}^2 = \sin^2\theta$ に比例する．すなわち，xy 平面内にもっとも多く，z 軸方向では消失する．

一方，電子の始状態が $l=1, m=\pm1$ であれば，行列要素 $\langle 1s|x\mp iy|1,\pm1\rangle$ だけが有限に残り（複号同順），$x\pm iy$ や z の行列要素は消える．したがって寄与するのは $e_x\pm ie_y$ をもつ円偏光だけである．立体角 (θ,ϕ) 方向に放出される光子の強度分布は $\cos^2\theta$ に比例し，ϕ には依存しない．これに対して，$m=\pm1$ の重ね合わせである $2p_x$ が始状態であれば，強度分布は $1-\hat{x}^2 = 1-\sin^2\theta\cos^2\phi$, $2p_y$ が始状態であれば，強度分布は $1-\hat{y}^2 = 1-\sin^2\theta\sin^2\phi$ となる．当然のことながら，始状態の m について平均をとれば，放出される光子の強度分布は $\cos^2\theta+\sin^2\theta=1$ から等方的になる．

$1s$ 状態の角運動量は 0 なので，始状態の $2p$ 電子がもつ角運動量は光に移行せねばならない．この角運動量の担い手を光子のスピンと解釈する．すなわち，円偏光の光子は $l=1, m=\pm1$ のスピンをもつ．直線偏光の光子は，左向きと右向きの円偏光の重ね合わせであり，スピンの固有状態ではない．注意すべきことは，光子のスピンは 1 であるが，その成分は 3 つではなく，$m=\pm1$ の 2 つだけということである．これは横波の制限と同等である．換言すると，$\boldsymbol{k}\parallel\hat{z}$

の光子は，直線偏光であっても $m=0$ の成分はもたない．一方，波数ベクトル $\boldsymbol{k}$ が x 軸と平行な直線偏光は，$e_z z$ に寄与する．この行列要素は $m=0$ に対応するが，光子の量子化軸は進行方向ではないことに注意する．

光の吸収は，放出の逆過程である．もっとも簡単な例として，$1s$ 状態にある水素原子が，光を吸収して $2p$ 状態に遷移する場合を考えよう．z 軸に沿って入射する円偏光を吸収する場合には，角運動量の保存から $l=1, m=\pm1$ の状態が電子の終状態になる．また，直線偏光の場合には，2 つの円偏光の重ね合わせと考えれば上記と同じで，$m=0$ の終状態は許されない．しかし，入射方向を x 軸にとれば，z 軸方向に偏光した光は $m=0$ の終状態をもたらす．

いままでは，もっぱら $2p$ と $1s$ 状態の遷移を議論してきた．水素原子で一般の量子数 (n,l,m) で指定される状態間の遷移については，以下が成立する．すなわち，光の放出と吸収の行列要素は，始状態の角運動量 (l_i,m_i) と終状態の角運動量 (l_f,m_f) が

$$l_f = l_i \pm 1, \qquad m_f = m_i \pm 1 \text{ あるいは } m \tag{13.74}$$

という条件が満たされないと 0 になる．これを選択則とよぶ．

研究課題：　水素原子の $2p$ 励起状態の寿命を見積もれ．

解説：　基底状態である $1s$ への遷移確率を計算する．寿命はこの逆数になる．規格化された波動関数

$$\psi_{1s} = \frac{1}{\sqrt{\pi a_{\mathrm{B}}^3}} e^{-r/a_{\mathrm{B}}}, \qquad \psi_{2p_z} = \frac{z}{4\sqrt{2\pi a_{\mathrm{B}}^5}} e^{-r/(2a_{\mathrm{B}})} \tag{13.75}$$

に対する行列要素は，すでに (10.32) で求めてある．これにより，

$$|\langle 1s|z/a_{\mathrm{B}}|2p_z\rangle|^2 = (2/3)^{10}\, 2^5 \sim 0.55 \tag{13.76}$$

を得る．遷移確率の計算において，始状態としては $2p$ の 3 つの状態は同等として平均し，光の偏光状態については和をとることにする．たとえば z 方向へ進む光子を放出する場合には，p 状態のうち $m \pm 1$ の 2 つが寄与し，$m=0$ は寄与しない．これは，(13.76) に因子 2/3 をかけることに相当する．この因子は光子の進行方向にはよらない．したがって，遷移確率は $\alpha = e^2/(\hbar c) \sim 1/137$ として，

$$w_{1s+k\leftarrow 2p} = \left(\frac{4}{3}\right) \alpha c k_{21}^3 \, |\langle 1s|z|2p_z\rangle|^2 = \left(\frac{2}{3}\right)^{11} 2^6 \, \alpha c k_{21} (k_{21} a_{\rm B})^2$$
$$\sim 0.04 \, \alpha^5 m_{\rm e} c^2/\hbar$$
$$\sim 0.6 \times 10^9 \, [{\rm s}^{-1}] \sim \left(1.6 \times 10^{-9} \, [{\rm s}]\right)^{-1} \tag{13.77}$$

と求められる．ここで，$k_{21}a_{\rm B} = 3\alpha/8$, および，$m_{\rm e}c^2/\hbar \sim 0.78 \times 10^{21} \ {\rm s}^{-1}$ を用いた．

13.7 光 電 効 果

光子との相互作用で水素原子から電子が飛び出すことができる．これが光電効果の例である．本節では，時間に依存する摂動論の応用として，光電効果の反応断面積を求め，飛び出してくる電子の角度分布を議論する．簡単のため，陽子が止まっている系 (実験室系) で考えよう．電子の波動関数は，始状態を $1s$ 状態，終状態を平面波にとると，それぞれ

$$\psi_i(\boldsymbol{r}) = \frac{1}{\sqrt{\pi a_{\rm B}^3}} e^{-r/a_B}, \qquad \psi_f(\boldsymbol{r}) = \frac{1}{\sqrt{V}} e^{i\boldsymbol{k}\cdot\boldsymbol{r}} \tag{13.78}$$

と与えられる．V は全系の体積である．一方，光子の始状態は $(\boldsymbol{q}, \boldsymbol{e}_\lambda)$, 終状態は真空である．図 13.2 のように光の伝播方向を z 軸にとり，偏光方向を x 軸とする．光子が水素原子に衝突した後に発生する電子の飛び出す方向を立体角 (θ, ϕ) で指定する．水素原子のイオン化エネルギーは 13.6 eV なので，光量子のエネルギーがこれより大きくないと反応は起きない．限界波長は $\lambda_c = 2\pi c\hbar/{\rm Ryd} \sim 800$Å となり，紫外線の領域になる．

計算を簡単にするために，入射光のエネルギー $\hbar\omega = \hbar cq$ は Ryd よりも十分に大きいとする．この場合には，摂動に関する最低次の近似（ボルン近似）が許される．そこで，行列要素が決まれば，黄金則に従って，遷移確率 w_{fi} を計算できる．さらに自然単位系 $c = \hbar = 1$（付録 A 参照）を用いて計算を簡略化し，最後に通常の単位に戻す．光電子の波数を極座標表示して，微小体積要素 $d\boldsymbol{k}/(2\pi)^3 = k^2 dk d\Omega/(2\pi)^3$ に対応する遷移確率を dw/V と書くことにする．$d\Omega$ は立体角要素である．すなわち，

$$\frac{dw}{V} = 2\pi |\langle \boldsymbol{k}; 0|\hat{V}|1s; \boldsymbol{q}\lambda\rangle|^2 \delta\left(q - \Phi - \frac{k^2}{2m_{\rm e}}\right) \frac{k^2 dk d\Omega}{(2\pi)^3} \tag{13.79}$$

となる．ここで，Φ は一般に仕事関数とよばれる量で，いまの場合は $\Phi =$Ryd

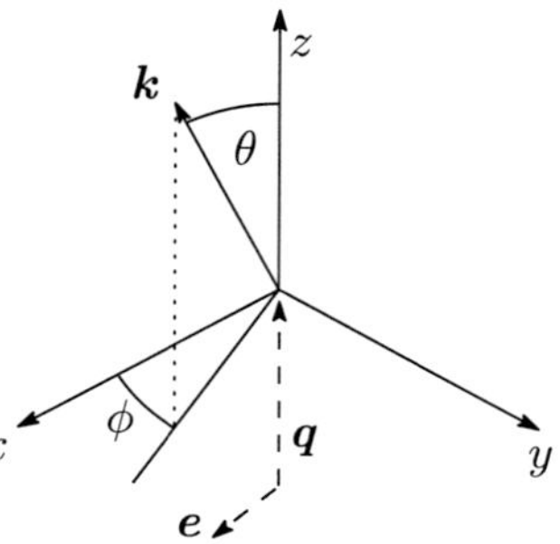

図 **13.2** 光電効果の座標配置
$\boldsymbol{q}$ は入射光子，$\boldsymbol{k}$ は放出される電子の波数である．

である．摂動ハミルトニアン $\hat{V} = e\boldsymbol{A}\cdot\boldsymbol{p}/m_{\rm e}$ の行列要素は $\boldsymbol{e}_\lambda = \hat{x}$ に注意して

$$\langle \boldsymbol{k}; 0|\hat{V}|1s; \boldsymbol{q}\lambda\rangle = \frac{ek_x}{m_{\rm e}}\sqrt{\frac{2\pi}{qV}}\int d\boldsymbol{r}\psi_f(\boldsymbol{r})^*\psi_i(\boldsymbol{r})e^{i\boldsymbol{q}\cdot\boldsymbol{r}}$$
$$= \frac{ek_x}{m_{\rm e}V}\sqrt{\frac{2a_{\rm B}^3}{q}}\frac{8\pi}{[1+(\boldsymbol{q}-\boldsymbol{k})^2a_{\rm B}^2]^2} \qquad (13.80)$$

と計算される．(13.80) の導出は例題で行う．

散乱問題では，入射粒子と的の相対速度を $v_{\rm rel}$ とすると，微分断面積は $d\sigma = Vdw/v_{\rm rel}$ で与えられる．光電効果では，光子が入射するので $v_{\rm rel} = c = 1$ である．したがって，$|\boldsymbol{k}|$ に関して積分し

$$\frac{d\sigma}{d\Omega} = 32\left(\frac{e}{m_{\rm e}}\right)^2\frac{a_{\rm B}^3}{q}e_k^2\int_0^\infty dk k^4\delta\left(q-\Phi-\frac{k^2}{2m_{\rm e}}\right)\frac{1}{[1+(\boldsymbol{k}-\boldsymbol{q})^2a_{\rm B}^2]^4}$$
$$= \lambda_{\rm e}^2\cdot\frac{32e_k^2}{a_{\rm B}q}\cdot\frac{(k_0a_{\rm B})^3}{[1+(\boldsymbol{k}_0-\boldsymbol{q})^2a_{\rm B}^2]^4} \qquad (13.81)$$

を得る．ここで，$\lambda_{\rm e} = \hbar/(m_{\rm e}c)$ は電子のコンプトン波長である．ただし次元を明示するため c と $\hbar$ を復活させている．$\boldsymbol{k}_0$ はエネルギー保存則を満たす光電子の波数であり，e_k は $e_k = (\boldsymbol{k}_0)_x/k_0 = \sin\theta\cos\phi$ と定義される．散乱断面積の結果は，$\Phi = {\rm Ryd} = \hbar^2/(2m_{\rm e}a_{\rm B}^2)$ を用いて，わかりやすい形に変形できる．すなわち，$\hbar cq = \hbar^2(k_0^2 + a_{\rm B}^{-2})/(2m_{\rm e})$ に注意すると

$$a_{\rm B}^{-2} + (\boldsymbol{k}_0-\boldsymbol{q})^2 = a_{\rm B}^{-2} + k_0^2 + q^2 - 2k_0q\cos\theta$$
$$= q(2m_{\rm e}c/\hbar + q - 2k_0\cos\theta)$$
$$\simeq 2m_{\rm e}qc/\hbar[1-(v/c)\cos\theta] \qquad (13.82)$$

となる．最後の結果は，光のエネルギーが電子の静止エネルギー (∼ 0.5 MeV)

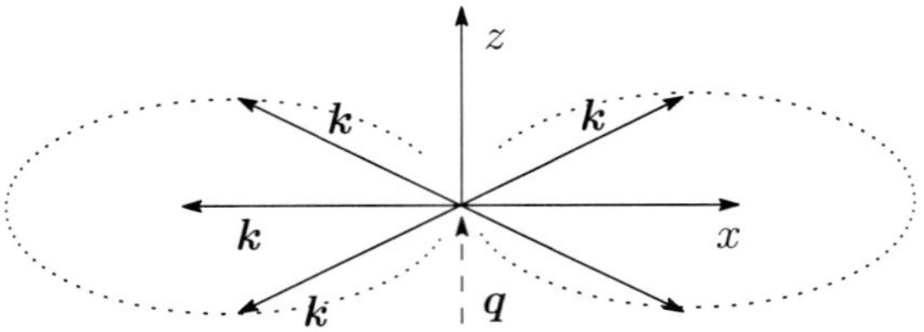

図 13.3　光電子の飛び出す角度分布
$\boldsymbol{q}$ は入射光子，$\boldsymbol{k}$ は放出される電子の波数である．

よりも十分に小さい場合に得られ，$v = \hbar k_0/m_\mathrm{e}$ は光電子の速度である．これを微分断面積の結果に代入して，$\hbar^2 k_0^2 \sim 2m_e\hbar cq$ と近似し，古典電子半径 $r_e = e^2/m_\mathrm{e}c^2$，微細構造定数 $\alpha = e^2/(c\hbar)$ を用いると

$$\frac{d\sigma}{d\Omega} = r_e^2\alpha^4\left(\frac{m_\mathrm{e}c}{\hbar q}\right)^{7/2}\frac{4\sqrt{2}\sin^2\theta\cos^2\phi}{[1-(v/c)\cos\theta]^4} \tag{13.83}$$

という結果にまとまる．これから，光電子強度の角度依存性は $\pm x$ 方向に最大になるように分布することがわかる．図 13.3 に光電子の強度分布を模式的に示す．

例題：　(13.80) を導出せよ．

解説：　$\boldsymbol{q}-\boldsymbol{k}$ の方向に z 軸を取り直して，極座標を用いると，z 軸周りの角度積分 $\int d\phi$ は因子 2π を与える．記号 $\cos\theta = \mu$, $\kappa = 1/a_\mathrm{B}$, $p = |\boldsymbol{k}-\boldsymbol{q}|$ を導入すると，残りの積分は係数を除いて以下の形になる．

$$I = \int_0^\infty r^2 dr \int_{-1}^1 d\mu \exp(-\kappa r + ipr\mu) \tag{13.84}$$

ここで，μ 積分はすぐに実行でき，結果に $\sin pr = \mathrm{Im}\, e^{ipr}$ を用いると

$$I = -\frac{2}{p}\frac{\partial}{\partial\kappa}\mathrm{Im}\int_0^\infty dr e^{-\kappa r + ipr} = \frac{2}{p}\mathrm{Im}\frac{1}{(\kappa - ip)^2} \tag{13.85}$$

と表すことができる．これを整理して (13.80) を得る．

14 多体系の量子力学

本書は，ほとんどの議論を 1 粒子系に対して行っているが，本章では多粒子系の量子力学の初歩を説明する．複数の電子など同種粒子は，人間や動物のような個性がなく，まったく見分けがつかない．具体的には，量子力学的粒子は電子などのフェルミ粒子と，光子や中間子などのボース粒子に分類される．このような事情は多体波動関数の性質とどのように関係しているかを説明する．

14.1 同 種 粒 子

前章までは，1 粒子系の量子力学を議論してきた．実際の物理系は電子，陽子，中性子，光子などの多種の粒子を多数含む．粒子を識別するラベルは質量，電荷，スピンなどの量子数である．同じ量子数をもつ粒子を**同種粒子**という．古典力学では同種粒子でも各々の位置を刻々追跡することで識別可能である．しかし，量子力学では粒子は波動関数で記述されるので，2 つの粒子の波動関数が重なっていれば識別はまったく不可能になる．

2 個の同種粒子からなる系を考える．2 個を識別するラベルを ξ_1，ξ_2 とし，全系の波動関数を $\Psi(\xi_1, \xi_2)$ と書こう．たとえば，電子なら ξ は $\xi = (\boldsymbol{r}, s_z)$ のように座標とスピンを表す．2 つの電子の入れ換えを行う演算子を $\mathcal{P}_{12}$ とおき，波動関数 $\Psi(\xi_1, \xi_2)$ に作用させて

$$\mathcal{P}_{12}\Psi(\xi_1, \xi_2) = \Psi(\xi_2, \xi_1). \tag{14.1}$$

となる．入れ換えを 2 度行えば，もとの状態に戻るので

$$\mathcal{P}_{12}^2\Psi(\xi_1, \xi_2) = \Psi(\xi_1, \xi_2). \tag{14.2}$$

したがって，$\mathcal{P}_{12}^2 = 1$ となり，その固有値は $\mathcal{P}_{12} = \pm 1$ である．すなわち，

$$\mathcal{P}_{12}\Psi(\xi_1,\xi_2)=\pm\Psi(\xi_1,\xi_2). \tag{14.3}$$

波動関数は ξ_1 と ξ_2 の対称関数か反対称関数である．

粒子はその波動関数が，対称関数のとき**ボース統計**に，反対称関数のとき**フェルミ統計**に従うという．それぞれ，**ボース粒子**（**ボソン**）あるいは**フェルミ粒子**（**フェルミオン**）といわれる．ボース粒子のスピンの大きさは $\hbar$ の整数倍 $(0,\hbar,2\hbar,\cdots)$ で，フェルミ粒子のスピンの大きさは $\hbar$ の半整数 $(\hbar/2, 3\hbar/2, 5\hbar/2,\cdots)$ である．これを**スピンと統計の関係**という．この関係は，相対論と密接に結びついており，非相対論に限った議論や人工的な物理系ではこの限りではない．代表的なフェルミ粒子は物質を構成する陽子や電子であり，ボース粒子は相互作用を媒介する光子や格子振動である．

簡単のため，相互作用をしていない 2 個の粒子を考えよう．ハミルトニアン $\hat{H}$ は各々の粒子のハミルトニアン $\hat{H}_i$ の和，$\hat{H}=\hat{H}_1+\hat{H}_2$，である．全系のシュレーディンガー方程式は波動関数を変数分離して，$\Psi(\xi_1,\xi_2)=\psi_1(\xi_1)\psi_2(\xi_2)$ とおき，解くことができる．一般に，$\Psi(\xi_1,\xi_2)$ は対称関数でも反対称関数でもない．対称関数は，

$$\Psi_{\rm s}(\xi_1,\xi_2)=N_{\rm s}\left[\psi_1(\xi_1)\psi_2(\xi_2)+\psi_1(\xi_2)\psi_2(\xi_1)\right], \tag{14.4}$$

反対称関数は

$$\Psi_{\rm a}(\xi_1,\xi_2)=\frac{1}{\sqrt{2}}\left[\psi_1(\xi_1)\psi_2(\xi_2)-\psi_1(\xi_2)\psi_2(\xi_1)\right] \tag{14.5}$$

で与えられる．ここに $N_{\rm s}$ は規格化定数である．2 つの状態が同じなら $N_{\rm s}=1/2$ であり，異なれば $N_{\rm s}=1/\sqrt{2}$ である．

さて，フェルミ粒子は反対称関数をとるので，2 つの状態が同じなら，$\Psi_{\rm a}(\xi_1,\xi_2)=0$ になる．すなわち，**同じ状態に 2 つのフェルミ粒子は存在できない**．これを**パウリの排他律**（**あるいは排他原理**）という．一般に，確率 $|\Psi(\xi_1,\xi_2)|^2$ は $\xi_1=\xi_2$ で，対称関数なら最大に，反対称関数なら最小になる．したがって，ボース粒子は互いに同一状態になろうとする性質を，フェルミ粒子は別の状態になろうとする性質をもつ．この性質は粒子間に作用する力によってではなく，粒子の統計性に起因する量子力学特有の現象である．

フェルミ粒子の波動関数は反対称化しなければ正しい量子力学系を記述できない．それでは，宇宙中に存在する無数のフェルミ粒子の入れ換えに対して反対称化する必要があるだろうか？　たとえば，地上の電子と月の電子に関しても

反対称化は必要だろうか？　この問題を論じるために，反対称化した波動関数 (14.5) を考える．$\psi_1(\xi_1)$ と $\psi_2(\xi_2)$ はそれぞれ地球と月にいる陽子に拘束された電子の波動関数とする．ところが，$\psi_1(\xi_2)$ は地球の陽子の作る波動関数に月の電子の位置 $\boldsymbol{r}_2$ を入れたものであるから，陽子と電子の距離が地球と月ほどに離れていれば，そのスピン状態がなんであれ，実質的に波動関数は $\psi_1(\xi_2) = 0$ としてよい．すなわち，十分に離れている電子同士であれば，反対称化は意味をもたない．これは，直観と一致している．ただし，水素分子を構成していた 2 つの水素原子のうちの 1 つを，電子状態を変えないようにして月まで運ぶと，話は違ってくる．この場合は，直観と反して反対称化の効果は重要である．この状況は「量子もつれ」とよばれ，第 16 章で論ずる．

実際に反対称化が重要な例としては，金属中の多電子系がある．数 cm 立方の金属は 10^{23} 程度の電子を含むが，電子は金属中に広がっているのですべての電子の波動関数を反対称化せねばならない．この結果，はじめて比熱の振る舞いなどの金属の基本的性質が理解できる．

14.2　電子対の波動関数

同種粒子が複数あると，系のエネルギーは一般に全スピンの大きさに依存する．たとえば，ヘリウム原子では、反対方向のスピンをもつ 2 個の電子はともに $1s$ 軌道に入れるが，平行スピンの場合には、パウリ原理からどちらかの電子は $2p$ 軌道あるいはより高いエネルギーの軌道に入らざるを得ない．最も簡単な例として 2 個の電子をとり，この波動関数の空間部分とスピン部分の関連を調べよう．波動関数は反対称関数 $\Psi_\mathrm{a}(\xi_1, \xi_2)$ である．空間座標の対称関数と反対称関数を $\psi_\mathrm{s}(\boldsymbol{r}_1, \boldsymbol{r}_2)$，$\psi_\mathrm{a}(\boldsymbol{r}_1, \boldsymbol{r}_2)$ とおき，スピンの対称関数と反対称関数を $\chi_\mathrm{s}(s_1, s_2)$，$\chi_\mathrm{a}(s_1, s_2)$ とおけば，

$$\Psi_\mathrm{a}(\xi_1, \xi_2) = \begin{cases} \psi_\mathrm{s}(x_1, x_2)\chi_\mathrm{a}(s_1, s_2) \\ \psi_\mathrm{a}(x_1, x_2)\chi_\mathrm{s}(s_1, s_2) \end{cases} \tag{14.6}$$

のどちらかの組み合わせになる．

さて 2 個の電子が相互作用する場合を考えよう．真空中では相互作用はクーロン斥力であるが，いまはその形を限定しない．実際，固体中ではフォノンを

媒介とした電子間相互作用が引力的になる場合がある．その場合，ある種の金属では電子対の束縛状態が形成され，超伝導が実現する．これをクーパー対と呼んでいる．本節では電子対の軌道角運動量とスピンの関係を議論する．電子間の相互作用ポテンシャルを $V(\boldsymbol{r}_1, \boldsymbol{r}_2)$ として，以下のハミルトニアン

$$H = \frac{1}{2m}\boldsymbol{p}_1^2 + \frac{1}{2m}\boldsymbol{p}_2^2 + V(\boldsymbol{r}_1, \boldsymbol{r}_2) \tag{14.7}$$

を考察する．重心座標を $\boldsymbol{R}$，その運動量を $\boldsymbol{P}$，相対座標を $\boldsymbol{r} = \boldsymbol{r}_1 - \boldsymbol{r}_2$，その運動量を $\boldsymbol{p}$ とすれば

$$\boldsymbol{R} = \frac{1}{2}(\boldsymbol{r}_1 + \boldsymbol{r}_2), \quad \boldsymbol{P} = \boldsymbol{p}_1 + \boldsymbol{p}_2, \quad \boldsymbol{r} = \boldsymbol{r}_1 - \boldsymbol{r}_2, \quad \boldsymbol{p} = \frac{1}{2}(\boldsymbol{p}_1 - \boldsymbol{p}_2) \tag{14.8}$$

である．これらをハミルトニアンに代入し，

$$H = \frac{1}{2M}\boldsymbol{P}^2 + \frac{1}{2\mu}\boldsymbol{p}^2 + V(r) \tag{14.9}$$

を得る．ここに $M = 2m$ は全質量，$\mu = m/2$ は換算質量である．ハミルトニアンは変数分離型をしている．重心座標は $V(r)$ に含まれないので自由粒子のように振る舞い，その波動関数は平面波で与えられる．一方，相対座標 $\boldsymbol{r}$ に関しては，一体の中心力ポテンシャル問題と同一である．したがって，その波動関数は $R_n^{(l)}(r)Y_{lm}(\theta, \phi)$ のように動径波動関数と球面調和関数の積に書ける．

空間座標に関して電子の座標 $\boldsymbol{r}_1$ と $\boldsymbol{r}_2$ を入れ換えると，相対座標が $\boldsymbol{r} \to -\boldsymbol{r}$ となるから，相対座標に関する空間反転をしたことになる．(9.27) より，方位量子数 l が偶数なら対称関数 $\psi_{\mathrm{s}}(\boldsymbol{r}_1, \boldsymbol{r}_2)$，奇数なら反対称関数 $\psi_{\mathrm{a}}(\boldsymbol{r}_1, \boldsymbol{r}_2)$ が対応することがわかる．

一方，スピンに関しては 8.7 節で議論したように，合成スピンの大きさとして $s = 1$ か $s = 0$ が許される．$s = 1$ 状態は (8.98) を参照して

$$|1, 1\rangle\!\rangle = |\uparrow;\uparrow\rangle, \quad |1, 0\rangle\!\rangle = \frac{|\uparrow;\downarrow\rangle + |\downarrow;\uparrow\rangle}{\sqrt{2}}, \quad |1, -1\rangle\!\rangle = |\downarrow;\downarrow\rangle \tag{14.10}$$

で与えられる．これらはスピン 3 重項（triplet）をなし，対称関数 $\chi_{\mathrm{s}}(s_1, s_2)$ を与える．古典的には平行スピン状態を模式的に示したものである．一方，$s = 0$ 状態は

$$|0, 0\rangle\!\rangle = \frac{|\uparrow;\downarrow\rangle - |\downarrow;\uparrow\rangle}{\sqrt{2}} \tag{14.11}$$

であるが，これはスピン 1 重項（singlet）をなし，反対称関数 $\chi_{\mathrm{a}}(s_1, s_2)$ を与える．古典的な反平行スピン対状態を重ね合わせると，3 重項 $|1, 0\rangle\!\rangle$ にも 1 重項 $|0, 0\rangle\!\rangle$ にもなることを注意する．

以上の議論より，自由空間にある 2 電子系の軌道角運動量の大きさ l は，スピン 3 重項に対しては奇数であり，スピン 1 重項に対しては偶数であることがわかった．金属中で超伝導を担うクーパー対は，通常スピン 1 重項かつ $l=0$ である．一方，^{3}He の超流動では，構成要素のヘリウム同位体原子はフェルミ粒子であり，その原子対はスピン 3 重項で $l=1$ をもつ束縛状態を形成する．

14.3　交換相互作用

14.2 節では互いに相手の周りを回る 2 電子系を考察した．ここでは，2 つの格子点に存在する正電荷に束縛されている 2 電子系の基底状態を扱う．まず，電子間には相互作用がないと仮定する．格子点が座標原点にあり，そこに束縛されている電子の基底波動関数を $\phi(\boldsymbol{r})$ とするなら，位置 $\boldsymbol{r}_i$ にある格子点に束縛された電子 i の波動関数は $\phi_i(\boldsymbol{r})=\phi(\boldsymbol{r}-\boldsymbol{r}_i)$ である．2 電子系のスピンは 1 重項と 3 重項に分かれる．反対称化された 2 電子系の波動関数で 1 重項に対応する空間成分 $\phi_{\rm S}$ と 3 重項に対応する空間成分 $\phi_{\rm T}$ は以下で与えられる：

$$\phi_{\rm S}(\boldsymbol{r},\boldsymbol{r}')=\frac{1}{\sqrt{2}}[\phi_1(\boldsymbol{r})\phi_2(\boldsymbol{r}')+\phi_1(\boldsymbol{r}')\phi_2(\boldsymbol{r})], \tag{14.12a}$$

$$\phi_{\rm T}(\boldsymbol{r},\boldsymbol{r}')=\frac{1}{\sqrt{2}}[\phi_1(\boldsymbol{r})\phi_2(\boldsymbol{r}')-\phi_1(\boldsymbol{r}')\phi_2(\boldsymbol{r})]. \tag{14.12b}$$

実際の電子間にはクーロン相互作用 $V(\boldsymbol{r}-\boldsymbol{r}')$ が作用している．このとき，エネルギー固有状態は 2 電子系のシュレーディンガー方程式の解として求まる．しかし，相互作用の効果が，各格子点での基底状態と第 1 励起状態との準位分裂に比べて十分に小さい場合には上記の波動関数が近似的な解になっている．相互作用エネルギーは

$$U=\int d\boldsymbol{r}d\boldsymbol{r}'\ \phi_1^*(\boldsymbol{r})\phi_1(\boldsymbol{r})V(\boldsymbol{r}-\boldsymbol{r}')\phi_2^*(\boldsymbol{r}')\phi_2(\boldsymbol{r}'), \tag{14.13a}$$

$$J=\int d\boldsymbol{r}d\boldsymbol{r}'\ \phi_1^*(\boldsymbol{r})\phi_2(\boldsymbol{r})V(\boldsymbol{r}-\boldsymbol{r}')\phi_2^*(\boldsymbol{r}')\phi_1(\boldsymbol{r}') \tag{14.13b}$$

とおいて，

$$\langle\phi_{\rm S}|H_{\rm C}|\phi_{\rm S}\rangle=U+J,\qquad \langle\phi_{\rm T}|H_{\rm C}|\phi_{\rm T}\rangle=U-J \tag{14.14}$$

となる．また，$\langle\phi_{\rm S}|H_{\rm C}|\phi_{\rm T}\rangle=0$ である．ここで $\rho_i(\boldsymbol{r})=\phi_i^*(\boldsymbol{r})\phi_i(\boldsymbol{r})$ は格子点 i の周りの電子密度であり，U は 2 つの電荷密度間に働くクーロン・エネルギーである．一方，$\phi_1^*(\boldsymbol{r})\phi_2(\boldsymbol{r})$ は別の格子点に属する電子の波動関数を交換して作っ

たものであり，積分 (14.13b) を交換積分，J を**交換エネルギー**という．これは純粋に量子力学で現れる量である．格子点が十分に離れていて，2 つの波動関数に重なりがなければ，$\phi_1^*(\boldsymbol{r})\phi_2(\boldsymbol{r})=0$ であり，交換エネルギーは零になる．

これらのエネルギー準位を記述するために次のハミルトニアンを考える．

$$H_{\mathrm{C}}^{\mathrm{eff}}=U-J\left(\frac{1}{2}+2\hat{\boldsymbol{S}}_1\cdot\hat{\boldsymbol{S}}_2\right). \tag{14.15}$$

ここで $\hat{\boldsymbol{S}}_i$ は格子点 i に付随する電子スピンである．このように，いくつかの低エネルギー準位を記述する演算子を，有効ハミルトニアンとよぶ．2 電子のスピンの大きさを s として，関係式

$$2\hat{\boldsymbol{S}}_1\cdot\hat{\boldsymbol{S}}_2=\left(\hat{\boldsymbol{S}}_1+\hat{\boldsymbol{S}}_2\right)^2-\hat{\boldsymbol{S}}_1^2-\hat{\boldsymbol{S}}_2^2=s(s+1)-\frac{1}{2}\cdot\frac{3}{2}-\frac{1}{2}\cdot\frac{3}{2} \tag{14.16}$$

が成り立つ．したがって，波動関数 (14.12) のスピン部分による期待値は，スピン 1 重項（$s=0$）に対して $\hat{\boldsymbol{S}}_1\cdot\hat{\boldsymbol{S}}_2=-3/4$，スピン 3 重項（$s=1$）に対して $\hat{\boldsymbol{S}}_1\cdot\hat{\boldsymbol{S}}_2=1/4$ だから，

$$\langle\chi_{\mathrm{a}}|H_{\mathrm{C}}^{\mathrm{eff}}|\chi_{\mathrm{a}}\rangle=U+J, \qquad \langle\chi_{\mathrm{s}}|H_{\mathrm{C}}^{\mathrm{eff}}|\chi_{\mathrm{s}}\rangle=U-J \tag{14.17}$$

となる．これは (14.14) に一致している．すなわち (14.15) を有効ハミルトニアンとするスピン間の**交換相互作用**が存在する，と解釈できる．交換エネルギー J は，以下の例題で示すように正だから，2 つの電子はスピン 3 重項 χ_{s} に属した方がエネルギーが下がることになる．したがって，基底状態は電子のスピンの向きが揃った状態である．この現象は電子が無数にあっても成り立つ．その結果，他の重要な要素が効かなければすべての電子のスピンは同一の方向を向く．これを強磁性とよぶ．

もともとのクーロン相互作用，あるいは有効ハミルトニアン (14.15) はスピン $\boldsymbol{S}$ の回転に関して不変である．ゆえに，6.4 節での定義によれば，スピン回転 G は系の対称変換である．しかし，基底状態 $|\mathcal{G}\rangle$ ではスピンの向きは揃っており，かつ，特定の方向を向いている．ゆえに，(6.63b) が該当し，**対称性は自発的に破れている**．基底状態でスピンは特定の方向を向いているが，これはエネルギーが低いから選ばれたのではない．無数の方向のうちから自発的に選択されたのである．

例題： 交換エネルギー J は正であることを示せ．

解説： (14.13b) において，$\phi_1^*(\boldsymbol{r})\phi_2(\boldsymbol{r})$ をフーリエ変換した量を

$$\varphi_{12}(\boldsymbol{q}) = \int d\boldsymbol{r} e^{-i\boldsymbol{q}\cdot\boldsymbol{r}} \phi_1^*(\boldsymbol{r})\phi_2(\boldsymbol{r}) \tag{14.18}$$

と表す．一方，クーロン相互作用のフーリエ変換は (13.43) にあるように

$$V_{\mathrm{C}}(q) = \int d\boldsymbol{r} e^{-i\boldsymbol{q}\cdot\boldsymbol{r}} \frac{e^2}{r} = \frac{4\pi e^2}{q^2} \tag{14.19}$$

と与えられる．したがって，(14.13b) を波数空間の量で表示すれば，

$$J = \int \frac{d\boldsymbol{q}}{(2\pi)^3} |\varphi_{12}(\boldsymbol{q})|^2 V_{\mathrm{C}}(q) \tag{14.20}$$

となるが，被積分関数はすべての積分領域で正である．したがって，$J > 0$ を得る．

14.4　生成・消滅演算子

7.1 節で，調和振動子を振動量子（フォノン）の生成・消滅演算子を用いて議論し，第 n 励起状態を，フォック真空 $|0\rangle$ にフォノンを n 個生成した状態と解釈した．フォック真空は $\hat{b}|0\rangle = 0$ で定義される．フォノンは任意の個数生成できるからボース粒子とみなせる．弦の振動や電磁場の量子化を行うと，多数の振動モードが出てくる．振動数を小さい方から順番に $\omega_0 < \omega_1 < \omega_2 < \cdots$ のように，番号をつける．i 番目の振動数に関する基底状態を $|0\rangle_i$ と書き，フォック真空とみなす．これを入れ物として，ボース粒子の生成・消滅演算子 $\hat{b}_i^\dagger$ と $\hat{b}_i$ を導入する．フォック真空は $\hat{b}_i|0\rangle_i = 0$ を満たし，生成・消滅演算子は

$$[\hat{b}_i, \hat{b}_j^\dagger] = \delta_{ij} \tag{14.21}$$

を満たす．状態 $|0\rangle_i$ に粒子が n_i 個存在する状態は (7.20)，すなわち，

$$|n_i\rangle_i = \frac{(\hat{b}^\dagger)^{n_i}}{\sqrt{n_i!}}|0\rangle_i \tag{14.22}$$

で与えられる．粒子の個数を数える演算子は

$$\hat{N}_i = \hat{b}_i^\dagger \hat{b}_i \tag{14.23}$$

である．これらの演算子を状態に作用させると

$$\hat{b}_i^\dagger |n_i\rangle_i = \sqrt{n_i+1}|n_i+1\rangle_i, \tag{14.24a}$$

$$\hat{b}_i |n_i\rangle_i = \sqrt{n_i}|n_i-1\rangle_i, \tag{14.24b}$$

$$\hat{N}_i |n_i\rangle_i = n_i|n_i\rangle_i \tag{14.24c}$$

となる．全体のフォック真空を $|0\rangle = |0\rangle_0|0\rangle_1|0\rangle_2\cdots$ とおく．N 個のボー

ス粒子系の基底状態はすべての粒子が各々の基底状態に存在する場合であり，$|N\rangle_0|0\rangle_1|0\rangle_2\cdots$ で与えられる．

次に，互いに相互作用していない多数の同種フェルミ粒子からなる系を考察する．各々のフェルミ粒子は一体ハミルトニアンの固有状態 i で記述される．ボース粒子の場合と同じく，状態自身をフェルミ粒子のフォック真空 $|0\rangle_i$ とみなす．生成・消滅演算子を $\hat{f}_i^\dagger$, $\hat{f}_i$ と表記する．フォック真空は $\hat{f}_i|0\rangle_i = 0$ を満たす．フェルミ粒子の生成・消滅演算子は，以下の反交換関係を満たす．

$$\{\hat{f}_i, \hat{f}_j\} = 0, \qquad \{\hat{f}_i^\dagger, \hat{f}_j^\dagger\} = 0, \qquad \{\hat{f}_i, \hat{f}_j^\dagger\} = \delta_{ij}. \tag{14.25}$$

また個数演算子は

$$\hat{N}_i = \hat{f}_i^\dagger \hat{f}_i \tag{14.26}$$

によって与えられる．

以下の例題に示すように，フェルミ粒子は1つの状態に1つしか存在できない．**これはパウリの排他律の別表現である．**ゆえに，N 個のフェルミ粒子系の基底状態は低いエネルギー状態から，順番に粒子を詰めていけば得られ，

$$|1\rangle_0|1\rangle_1|1\rangle_2\cdots|1\rangle_{N-1}|0\rangle_N|0\rangle_{N+1}\cdots$$

で与えられる．

例題：　反交換関係 (14.25) から，パウリの排他律を導け．

解説：　最初の2つの反交換関係から $\hat{f}_i\hat{f}_i = \hat{f}_i^\dagger\hat{f}_i^\dagger = 0$ であるが，これは1つの状態が2つ以上のフェルミ粒子を含めないことを意味する．最後の反交換関係を用いて，

$$\hat{N}_i^2 = \hat{f}_i^\dagger\hat{f}_i\hat{f}_i^\dagger\hat{f}_i = \hat{f}_i^\dagger(1-\hat{f}_i^\dagger\hat{f}_i)\hat{f}_i = \hat{N}_i \tag{14.27}$$

を得るが，これより $\hat{N}_i$ の固有値は1か0である．すなわち，1つの状態にはフェルミ粒子が存在しないか，存在しても1個だけである．

例題：　1つの状態のフェルミ粒子の生成・消滅演算子を行列で表示せよ．

解説：　生成・消滅演算子を $\hat{f}^\dagger$, $\hat{f}$ と表記すれば，個数演算子の固有値は0と1だから，

$$\hat{N} = \hat{f}^\dagger\hat{f} = \begin{pmatrix} 1 & 0 \\ 0 & 0 \end{pmatrix} \tag{14.28}$$

と行列表示される．それぞれの固有状態は

$$|0\rangle = \begin{pmatrix} 0 \\ 1 \end{pmatrix}, \qquad |1\rangle = \begin{pmatrix} 1 \\ 0 \end{pmatrix} \tag{14.29}$$

である．したがって，

$$\hat{f} = \begin{pmatrix} 0 & 0 \\ 1 & 0 \end{pmatrix}, \qquad \hat{f}^\dagger = \begin{pmatrix} 0 & 1 \\ 0 & 0 \end{pmatrix} \tag{14.30}$$

となる．交換関係 (14.25) が満たされることは容易に示される．

15 ハミルトニアンの因子化と超対称性

本章では，水素原子などに現れるエネルギーの縮退を，超対称性とよばれる隠れた対称性と関係づける．これらの縮退は偶然縮退とよばれることがあるが，隠れた対称性を同定すれば，もちろん偶然ではないことがわかる．超対称性を用いると，水素原子のシュレーディンガー方程式をエレガントに解くことができ，さらにエネルギー準位の縮退一般についての理解を深めることができる．

15.1 因子分解法の発展

9.1 節で，中心力場のある系の波動関数が，動径部分と角度部分の積に分解することができること，さらに角度部分は球面調和関数を用いて記述されることを説明した．一方，動径部分については，束縛状態の波動関数が満たす 2 階の微分方程式を示し，級数展開の方法でその固有値を求めた．しかし，動径波動関数そのものを求めることはより困難である．それゆえ 9.1 節では波動関数の導出の詳細については述べなかった．本章では，水素原子や自由空間中の球面波などの代表的な動径波動関数を具体的に求める方法を説明する．

2 階の微分方程式を解く強力な方法として，因子分解法が古くからシュレーディンガー，インフェルト (Infeld)，犬井鉄郎らにより展開されていた．この方法は，おおざっぱにいうとハミルトニアンの因数分解に対応する．ちなみに，ディラックは相対論的電子の運動方程式を立てる際に，やはりパウリ行列の一般化を用いて因数分解をしている．ここに超対称性あるいは 2 次元の擬スピン空間を導入し，見通しのよい議論を展開したのはウィッテン (Witten) である．超対称性はフェルミ粒子とボース粒子の変換に関する不変性を意味する．具体的には，$s = 1/2$ の仮想的なスピン空間を導入し，$s_z = 1/2$ がフェルミ粒子のある状態，$s_z=-1/2$ がない状態と解釈する．このような補助的空間を用いると，ハミルトニアンは，この空間上の 2×2 行列として表される．

超対称性のあるハミルトニアンのエネルギー準位は縮退していることを活用し，漸化式を用いて動径波動関数を求めることができる．超対称性は，素粒子の統一理論でも有用な概念であるが，本章では，この方面の詳細については立ち入らず，もっぱら実用的な観点から超対称性の応用について解説する．

15.2　スピンをもつ調和振動子

超対称性のもっとも単純な例として，スピン 1/2 の粒子が，1 次元の調和ポテンシャルと磁場中におかれた系を考える．ゼーマン分裂と調和振動のエネルギー $\hbar\omega$ がちょうど等しくなるように磁場の大きさをとると，ハミルトニアンはパウリ行列 σ_z を用いて

$$H=-\frac{\hbar^2}{2m}\frac{\partial^2}{\partial x^2}+\frac{1}{2}m\omega^2x^2+\frac{1}{2}\hbar\omega\sigma_z=\hbar\omega\hat{b}^\dagger\hat{b}+\frac{1}{2}\hbar\omega\left(1+\sigma_z\right) \tag{15.1}$$

となる．ここで，$\hat{b}$ は，(7.7) の $\hat{a}$ と同じもので，調和振動の量子数 n を 1 だけ減らす演算子である．ここでは，ボース粒子の消滅演算子の意味を強調するために $\hat{b}$ と書いた．$(1+\sigma_z)/2$ は，上向きスピンで 1 になる演算子である．この固有値はフェルミ粒子の個数演算子 $\hat{f}^\dagger\hat{f}$ で再現される．そこで，(15.1) を

$$\hat{H}=\hbar\omega(\hat{b}^\dagger\hat{b}+\hat{f}^\dagger\hat{f}) \tag{15.2}$$

と書くことができる．(14.28) を参照せよ．この表現にはボース粒子とフェルミ粒子が等価な形で入っている．系のエネルギー準位は，図 15.1 に示すように

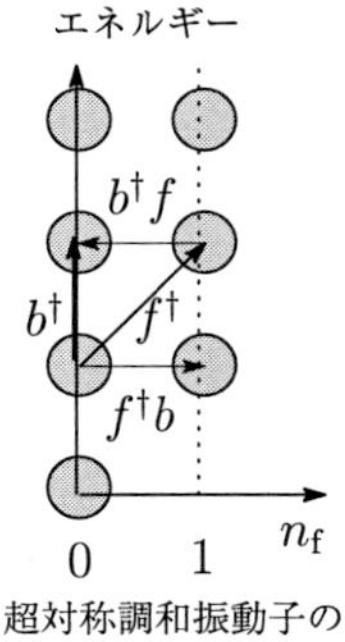

図 15.1　超対称調和振動子のスペクトル
状態間の矢印は，ボース粒子とフェルミ粒子の生成・消滅演算子で移ることができる．

なっており，基底状態以外は上向きスピンと下向きスピンのエネルギーが縮退している．基底状態は下向きスピンのみを含む．

エネルギーがフェルミ粒子数とボース粒子数の和だけに依存していることから，総和を保つ演算子 $\hat{b}^\dagger\hat{f}$ および $\hat{f}^\dagger\hat{b}$ は，図 15.1 で水平な矢印に対応する遷移を引き起こす．すなわち，これらに比例する量

$$\hat{Q} = \sqrt{\hbar\omega}\,\hat{b}^\dagger\hat{f}, \qquad \hat{Q}^\dagger = \sqrt{\hbar\omega}\,\hat{f}^\dagger\hat{b} \tag{15.3}$$

を定義すると，

$$[\hat{Q},\hat{H}] = [\hat{Q}^\dagger,\hat{H}] = \{\hat{Q},\hat{Q}\} = \{\hat{Q}^\dagger,\hat{Q}^\dagger\} = 0 \tag{15.4}$$

を得る．$\hat{B} = \sqrt{\hbar\omega}\hat{b}, \hat{B}^\dagger = \sqrt{\hbar\omega}\hat{b}^\dagger$ とおいて，フェルミ粒子自由度の表現をパウリ行列に戻すと，(14.30) を用いて

$$\hat{Q} = \begin{pmatrix} 0 & 0 \\ \hat{B}^\dagger & 0 \end{pmatrix}, \qquad \hat{Q}^\dagger = \begin{pmatrix} 0 & \hat{B} \\ 0 & 0 \end{pmatrix} \tag{15.5}$$

と書ける．この表現を用いると，容易に

$$\{\hat{Q},\hat{Q}^\dagger\} = \begin{pmatrix} \hat{B}\hat{B}^\dagger & 0 \\ 0 & \hat{B}^\dagger\hat{B} \end{pmatrix} \tag{15.6}$$

を得る．(15.6) は，(15.2) で与えたハミルトニアンにほかならない．

さて，ハミルトニアンと可換な演算子と対称性の関係は 6.4 節に議論した．行列表現 (15.5) から，$\hat{Q}$ は，回転の生成子である $\hat{S}_- = \hat{S}_x - i\hat{S}_y$ の類推であり，$\hat{Q}^\dagger$ は $\hat{S}_+ = \hat{S}_x + i\hat{S}_y$ と類推される．すなわち，$\hat{Q}, \hat{Q}^\dagger$ はこの系に存在する対称性の生成子とみなせる．この対称性を**超対称性**といい，$\hat{Q}$ を**超対称荷電**という．

15.3 擬スピン空間

超対称性の存在は，磁場中の調和振動子に限るものではない．これを一般化する考え方を説明する．たとえば，水素原子において動径部分の波動関数に対するシュレーディンガー方程式は，角運動量 l をパラメーターとして含んでいる．これに応じて波動関数も l に依存した形 $\psi_l(r)$ となる．l が 1 つ異なる場合をまとめて 2 成分のベクトル $\boldsymbol{\Psi} = (\psi_l, \psi_{l+1})^t = \boldsymbol{\Psi}_{\mathrm{F}} + \boldsymbol{\Psi}_{\mathrm{B}}$ とする．ここでどちらかの成分のみを含むベクトルを $\boldsymbol{\Psi}_{\mathrm{F}}, \boldsymbol{\Psi}_{\mathrm{B}}$ とした．すなわち，パウリ行列 σ_z を用いると，

$$\sigma_z \mathbf{\Psi}_{\mathrm{F}} = \mathbf{\Psi}_{\mathrm{F}}, \qquad \sigma_z \mathbf{\Psi}_{\mathrm{B}} = -\mathbf{\Psi}_{\mathrm{B}} \tag{15.7}$$

である．l が偶数の場合，波動関数の角度部分は空間反転に対して偶である．また $l+1$ は奇数なので，角度部分は空間反転に対して奇である．「超対称」といういかめしい名前がついているが，いまの場合には「偶奇性の異なる波動関数をまとめて扱う」という程度の意味である．しかし，フェルミ粒子の自由度，あるいは 2 成分の擬スピン空間を導入することは，理論の構造を非常に見通しよくする．

擬スピン空間上の演算子とハミルトニアンを関係づけるために，まず実関数 $W_1(x)$ を用いて，

$$\hat{B}_1 = i\frac{\hat{p}}{\sqrt{2m}} + W_1(x), \qquad \hat{B}_1^\dagger = -i\frac{\hat{p}}{\sqrt{2m}} + W_1(x) \tag{15.8}$$

を導入する．関数 W_1 は**超対称ポテンシャル**といわれる．のちに (15.20) で示すように，$W_1(x)$ は，基底状態の波動関数を決める．したがって，**W_1 は波動関数が規格化可能となる条件を満たす必要がある．** 正準交換関係 $[x, \hat{p}] = i\hbar$ から導かれる関係式

$$[W_1(x), \hat{p}] = i\hbar\frac{d}{dx}W_1 \equiv i\hbar W_1' \tag{15.9}$$

を用いて計算すると，演算子 $\hat{B}_1$ と $\hat{B}_1^\dagger$ の積は

$$\hat{H}_1 \equiv \hat{B}_1^\dagger \hat{B}_1 = \frac{1}{2m}\hat{p}^2 + [W_1(x)]^2 - \frac{\hbar}{\sqrt{2m}}W_1', \tag{15.10a}$$

$$\hat{H}_2 \equiv \hat{B}_1 \hat{B}_1^\dagger = \frac{1}{2m}\hat{p}^2 + [W_1(x)]^2 + \frac{\hbar}{\sqrt{2m}}W_1' \tag{15.10b}$$

となる．また (15.8) から，

$$[\hat{B}_1^\dagger, \hat{B}_1] = -\frac{2\hbar}{\sqrt{2m}}W_1' \tag{15.11}$$

を得る．ハミルトニアン $\hat{H}_1$ と $\hat{H}_2$ を**超対称パートナー**という．これらハミルトニアンは 1 次元量子力学系に対応し，ポテンシャルはそれぞれ

$$V_{1,2}(x) = [W_1(x)]^2 \mp \frac{\hbar}{\sqrt{2m}}W_1'(x) \tag{15.12}$$

である．ポテンシャル $V_1(x)$ と $V_2(x)$ も超対称パートナーという．特に $W_1(x) = \sqrt{m/2}\,\omega x$ をとると

$$V_{1,2}(x) = \frac{m}{2}\omega^2 x^2 \mp \frac{1}{2}\hbar\omega, \qquad [\hat{B}_1^\dagger, \hat{B}_1] = -\hbar\omega \tag{15.13}$$

が得られ，前節の超対称調和振動子の場合に帰着する．

調和振動子にならって，$\hat{B}_1, \hat{B}_1^\dagger$ を用いて超対称荷電を

$$\hat{Q}_1 = \begin{pmatrix} 0 & 0 \\ \hat{B}_1^\dagger & 0 \end{pmatrix}, \qquad \hat{Q}_1^\dagger = \begin{pmatrix} 0 & \hat{B}_1 \\ 0 & 0 \end{pmatrix} \tag{15.14}$$

とおく．パウリ行列の性質から，演算子 $\hat{Q}_1$ と $\hat{Q}_1^\dagger$ は反交換関係 $\{\hat{Q}_1, \hat{Q}_1\} = \{\hat{Q}_1^\dagger, \hat{Q}_1^\dagger\} = 0$ を満たす．擬スピン空間上のハミルトニアンは

$$\hat{H} \equiv \begin{pmatrix} \hat{H}_2 & 0 \\ 0 & \hat{H}_1 \end{pmatrix} = \begin{pmatrix} \hat{B}_1\hat{B}_1^\dagger & 0 \\ 0 & \hat{B}_1^\dagger\hat{B}_1 \end{pmatrix} = \{\hat{Q}_1, \hat{Q}_1^\dagger\} \tag{15.15}$$

と書くことができ，このハミルトニアンは演算子 $\hat{Q}_1$ と交換する：

$$[\hat{H}, \hat{Q}_1] = [\hat{H}, \hat{Q}_1^\dagger] = 0. \tag{15.16}$$

これは，擬スピン $\sigma_z = \pm 1$ の状態が同じエネルギーをもつことを意味する．

15.4 超対称パートナーの逐次構成

前節で超対称パートナーを導入したが，これを定義するパラメーターの値を逐次変化させることにより，広い範囲の問題を扱うことができる．まず (15.15) において

$$\hat{H}_1 = \frac{1}{2m}\hat{p}^2 + V_1(x) \tag{15.17}$$

の固有値と固有状態を

$$\hat{H}_1|\psi_n^{(1)}\rangle = E_n^{(1)}|\psi_n^{(1)}\rangle \qquad (n = 0, 1, 2, \cdots) \tag{15.18}$$

とおく．このとき，基底状態 $\psi_0^{(1)}$ はエネルギー $E_0^{(1)}$ をもち，

$$\hat{B}_1|\psi_0^{(1)}\rangle = 0 \tag{15.19}$$

を満たす．条件 (15.19) を変形して，関数 $W_1(x)$ を

$$W_1(x) = -\frac{\hbar}{\sqrt{2m}}\frac{d}{dx}\ln\psi_0^{(1)}(x) \tag{15.20}$$

のように波動関数と関連づけ，(15.12) から

$$V_1(x) = \frac{\hbar^2}{2m}\frac{1}{\psi_0^{(1)}(x)}\frac{d^2}{dx^2}\psi_0^{(1)}(x) \tag{15.21}$$

を得る．交換関係 (15.11) を用いて，$V_1(x)$ に対する超対称パートナーは

$$V_2(x) = V_1(x) + [\hat{B}_1, \hat{B}_1^\dagger] = V_1(x) - \frac{\hbar^2}{m}\frac{d^2}{dx^2}\ln\psi_0^{(1)}(x) \tag{15.22}$$

と表せる．

同様にハミルトニアン $\hat{H}_2$ から出発して，その超対称パートナー $\hat{H}_3$ を定義することができる．演算子 $\hat{B}_2, \hat{B}_2^\dagger$ を導入し，$E_0^{(1)} = 0$ として $\hat{H}_2$ を

$$\hat{H}_2 = \hat{B}_1\hat{B}_1^\dagger + E_0^{(1)} = \hat{B}_2^\dagger\hat{B}_2 + E_0^{(2)} \tag{15.23}$$

と書き直し，これを用いて

$$\hat{H}_3 = \hat{B}_2\hat{B}_2^\dagger + E_0^{(2)} = -\frac{\hbar^2}{2m}\frac{d^2}{dx^2} + V_3(x) \tag{15.24}$$

と定義するのである．このような演算子は，超対称ポテンシャル

$$W_2(x) = -\frac{\hbar}{\sqrt{2m}}\frac{d}{dx}\ln\psi_0^{(2)}(x) \tag{15.25}$$

を導入すると

$$\hat{B}_2 = \frac{\hbar}{\sqrt{2m}}\frac{d}{dx} + W_2(x) = \frac{\hbar}{\sqrt{2m}}\psi_0^{(2)}\frac{d}{dx}\psi_0^{(2)\,-1}, \tag{15.26a}$$

$$\hat{B}_2^\dagger = -\frac{\hbar}{\sqrt{2m}}\frac{d}{dx} + W_2(x) = -\frac{\hbar}{\sqrt{2m}}\psi_0^{(2)\,-1}\frac{d}{dx}\psi_0^{(2)} \tag{15.26b}$$

で与えられる．また，

$$V_3(x) = V_2(x) + [\hat{B}_2, \hat{B}_2^\dagger] = V_1(x) - \frac{\hbar^2}{m}\frac{d^2}{dx^2}\ln\left[\psi_0^{(1)}(x)\psi_0^{(2)}(x)\right] \tag{15.27}$$

と求まる．

上記の手続きは繰り返すことができる．すなわち，ある n に対して $\hat{B}_n^\dagger, \hat{B}_n$ がわかっていれば，ハミルトニアン $\hat{H}_{n+1}$ を

$$\hat{H}_{n+1} = \hat{B}_n\hat{B}_n^\dagger + E_0^{(n)} = \hat{B}_{n+1}^\dagger\hat{B}_{n+1} + E_0^{(n+1)} \tag{15.28}$$

の関係式を用いて構成できる．その基底状態エネルギー $E_0^{(n+1)}$ は，$\hat{H}_1$ の第 n 励起状態 $|\psi_n^{(1)}\rangle$ のエネルギー $E_n^{(1)}$ を用いて $E_0^{(n+1)} = E_n^{(1)}$ と与えられる．つまり，任意の n に対する $\hat{H}_{n+1}$ のエネルギー準位は，$\hat{H}_1$ に含まれている．この意味で $\hat{H}_1$ を原始ハミルトニアンとよぶ．また，ポテンシャル $V_n(x)$ は

$$V_n = V_{n-1} + [\hat{B}_{n-1}, \hat{B}_{n-1}^\dagger] = V_{n-1} - \frac{\hbar^2}{m}\frac{d^2}{dx^2}\ln\psi_0^{(n-1)} \tag{15.29}$$

を繰り返し用いて，

$$V_n(x) = V_1(x) - \frac{\hbar^2}{m}\frac{d^2}{dx^2}\ln\left[\psi_0^{(1)}(x)\cdots\psi_0^{(n-1)}(x)\right] \tag{15.30}$$

で与えられる．固有エネルギーと固有状態には，規格化定数を別にすると次の関係が成り立つ．

$$E_n^{(m)} = E_{n+1}^{(m-1)} = E_{n+2}^{(m-2)} = \cdots = E_{n+m-1}^{(1)}, \tag{15.31a}$$

$$\psi_n^{(m)} = \hat{B}_{m-1}\hat{B}_{m-2}\cdots\hat{B}_1\psi_{n+m-1}^{(1)}, \tag{15.31b}$$

$$\psi_{n+m-1}^{(1)} = \hat{B}_1^\dagger\cdots\hat{B}_{m-1}^\dagger\psi_n^{(m)}. \tag{15.31c}$$

図 15.2 はこれらの階層を示す．

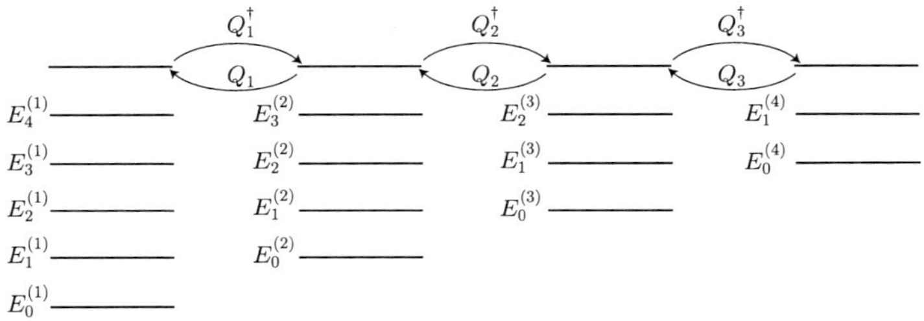

図 15.2　ハミルトニアン H_m の固有エネルギーのスペクトル $E_n^{(m)}$
水平に並んでいる状態は同じエネルギーをもつ.

波動関数のうち，$\psi_0^{(n+1)}$ が規格化されていれば，$\psi_1^{(n)}$ の波動関数の規格化は簡単に実行できる．すなわち，(15.28) の両辺を $\psi_0^{(n+1)}$ ではさんで

$$E_0^{(n+1)} = \langle\psi_0^{(n+1)}|\hat{B}_n\hat{B}_n^\dagger|\psi_0^{(n+1)}\rangle + E_0^{(n)} \tag{15.32}$$

となるので，$B_n^\dagger\psi_0^{(n+1)}/\sqrt{E_0^{(n+1)} - E_0^{(n)}}$ が規格化された波動関数になる．これを繰り返せば，$\psi_m^{(n-m+1)}$ を順次規格化することができる．また (15.26a) を繰り返し用いると，(15.31b) を以下のように書き直すことができる．

$$\psi_n^{(m+1)} = \left(\frac{\hbar^2}{2m}\right)^m \psi_0^{(m)}\frac{d}{dx}\left(\frac{\psi_0^{(m-1)}}{\psi_0^{(m)}}\right)\frac{d}{dx}\cdots\left(\frac{\psi_0^{(1)}}{\psi_0^{(2)}}\right)\frac{d}{dx}\left(\frac{\psi_{n+m}^{(1)}}{\psi_0^{(1)}}\right).$$

ここで，$\psi_0^{(p-1)}/\psi_0^{(p)}$ が p に依存しない場合には，$\psi_n^{(m+1)}$ はロドリーグ公式の形になる．**実際の量子力学の問題では調和振動子のエルミート多項式や球面波の球ベッセル関数など，ロドリーグ公式に書ける場合が多い．**

以上の解析から，ハミルトニアン $\hat{H}_1$ のすべての固有状態の波動関数と固有エネルギーがわかっていれば，このシリーズの別のハミルトニアン $\hat{H}_n$ のすべての固有状態の波動関数と固有エネルギーがわかることになる．また，このシリーズのすべてのハミルトニアン $\hat{H}_n$ の基底状態の波動関数と固有エネルギーがわかっていれば，原始ハミルトニアン $\hat{H}_1$ のすべての固有状態の波動関数と固有エネルギーが求まることになる．調和振動子の場合には，すべての $\hat{H}_m$ が同じ物理的系を記述していた．この外に

- すべての $\hat{H}_m$ 全体で 1 つの物理的系を記述している（例：球面波，水素原子）
- 異なる $\hat{H}_m$ は異なる物理系を記述している（例：量子井戸）

場合がある．これらを順を追って説明しよう．

15.5 球面波の動径波動関数

自由空間のシュレーディンガー方程式の固有関数は平面波にとるのが普通であるが，球面波のほうが都合がよい場合もある．これらのセットは，ともに完全系を構成しているので，任意の波動関数はどちらのセットによっても展開できる．中心力場で動径部分の満たす方程式 (9.15) において，$V(r)=0$ とする．波数 k，角運動量 l の状態に対するエネルギーは $E=\hbar^2k^2/(2m)$ で与えられるので，無次元量 $\rho=kr$, $\lambda=l+1$ および $u(r)\to f_\lambda(kr)$ を導入して (9.15) を書き直すと，

$$\left[-\frac{d^2}{d\rho^2}+\frac{\lambda(\lambda-1)}{\rho^2}-1\right]f_\lambda(\rho)\equiv(\hat{H}_\lambda-1)f_\lambda(\rho)=0 \tag{15.33}$$

が解くべき方程式として得られる．球面波はいままで扱ってきたような束縛状態ではないので，波動関数の規格化は自明ではない．これについて以下のように考えることにする．まず井戸型ポテンシャルと同様に，$\rho=0,R$ に無限大のポテンシャル障壁があり，境界で $f_l(\rho)=0$ を満たすことを要請する．こうすると，束縛状態と同じ規格化条件を課すことができる．このような系を**3 次元井戸型ポテンシャル系**とよぶことがある．井戸型ポテンシャルの境界条件から，n を自然数として $k=n\pi/R$ の制限が出る．しかし，解が求まったあとで $R\to\infty$ とすれば，k は稠密に分布するので，境界条件による制限は実質的に意味をもたない．すなわち無限空間の球面波を議論することができる．

前節までの処方箋にしたがって，まず $l=0$ の場合を考えると，$\rho\to 0$ で $u(r)/r$ が発散しない解として

$$f_1(\rho)=\sin\rho \tag{15.34}$$

を得る．ここで規格化定数は考慮していない．以下の演算子を定義する．

$$\hat{B}_\lambda=\frac{d}{d\rho}-\frac{\lambda}{\rho},\qquad \hat{B}_\lambda^\dagger=-\frac{d}{d\rho}-\frac{\lambda}{\rho}. \tag{15.35}$$

すると，(15.33) におけるハミルトニアン $\hat{H}_\lambda$ の表現として

$$\hat{B}_\lambda^\dagger\hat{B}_\lambda=-\frac{d^2}{d\rho^2}+\frac{\lambda(\lambda-1)}{\rho^2},\qquad \hat{B}_\lambda\hat{B}_\lambda^\dagger=-\frac{d^2}{d\rho^2}+\frac{\lambda(\lambda+1)}{\rho^2} \tag{15.36}$$

が得られる．

さて $f_1(\rho)$ は，$\hat{H}_1$ の固有関数であるが基底状態ではない．これに注意して関係式

$$(\hat{B}_1\hat{B}_1^\dagger - 1)\hat{B}_1 f_1 = \hat{B}_1(\hat{B}_1^\dagger \hat{B}_1 - 1)f_1 = 0 \tag{15.37}$$

を考察すると，$f_2 = \hat{B}_1 f_1$ が確かに $\hat{H}_2 = \hat{B}_1\hat{B}_1^\dagger$ の固有関数（固有値は 1）であることがわかる．この操作を繰り返すと，

$$f_\lambda = \hat{B}_{\lambda-1}\hat{B}_{\lambda-2}\ldots\hat{B}_1 f_1 \tag{15.38}$$

が $\hat{H}_\lambda$ に対する固有関数であることがわかる．固有値は λ によらずすべて 1 である．$\hat{B}_\lambda = \rho^\lambda(d/d\rho)\rho^{-\lambda}$ および $\lambda = l+1$ に注意して，具体的な表現

$$\frac{f_{l+1}(\rho)}{\rho} = \rho^l \left(\frac{1}{\rho}\frac{d}{d\rho}\right)^l \left(\frac{\sin\rho}{\rho}\right) \equiv (-1)^l j_l(\rho) \tag{15.39}$$

が得られる．**最後の関係式は球ベッセル関数 $j_l(\rho)$ を定義する．**すなわち，自由空間で角運動量 l をもつ球面波の動径波動関数 は $j_l(kr)$ で与えられる．球ベッセル関数に対して (15.39) で与えられた表現を用いると，次のような結果を導くことができる．

研究課題： 球ベッセル関数の $\rho \to \infty$ および $\rho \to 0$ での近似形を求めよ．

解説： まず $\rho \to \infty$ の場合を考える．$d/d\rho$ としては $\sin\rho$ にかかるものだけを残せばよい．$1/\rho$ の部分を微分すると，$1/\rho$ だけ小さくなるからである．こうして，

$$j_l(\rho) \simeq (-1)^l \frac{1}{\rho}\frac{d^l}{d\rho^l}\sin\rho = \frac{1}{\rho}\sin\left(\rho - \frac{1}{2}l\pi\right) \tag{15.40}$$

を得る．一方，$\rho \to 0$ の場合には，$\sin\rho$ をベキ展開して，最低次の項を残すと，

$$\begin{aligned} j_l(\rho) &\simeq (-1)^l \rho^l \left(\frac{1}{\rho}\frac{d}{d\rho}\right)^l \sum_{n=0}^{\infty}(-1)^n \frac{\rho^{2n}}{(2n+1)!} \\ &\simeq \frac{2\cdot 4\cdots 2l}{(2l+1)!}\rho^l = \frac{2^l l!}{(2l+1)!}\rho^l \end{aligned} \tag{15.41}$$

となる．

研究課題： 平面波を球面波の重ね合わせで表現せよ．

解説： 平面波の進む方向を z 軸にとれば，球面波成分 $P_l(\cos\theta)j_l(kr)$ を用いて

$$e^{ikz} = \sum_{l=0}^{\infty} C_l P_l(\cos\theta) j_l(kr) \tag{15.42}$$

と表される．ここで C_l は無次元の係数である．$kz \ll 1$ を仮定して両辺を kz で展開し，$(kz)^n = (kr\cos\theta)^n$ の項を比較する．ルジャンドル関数 $P_l(\cos\theta)$ は

$\cos\theta$ について l 次の多項式であり，$j_l(kr)$ は l 次項が最低次である．したがって，右辺の和で $l=n$ の項のみが寄与する．(8.52) にあるルジャンドル多項式の具体的表現

$$P_l(\cos\theta) = \frac{(2l)!}{2^l(l!)^2}\cos^l\theta + \cdots, \tag{15.43}$$

および，(15.41) を用いると，$C_n = (2n+1)i^l$ を得る．すなわち，公式

$$e^{ikz} = \sum_{l=0}^{\infty} i^l(2l+1)P_l(\cos\theta)j_l(kr) \tag{15.44}$$

を得る．この結果は部分波分解としてよく用いられる．

15.6 水素原子の動径波動関数

9.1 節で中心力ポテンシャル中の粒子の動径方向シュレーディンガー方程式を導き，波動関数を $R^{(l)}(r) = u^{(l)}(r)/r$ とおいて (9.15) を得た．15.4 節の記号と合わせるために，変数 r を x と書き，水素原子に対して書き下すと

$$\left[\frac{-\hbar^2}{2m}\frac{d^2}{dx^2} - \frac{e^2}{x} + \frac{l(l+1)\hbar^2}{2mx^2}\right]u^{(l)}(x) = E^{(l)}u^{(l)}(x) \tag{15.45}$$

となる．これに対応する有効ハミルトニアンは，ポテンシャルを

$$V_l(x) = -\frac{e^2}{x} + \frac{l(l+1)\hbar^2}{2mx^2}, \qquad (x>0) \tag{15.46}$$

$$V_l(x) = \infty \qquad (x<0) \tag{15.47}$$

として

$$\hat{H}_l = -\frac{\hbar^2}{2m}\frac{d^2}{dx^2} + V_l(x) \tag{15.48}$$

である．

超対称因子化法を用いて水素原子のエネルギー・スペクトルと波動関数を求める．主量子数を n と方位量子数 l をもつ波動関数を $u_n^{(l)}$ とすれば，15.4 節での波動関数との対応は

$$u_n^{(l)} = \psi_{n-l-1}^{(l+1)} \tag{15.49}$$

である．ここでインデックスがずれている点に注意されたい（図 15.3）．

方程式 (15.45) の基底状態波動関数はすでに (9.37) で求めたが，関数 $u_n^{(l)}$ を用いて書き直すと規格化を無視して

$$u_{l+1}^{(l)} = \rho^{l+1}\exp\left(-\frac{\rho}{l+1}\right) \tag{15.50}$$

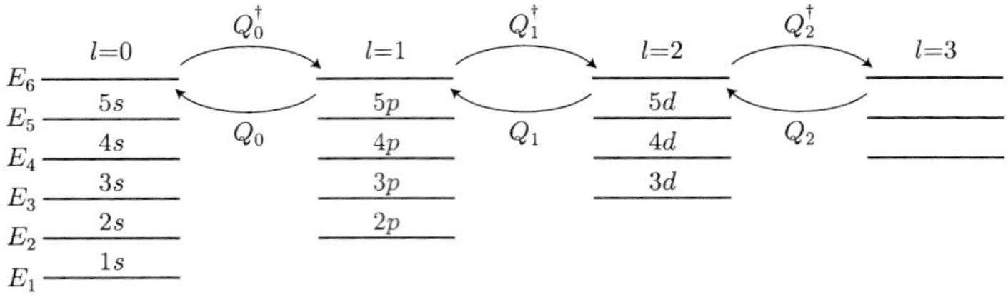

図 15.3 水素原子に対する角運動量ごとのエネルギー準位
縦軸の E_n は主量子数 n 状態のエネルギーで，水平に並んでいる状態は同じエネルギーをもつ．

となる．ここに，$\rho = x/a_{\mathrm{B}}$ で a_{B} はボーア半径 (2.35) である，超対称ポテンシャル (15.20) は

$$W_l(x) = -\frac{\hbar}{\sqrt{2m}}\frac{d}{dx}\ln u_{l+1}^{(l)}(x) = \frac{\hbar}{\sqrt{2m}a_{\mathrm{B}}}\left(\frac{1}{l+1} - \frac{l+1}{\rho}\right) \tag{15.51}$$

となるから，

$$\hat{B}_l = \frac{\hbar}{\sqrt{2m}a_{\mathrm{B}}}\left(\frac{d}{d\rho} + \frac{1}{l+1} - \frac{l+1}{\rho}\right), \tag{15.52a}$$

$$\hat{B}_l^\dagger = \frac{\hbar}{\sqrt{2m}a_{\mathrm{B}}}\left(-\frac{d}{d\rho} + \frac{1}{l+1} - \frac{l+1}{\rho}\right) \tag{15.52b}$$

である．また，ハミルトニアン $\hat{H}_l$ の超対称パートナーのポテンシャルを $\tilde{V}_l(x)$ とおけば，(15.22) から

$$\tilde{V}_l = V_l - \frac{\hbar^2}{m}\frac{d^2}{dx^2}\ln u_{l+1}^{(l)} = -\frac{e^2}{x} + \frac{(l+1)(l+2)\hbar^2}{2mx^2} \tag{15.53}$$

となる．これは V_{l+1} にほかならない．すなわち，$\hat{H}_l$ の超対称パートナーは $\hat{H}_{l+1}$ である．角運動量 l の最低値は $l=0$ だから，$\hat{H}_l$ は $\hat{H}_0$ を原始ハミルトニアンとして構成される超対称パートナーのシリーズを与える．

すべての $\hat{H}_l$ の基底状態が (15.50) のようにわかっているから，すべての固有エネルギーと固有状態が (15.31) から求まる．エネルギーの対応関係は (15.31a) であるが，これは

$$E_{n-1}^{(1)} = E_{n-2}^{(2)} = \cdots = E_0^{(n)} = -\frac{me^4}{2\hbar^2 n^2} \equiv E_n \tag{15.54}$$

となる（図 15.3）．この式は水素原子のエネルギー・スペクトルの縮退状況を明示している．その起源は $\hat{H}_l$ の超対称パートナーが $\hat{H}_{l+1}$ であるという事情にある．一方，9.4 節では，ルンゲ–レンツ・ベクトルの保存という見方で水素原子のスペクトルの l に関する縮退を説明した．この例からわかるように，**物理系の自明でない対称性にはいくつかの異なる見方がありうる．**

波動関数は (15.31c) で与えられる．規格化を度外視すると

$$u_n^{(l-k-1)} = B_{l-k}^\dagger \cdots B_{l-1}^\dagger B_l^\dagger u_n^{(l)} \tag{15.55}$$

である．簡単な例を，$\rho = r/a_{\mathrm{B}}$ を用いて表すと

$$u_2^{(1)} = rR_2^{(1)}(r) = c\rho^2 e^{-\rho/2}, \tag{15.56a}$$

$$u_2^{(0)} = B_1^\dagger u_2^{(1)} = c\rho\left(1 - \frac{\rho}{2}\right)e^{-\rho/2}, \tag{15.56b}$$

$$u_3^{(2)} = \rho^3 e^{-\rho/3}, \tag{15.56c}$$

$$u_3^{(1)} = B_2^\dagger u_3^{(2)} = c\rho^2\left(1 - \frac{\rho}{6}\right)e^{-\rho/3}, \tag{15.56d}$$

$$u_3^{(0)} = B_1^\dagger B_2^\dagger u_3^{(2)} = c\rho\left(1 - \frac{2\rho}{3} + \frac{2\rho^2}{27}\right)e^{-\rho/3} \tag{15.56e}$$

となる．ただし，定数 c の大きさは式ごとに異なることに注意する．規格化定数 N_{nl} も考慮すると，一般にはラゲール陪多項式 (11.56) を用いて

$$u_n^{(l)} = N_{nl}\left(\frac{2\rho}{n}\right)^{l+1} L_{n-l-1}^{(2l+1)}\left(\frac{2\rho}{n}\right)e^{-\rho/n} \tag{15.57}$$

と表される．残念ながら，$B_m^\dagger$ のかけ算によって (15.57) の一般的結果にいたるのは簡単ではない．煩雑になる理由は，多重微分の間に ρ^{-1} が残ることと，指数関数の肩が共通でないためである．これに関連して前節の (15.39) でも類似の事情があり，ロドリーグ型からずれていたことに注意する．水素原子のシュレーディンガー方程式を変形して，微分演算子にはさまれる ρ のベキ関数が打ち消しあうように生成・消滅演算子を定義し直すと，ロドリーグ型の公式を導くことができる．具体的には以下の研究課題で説明する．

研究課題：　適当な変数 z を用いて (15.45) を zd/dz を含む形で因子分解せよ．

解説：　動径方向の波動関数 $R_n^{(l)}(r) = u_n^{(l)}(r)/r$ に対して，変数 $z = 2\rho/n = 2r/(na_{\mathrm{B}})$ を導入し，$R_n^{(l)}(r) = S(z)$ とおく．シュレーディンガー方程式 $(H - E_n)\psi(\boldsymbol{r}) = 0$ の両辺を n^2 倍し，$n^2 E_n$ が n によらないことを用いると，動径方向に対して無次元の微分方程式

$$\left[\frac{d^2}{dz^2} + \frac{2}{z}\frac{d}{dz} - \frac{l(l+1)}{z^2} + \frac{n}{z} - \frac{1}{4}\right]S(z) = 0 \tag{15.58}$$

を得る．さらに $S(z) = z^l \exp(-z/2)L(z)$ とおき

$$\frac{d}{dz}z^l e^{-z/2}L(z) = z^l e^{-z/2}\left(\frac{d}{dz}+\frac{l}{z}-\frac{1}{2}\right)L(z)$$

などを用いると，$L(z)$ に対する微分方程式は

$$\left[z^2\frac{d^2}{dz^2}+z(\alpha+1-z)\frac{d}{dz}+pz\right]L(z) \equiv A(p,\alpha;z)L(z)=0 \tag{15.59}$$

となる．ここで $p=n-l-1, \alpha=2l+1$ とおいた．$A(p,\alpha;z)$ を因子分解すると，

$$A(p,\alpha;z)=D_p^+D_p^-+p(p+\alpha), \tag{15.60a}$$

$$D_p^+=z\frac{d}{dz}+p+\alpha-z, \qquad D_p^-=z\frac{d}{dz}-p \tag{15.60b}$$

が得られる．微分演算子の前に，z があることに注意する．すぐ示すように，この因子のおかげでロドリーグ型の高次微分式を導くことができる．

研究課題：　(15.57) が解になっていることを示せ．

解説：　$D_p^\pm$ の交換関係は，任意の s,t に対して

$$[D_s^+,D_t^+]=0, \qquad [D_s^-,D_t^-]=0, \qquad [D_s^+,D_t^-]=z \tag{15.61}$$

である．したがって，

$$A(p,\alpha;z)-A(p-1,\alpha;z)=z=D_p^+D_p^- - D_p^-D_p^+ \tag{15.62}$$

あるいは

$$A(p,\alpha;z)-D_p^+D_p^-=p(p+\alpha)=A(p-1,\alpha;z)-D_p^-D_p^+ \tag{15.63}$$

という関係が導かれる．

さて $L(z)=L(p,\alpha;z)$ を $A(p,\alpha;z)L(p,\alpha;z)=0$ の解とすると，$p-1$ に対しては $A(p-1,\alpha;z)L(p-1,\alpha;z)=0$，すなわち

$$\left[D_p^-D_p^+ + p(p+\alpha)\right]L(p-1,\alpha;z)=0 \tag{15.64}$$

が成立する．この式の両辺に左から D_p^+ をかけると，

$$\left[D_p^+D_p^- + p(p+\alpha)\right]D_p^+L(p-1,\alpha;z)=0 \tag{15.65}$$

を得る．これと (15.60a) を比較すると，$D_p^+L(p-1,\alpha;z)=L(p,\alpha;z)$ とおける．ただし，波動関数の規格化については後で考える．この操作を繰り返すと，

$$L(p,\alpha;z)=D_p^+D_{p-1}^+\cdots D_1^+L(0,\alpha;z)=D_1^+D_2^+\cdots D_p^+L(0,\alpha;z) \tag{15.66}$$

となる．ここで，(15.61) を用いた．さて，$D_p=z^{-(p+\alpha)+1}e^z\partial_z e^{-z}z^{p+\alpha}$ と書けること，および $L(0,\alpha;z)$ は定数であることを用いると，微分演算子に挟

まれた z のベキ関数はちょうど打ち消し合い，ロドリーグ型の表式

$$L(p,\alpha;z) = z^{-\alpha} e^{z} \frac{d^p}{dz^p}\left(e^{-z} z^{p+\alpha}\right) \tag{15.67}$$

が導かれる．(11.56) と比較すると $L(p,\alpha;z)$ はラゲール陪多項式 $L_p^{(\alpha)}(z)$ に比例していることがわかる．このようにして，一般の (n,l) に対して (15.57) が解になっていることが示された．

上記の導出を注意深く観察すると，超対称パートナーに対応するのは，$A(p,\alpha;z)$ と $A(p-1,\alpha;z)$ であり，$D_p^{\pm}$ は主量子数 n が 1 つ異なる状態を結んでいることがわかる．その際，角運動量 l は固定されている．もともとエネルギーは主量子数に依存しているが，これを $1/n^2$ でスケールしたこと，および変数 z に n の効果を吸収したことにより，n の異なる状態を超対称パートナーに選ぶことができたのである．

研究課題：　(15.57) の規格化定数 N_{nl} を求めよ．

解説：　$u_n^{(l)}(\rho) = rR_n^{(l)}(r)$ の規格化を行う．具体的には $\rho = r/a_{\mathrm{B}}$ を考慮して

$$a_{\mathrm{B}} \int_0^\infty d\rho\, u_n^{(l)}(\rho)^2 = 1 \tag{15.68}$$

になるように行う．まずラゲール陪多項式の規格直交関係

$$I_{pq} = \int_0^\infty dx\, L_p^{(\alpha)}(x) L_q^{(\alpha)}(x) x^\alpha e^{-x} = \frac{\Gamma(p+\alpha+1)}{p!}\delta_{pq} \tag{15.69}$$

を導出しよう．ここで $p \geq q$ として一般性を失わない．(11.56) を用いて I_{pq} を p 回部分積分する．重み因子 $x^\alpha e^{-x}$ のおかげで，$p > q$ とすると $q+1$ 回目の部分積分は定数を微分することになるので，結果は 0 になる．そこで $p = q$ の場合のみ考えればよい．p 回の部分積分で (11.56) の分母にある $p!$ の 1 つは相殺される．残りの積分を，分母にもう 1 つの $p!$ があること，および

$$\int_0^\infty dx\, x^{p+\alpha} e^{-x} = \Gamma(p+\alpha+1) \tag{15.70}$$

に注意して実行すると，表記の結果を得る．この導出から明らかなように，ラゲール陪多項式に現れるパラメーター α としては任意の複素数が許される．

さて，(15.57) に対応する規格化には，上記の**規格直交関係をすぐに使うことはできない**．なぜなら，I_{pp} で $p = n-l-1$, $\alpha = 2l+1$ に変えたものが使えればよかったのだが，実際には ρ のべきは $2(l+1)$ なので，α から 1 だけずれている．そこで (11.56) を用いて $L_p^{(\alpha)}(x)$ を

$$L_p^{(\alpha)}(x) = \frac{(-1)^p}{p!}\left[x^p - p(p+\alpha)x^{p-1}\right] + O(x^{p-2}) \tag{15.71}$$

と展開する．これを規格化積分の中の $xL_p^{(\alpha)}(x)$ に用いて p 回部分積分すると，(15.71) で $O(x^{p-2})$ の部分は積分に寄与しない．規格直交積分にならって，

$$\int_0^\infty dx\, L_p^{(\alpha)}(x)^2 x^{\alpha+1} e^{-x} = \frac{1}{p!^2}\int_0^\infty dx\,[x(p+1)!\, - p(p+\alpha)p!\,]x^{p+\alpha}e^{-x}$$

$$= [(p+1)(p+\alpha+1) - p(p+\alpha)]\, I_{pp} = 2nI_{pp} \tag{15.72}$$

と計算できる．最後の等式は $p = n-l-1,\ \alpha = 2l+1$ を代入して得た．そこで (15.57) で定義された規格化定数がついに

$$N_{nl} = \left[\frac{(n-l-1)!}{2n(n+l)!}\right]^{1/2}\left(\frac{2}{na_{\mathrm{B}}}\right)^{1/2} \tag{15.73}$$

のように求められる．最後の因子は指数関数の肩に $2r/(na_{\mathrm{B}}) = 2\rho/n$ があることによる．いくつかの n, l に対して N_{nl} を考慮した $R_n^{(l)}(r)$ の関数形は，(9.45) に与えられている．

15.7　井戸型ポテンシャルの超対称パートナー

3.1 節で解析した無限に高い井戸に閉じこめられた粒子の束縛状態を考える．これは束縛状態を生む最も簡単なポテンシャルである．すべてのエネルギー固有値と固有関数がわかっている．このハミルトニアンの超対称パートナーを求めてみよう．

基底状態のエネルギーをゼロにとったハミルトニアン $\hat{H}_1$ の固有エネルギーは

$$E_n^{(1)} = \frac{\hbar^2\pi^2}{2ma^2}[(n+1)^2 - 1] \qquad (n = 0, 1, 2, \cdots) \tag{15.74}$$

固有関数は

$$u_n^{(1)}(x) = \sqrt{\frac{2}{a}}\sin\frac{(n+1)\pi x}{a} \tag{15.75}$$

で与えられる．基底状態の波動関数

$$u_0^{(1)}(x) = \sqrt{\frac{2}{a}}\sin\frac{\pi x}{a} \tag{15.76}$$

を用いて超対称ポテンシャル (15.20)，(15.21) を計算すると

$$W_1(x) = -\frac{\hbar}{\sqrt{2m}}\frac{\pi}{a}\cot\left(\frac{\pi x}{a}\right), \qquad V_1(x) = -\frac{\hbar^2\pi^2}{2ma^2} \tag{15.77}$$

となるから，超対称パートナーをなすポテンシャルは

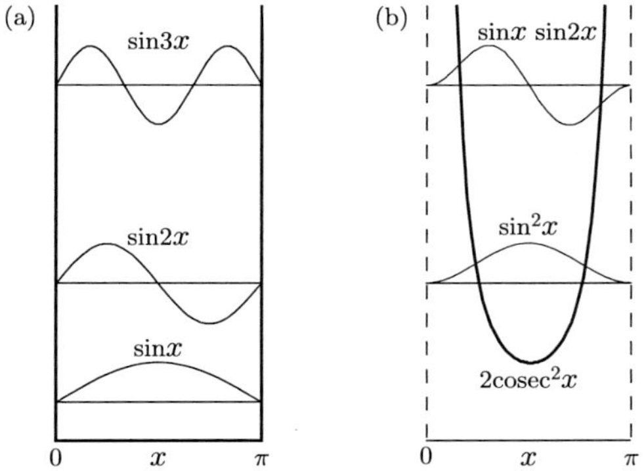

図 15.4　(a) 幅 π の井戸型ポテンシャルと波動関数
(b) 超対称パートナーのポテンシャルと波動関数

$$V_2(x) = V_1(x) - \frac{2\hbar}{\sqrt{2m}} W_1'(x) = \frac{\hbar^2\pi^2}{2ma^2}\left[2\mathrm{cosec}^{\,2}\left(\frac{\pi x}{a}\right) - 1\right] \qquad (15.78)$$

である．ここで $\mathrm{cosec}\, x \equiv 1/\sin x$ である．

結局，超対称性を用いると下記のシュレーディンガー方程式

$$\left[-\frac{\hbar^2}{2m}\frac{d^2}{dx^2} + \frac{\hbar^2\pi^2}{2ma^2}\left\{2\sin^{-2}\left(\frac{\pi x}{a}\right) - 1\right\}\right]\psi_n^{(2)}(x) = E_n^{(2)}\psi_n^{(2)}(x) \quad (15.79)$$

の解が解析的に求まる．固有エネルギーは $n = 0, 1, 2, \cdots$ として

$$E_n^{(2)} = \frac{\hbar^2\pi^2}{2ma^2}[(n+2)^2 - 1] \qquad (15.80)$$

であり，固有関数は

$$u_n^{(2)}(x) \propto \left[\frac{d}{dx} - \frac{\pi}{a}\cot\left(\frac{\pi x}{a}\right)\right]\sin\frac{(n+2)\pi x}{a} \qquad (15.81)$$

で与えられる．図 15.4 は，$V_{1,2}(x)$ と波動関数の概形を示す．この問題では，超対称パートナーをなすハミルトニアン $\hat{H}_1$ と $\hat{H}_2$ はまったく別のものである．

例題：　(15.81) を用いて，ハミルトニアン (15.79) の基底状態と第 1 励起状態の波動関数をあからさまに求めよ．

解説：　長さの単位を $a = \pi$ にとり

$$\frac{d}{dx} - \cot x = \sin x \frac{d}{dx}(\sin x)^{-1} \qquad (15.82)$$

と書き直して，(15.81) から

$$u_0^{(2)} \propto \sin x \frac{d}{dx}\left(\frac{\sin 2x}{\sin x}\right) = -2\sin^2 x, \tag{15.83}$$

$$u_1^{(2)} \propto \sin x \frac{d}{dx}\left(\frac{\sin 3x}{\sin x}\right) = -8\sin^2 x \cos x = -4\sin x \sin 2x \tag{15.84}$$

となる．この波動関数とポテンシャルの概形を図 15.4 に示す．

16 観測，量子もつれ，量子計算

本章では量子力学と観測の関係について説明する．観測問題に対しては古くから難解な議論が行われ，量子力学を実用的に学ぶための入門書では避けることが多かった．しかし，近年では量子コンピュータや量子暗号のような応用と結びついて，新たな発展を見ている．本章では，「正しい物理かどうかは，実験によって検証される」という視点から，観測にまつわる基本問題を議論する．また，通常のコンピュータが苦手とする種類の計算に対して，量子もつれを応用した計算が威力を発揮する可能性についても触れる．

16.1 アインシュタインの挑戦

量子力学の運動方程式は，シュレーディンガー方程式にしろ，ハイゼンベルク方程式にしろ，ある時間での状態が決まっていれば，その後の時間発展は完全に決まる．この点は，古典力学の運動方程式であるニュートン方程式と同様である．しかし，一方では波動関数は実在の波ではなく，確率振幅を表している．すなわち，粒子の運動は決定論的に定まっているにもかかわらず，理論は確率という要素を本質的に含んでいる．この構造は極めてわかりにくく，多くの人を悩ませてきた．量子力学では，決定論的運動を観測というプロセスで乱す段階があり，このプロセスがシュレーディンガー方程式には含まれていない．一方，観測が関与することにより，はじめて量子力学の確率解釈が成立する．

アインシュタインは，量子力学の確率的側面を好まず，生涯にわたってより満足できる理論を追求した．有名な言葉に「神はサイコロを振らない」というものがある．また，量子力学の観測理論への不満を「誰も見ないときには，月は存在しないのか？」という逆説で述べた．アインシュタインの懐疑は，マックス・ボルンなどに宛てた数多くの私信で繰り返し表明されているが，これを公にしたのが，アインシュタイン–ポドルスキー–ローゼン (Einstein-Podolsky-Rosen) の連名で書かれた 1935 年の有名な論文である．アインシュタインは，**物理的実在は観測とは無関係に決まっている**，という古典物理学の常識を，量子力学は満たしていないことを論証した．すなわち 2 つの量子力学的粒子が単一の波動関数で記述されていると，第 1 の粒子（以後粒子 1 とする）の運動量や座標など任意の物理量 A を観測した結果，第 2 の粒子（粒子 2）の状態はどんなに遠く離れていても決まる．一方，粒子 1 の異なる物理量 B を観測すると，粒子 2 は A の観測とは別の状態に決まってしまう．これが観測と無関係な粒子 2 の物理的実在に関する記述と反する，という論理である．

具体的には，観測量 A の固有値 $a_1, a_2, \cdots$ に対応する固有関数 $u_1(x_1), u_2(x_1), \cdots$ を用いて，2 粒子の波動関数 $\Psi(x_1, x_2)$ を

$$\Psi(x_1, x_2) = \sum_{n=1}^{\infty} \psi_n(x_2) u_n(x_1) \tag{16.1}$$

のように展開する．展開係数 $\psi_n(x_2)$ は x_2 のみの関数である．粒子 1 の物理量 A が固有値 a_k をもつことが観測されると，$\Psi(x_1, x_2)$ は「収縮」する．具体的には，n に関する和がなくなり，$n = k$ の成分のみが残る．これは，粒子 2 の状態が $\psi_k(x_2)$ にあることを意味する．一方，物理量 B の固有関数を $w_1(x_1), w_2(x_1), \cdots$ とすると，同じ波動関数 $\Psi(x_1, x_2)$ は，(16.1) とは別の展開

$$\Psi(x_1, x_2) = \sum_{n=1}^{\infty} \phi_n(x_2) w_n(x_1) \tag{16.2}$$

をもつ．粒子 1 の物理量 B の固有値が b_l と観測されると，その瞬間に粒子 2 の状態は $\phi_l(x_2)$ に確定する．これは一般に，物理量 A を観測した際に決まった状態 $\psi_k(x_2)$ とは異なる．

アインシュタインが例として挙げている 2 粒子状態は，(16.1) で n の和を運動量 p の積分に置き換えた

$$\Psi(x_1, x_2) = \int dp \exp\left[\frac{ip(x_1 - x_2 + d)}{\hbar}\right] \tag{16.3}$$

である．ここで，規格化は無視している．粒子 1 の運動量を測定し，p_A という結果を得ると，粒子 2 の波動関数は $p = p_A$ を代入して

$$\psi(x_2) \propto \exp\left[\frac{-ip_A(x_2 - d)}{\hbar}\right] \tag{16.4}$$

となる．これは粒子 2 の運動量が $-p_A$ に確定していることを意味する．一方，粒子 1 の座標を測定し，$x_1 = x_A$ という結果を得ると，粒子 2 の波動関数は

$$\phi(x_2) \propto \int dp \exp\left[\frac{ip(x_A - x_2 + d)}{\hbar}\right] = 2\pi\hbar\delta(x_A - x_2 + d) \qquad (16.5)$$

となる．これは，粒子 2 の座標が $x_A + d$ に確定していることを示す．

上記の例は，2 つの粒子が非常に離れていても，片方の粒子に関する測定を行うと，他方の粒子の状態が瞬時に決まることを意味する．瞬時ということは光速が情報を運ぶよりも速いということである．しかも，粒子 2 の状態は，粒子 1 に対して測定する物理量に依存して変化する．これは，粒子を局所的な実在とする考え方に矛盾する．この事情を，問題を提起した 3 人の名前をつけて，しばしば **EPR パラドックス**という．実際には，上記の性質は特殊相対論に矛盾しないし，量子力学の内部矛盾を示すものでもない．すなわち，**量子力学では，粒子といえども局所的実在とはいえない場合がある．これを「量子的にもつれた(entangled) 状態」とよぶ**．2 粒子の場合には，(16.1) で n の和が 2 つ以上の項にわたる場合がこれに相当する．n が 1 つしかなければ，2 粒子の波動関数は 1 粒子の積になり，局所的実在の概念と矛盾しなくなる．しかし，「実在」という言葉自体が古典的な含意をもっているので，哲学的用語を使わないアプローチが新しい状況の理解には有効であろう．すなわち，実験的に量子力学特有の結果を検証することが建設的である．このあとに述べるように，そのような実験は実際に行われ，量子力学のもつ革命的意味が明瞭になった．

16.2 ベルの不等式

量子力学は，原子のレベルの力学について，実験を説明する正しい結果をあらゆる局面で出してきた．これは量子力学の正しさを支持する圧倒的な材料である．しかし実験との一致だけでは，アインシュタインの望むような**「物理的実在の完全な記述」ができる別理論の存在可能性**を排除したとはいえない．たとえば，見かけは同一な物理系を区別するような，観測されない変数（**隠れた変数**）が存在し，**隠れた変数をふくめれば，運動の確定的な予言が可能になるという主張**があった．ベル (Bell) は，このような隠れた変数が存在すると仮定しても，その詳細によらずに，離れた場所の観測量の相関に，量子力学の予言

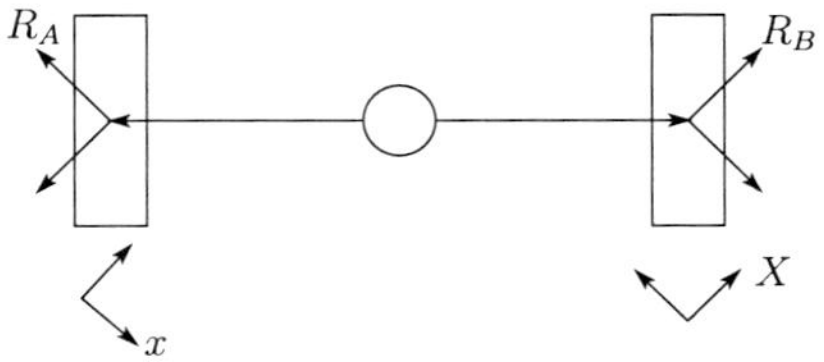

図 16.1　量子もつれを調べる実験の概略図
中央の粒子源から左右に粒子を発射し，観測器 A,B で定義した軸方向のスピンを測定する．光子の偏光相関を測定する際には，偏極子を通過するか否かで ±1 を当てはめると，直線偏光をスピンの向きに対応させられる．

よりも厳しい上限がつくことを示した．したがって，もし実験によって上限が破られていれば，**隠れた変数の可能性はなくなる．**

アインシュタインが挙げた運動量と座標の思考実験を，測定に移そうとすると，波束による局在の効果を入れる必要があり，困難である．そこでボーム (Bohm) は，空間座標と運動量の代わりに，2 粒子のスピン相関に注目した．十分離れた場所でのスピン相関を測定することは，現実的に可能である．すなわち，図 16.1 に示すように真中におかれた粒子源から観測器 A, B に向かってスピンをもつ 2 個の粒子を同時に発射する．中心から A に向かう方向を z 軸にとるものとする．それぞれの観測器の内部にシュテルン–ゲルラッハが用いたような磁石（以後スピン検出子とよぶ）をおき，スピンの向きに応じて異なる方向に屈折するようにしておく．こうすると，屈折方向からスピンの向きがわかる．

観測器 A では，x 方向のスピン成分 $s_x = \pm 1/2$ を測定する．これを測定ごとに $\sigma_A = 2s_x = \pm 1$ として記録する．観測器 B では，x 方向から ϕ ずれた方向 X のスピン成分 $s_X = \pm 1/2$ を測定する．これを $\sigma_B = 2s_X = \pm 1$ として記録する．一般に測定のたびに $\sigma_{A,B}$ の値は変動する．観測器 A で行った多数回の観測結果を平均したものを $\langle \sigma_A \rangle$ とする．量子力学の枠外にある隠れた変数 λ によって観測量の揺らぎが生じているのであれば，σ_A の平均は，λ の分布関数 $\rho(\lambda)$ を用いて

$$\langle \sigma_A \rangle = \int d\lambda \rho(\lambda) \sigma_A(\lambda) \tag{16.6}$$

と表すことができる．

2 つの観測器で記録しておいたスピンの値を，後から照らし合わせることにすると，多数回測定した $\sigma_A \sigma_B$ の値を平均することができる．これを相関関数とよび，$\langle \sigma_A \sigma_B \rangle$ と表す．たとえば，いつも 2 つのスピンが反平行になってい

るような粒子源があると，$\langle \sigma_A \sigma_B \rangle = -1$ となる．この結果は，古典力学でも理解できる．

今度はスピン検出子 A, B の軸を変化させる．スピン検出子 A の水平軸と x 軸のなす角度を ϕ_A，スピン検出子 B のそれを ϕ_B とする．この場合の相関関数を $P_{AB} \equiv \langle \sigma(\phi_A)\sigma(\phi_B) \rangle$ と表す．いま，それぞれのスピン検出子を別の角度 ϕ'_A, ϕ'_B にとった場合についても，結果を照合し，4 種類の組み合わせ（AB, A′B, AB′, A′B′）について，それぞれの相関関数を求める．その際，スピン検出子の角度を決める操作は A と B で完全に独立に行い，相互に依存しないようにしておく．隠れた変数が原因でスピンの揺らぎが生じていれば，相関関数は

$$P_{AB} = \int d\lambda \rho(\lambda) \sigma(\phi_A, \lambda) \sigma(\phi_B, \lambda) \tag{16.7}$$

と表される．このとき，$\rho(\lambda)$ の詳細によらず，以下の不等式が成り立つ．

$$|P_{A'B'} - P_{AB'} + P_{AB} + P_{A'B}| \leq 2. \tag{16.8}$$

これがベルの不等式である．たとえば，隠れた変数が AB, A′B, AB′, A′B′ の組み合わせですべて反平行スピンの相関をもたらしていれば $P_{ij} = -1$ となる．この場合，(16.8) の左辺は最大値 2 をとる．

ベルの不等式は，$\sigma(\phi_A)$ などが ± 1 の値をとる古典的な物理量である限り，成立する．その証明は数学的には単純で，出発点は

$$|\sigma(\phi_A) - \sigma(\phi'_A)| + |\sigma(\phi_A) + \sigma(\phi'_A)| \leq 2 \tag{16.9}$$

である．左辺を場合分けして絶対値をはずすと，$\pm 2\sigma(\phi_A)$ あるいは $\pm 2\sigma(\phi'_A)$ と 4 つの可能性が生ずるが，いずれの場合も絶対値は 2 を超えないことから，この不等式が確かめられる．次に，(16.9) の左辺第 1 項に $|\sigma(\phi'_B)|$ (< 1)，第 2 項に $|\sigma(\phi_B)|$ (< 1) をかけ，自明な不等式 $|x| + |y| \geq |x \pm y|$ を用いれば，

$$\begin{aligned} 2 &\geq |\sigma(\phi_A) - \sigma(\phi'_A)| \cdot |\sigma(\phi'_B)| + |\sigma(\phi_A) + \sigma(\phi'_A)| \cdot |\sigma(\phi_B)| \\ &\geq \left| \left[\sigma(\phi'_A) - \sigma(\phi_A)\right] \sigma(\phi'_B) + [\sigma(\phi_A) + \sigma(\phi'_A)]\sigma(\phi_B) \right| \end{aligned} \tag{16.10}$$

を得る．それぞれの測定ごとに上記の不等式が成り立つので，多数回行った測定の平均をとっても，やはり不等式が成立するはずである．これを相関関数 P_{AB} などを用いて書き直したものがベルの不等式 (16.8) である．

実際には，(16.8) が破れている場合がある．たとえばスピン検出子の角度を図 16.2 に示すように $\phi_A = 0, \phi'_A = \pi/2, \phi_B = \pi/4, \phi'_B = 3\pi/4$ にとると，次節に理由を示すように，ベルの不等式は大きく破れる．これにより，隠れた変

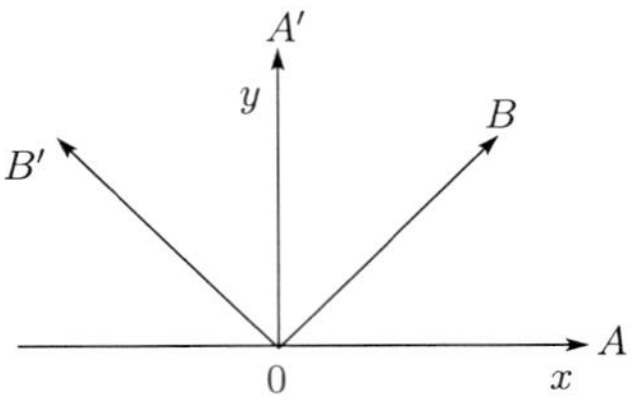

図 16.2　ベルの不等式を破るスピン検出子の角度

数理論と現実は相容れないことが立証された．

16.3　もつれたスピンの相関

スピンの相関関数を量子力学で扱い，ベルの不等式との関連を調べよう．粒子が電子あるいは陽子などスピン 1/2 をもつ場合には，発射前には 2 粒子の全スピン $\boldsymbol{S} = \boldsymbol{S}_1 + \boldsymbol{S}_2$ が 0 に等しくなるような 1 重項状態をとっているものとする．量子力学では，左右の方向に対応する s_x の固有状態を，それぞれ $|L\rangle, |R\rangle$ とすると，

$$s_x|R\rangle = \frac{1}{2}|R\rangle, \qquad s_x|L\rangle = -\frac{1}{2}|L\rangle \tag{16.11}$$

を満たす．s_z の固有状態 $|\uparrow\rangle, |\downarrow\rangle$ との関係は，

$$|R\rangle = \frac{1}{\sqrt{2}}\left(|\uparrow\rangle + |\downarrow\rangle\right), \qquad |L\rangle = \frac{1}{\sqrt{2}}\left(|\uparrow\rangle - |\downarrow\rangle\right) \tag{16.12}$$

である．1 重項状態の波動関数 (14.11) を，s_x の固有状態を用いて表すと

$$\Psi_2 = \frac{1}{\sqrt{2}}\left(|R\rangle_A|L\rangle_B - |L\rangle_A|R\rangle_B\right) \tag{16.13}$$

となる．2 つの粒子が空間的に離れていても，スピン部分の波動関数が (16.13) で与えられれば，**量子もつれ状態**が実現される．

さて，z 軸方向に進む粒子のスピンを，xy 平面で ϕ だけ回した方向 X で検出する場合を考える．これをもとの方向のスピンで表示すると

$$\sigma_X = \sigma_x \cos\phi + \sigma_y \sin\phi, \tag{16.14}$$

となる．このような回転を観測器 A,B でそれぞれ ϕ_A, ϕ_B だけ行い，対応するスピン σ_X^A, σ_X^B を測定する．すると回転した系での相関関数 P_{AB} は

$$\begin{aligned} P_{AB} &= \langle \sigma_X^A \sigma_X^B \rangle \\ &= \langle \sigma_x^A \sigma_x^B \rangle \cos\phi_A \cos\phi_B + \langle \sigma_y^A \sigma_y^B \rangle \sin\phi_A \sin\phi_B \end{aligned}$$

$$= -\cos(\phi_A - \phi_B) \tag{16.15}$$

と得られる．ここで，1 重項に対する相関関数の値

$$\langle \sigma_x^A \sigma_x^B \rangle = \langle \sigma_y^A \sigma_y^B \rangle = -1 \tag{16.16}$$

を用いた．同様な手続きで，他の相関関数も求めると，$P_{A'B} = -\cos(\phi'_A - \phi_B)$ などを得るので，ベルの不等式は

$$|\cos(\phi'_A - \phi'_B) - \cos(\phi_A - \phi'_B) + \cos(\phi_A - \phi_B) + \cos(\phi'_A - \phi_B)| \leq 2$$

を意味する．ところが図 16.2 に示すように $\phi_A = 0$, $\phi'_A = \pi/2$, $\phi_B = \pi/4$, $\phi'_B = 3\pi/4$, と選ぶと，左辺は $2\sqrt{2}$ となって 2 を超えてしまう．すなわち，**ベルの不等式は量子力学では成立しない**．これに対して，古典力学では，(16.16) においてて x 成分あるいは y 成分のどちらかは -1 になりうるが，両方の成分が同時に -1 になることはありえない．すなわち常にベルの不等式を満足する．

16.4　光子のもつれ状態

2 つの粒子として光子を用いても，基本的に同じ議論が成り立つ．もつれた光子の偏光相関は，電子や陽子のスピンよりも理論的な扱いは面倒であるが，実験はスピン 1/2 の粒子対を扱うよりも容易である．たとえば，Ca 原子を励起して，電子が基底状態に遷移する際に $4p^2 \to 4s4p \to 4s^2$ の過程で放出される 2 個の光子が利用されている．$4p^2, 4s^2$ ともに全角運動量は 0 になっている．$4p^2$ の励起状態の軌道部分は，各 $4p$ 電子の波動関数 $\phi_m(\boldsymbol{r})$ $(m = \pm 1, 0)$ を用いて

$$\psi_{4p^2}(\boldsymbol{r}_1, \boldsymbol{r}_2) = \frac{1}{\sqrt{3}} \left[\phi_{+1}(\boldsymbol{r}_1)\phi_{-1}(\boldsymbol{r}_2) + \phi_{-1}(\boldsymbol{r}_1)\phi_{+1}(\boldsymbol{r}_2) - \phi_0(\boldsymbol{r}_1)\phi_0(\boldsymbol{r}_2) \right] \tag{16.17}$$

と書ける．ここで，動径方向の情報は必要ないので，$4p$ といっても水素原子の $2p$ と大差ない．角運動量については以下の例題で説明する．この波動関数は電子座標の入れ替えに対して対称なので，スピン関数は反対称，すなわち 1 重項 (14.11) になる．z 軸方向に 2 個の光子が放出される場合，はじめに放出される光子が $m = 1$ であれば，続いて放出される光子は $m = -1$ をもつ．すなわち 2 光子の偏光は，円偏光で見ると常に逆向きになる．この連続過程には (16.17) の右辺第 1 項と第 2 項が寄与し，第 3 項は寄与しない．これは光が横波なので z 方向の偏光が禁止されるからである．遷移の行列要素は，

$$\langle 4s|x+iy|\phi_{-1}\rangle\langle 4s|x-iy|\phi_{+1}\rangle \tag{16.18}$$

に比例する．

観測器 A,B では，z 軸の反対方向に発射された 2 個の光子を検出する．2 光子状態 Ψ_{AB} は，

$$\Psi_{AB}=\frac{1}{\sqrt{2}}\left(|+1\rangle_A|-1\rangle_B+|-1\rangle_A|+1\rangle_B\right) \tag{16.19}$$

となる．この 2 光子状態は 1 光子状態の積 1 つで表すことができないので，**量子もつれのある状態である**．ちなみに (16.19) は角運動量の固有状態ではないことに注意しておく．

直線偏光との関連を議論するために，x 軸方向に偏光した光子の状態を $|\hat{x}\rangle$，y 軸方向に偏光した状態を $|\hat{y}\rangle$ と表す．すると，$m=\pm 1$ の円偏光状態は $|\pm 1\rangle = (|\hat{x}\rangle \pm i|\hat{y}\rangle)/\sqrt{2}$ と表すことができる．(16.19) を直線偏光状態を用いて表すと，

$$\Psi_{AB}=\frac{1}{\sqrt{2}}\left(|\hat{x}\rangle_A|\hat{x}\rangle_B+|\hat{y}\rangle_A|\hat{y}\rangle_B\right) \tag{16.20}$$

と書ける．

観測器 A には偏光子をセットし，x（水平）方向に偏光した光子のみを通すように配置する．y（垂直）方向に偏光した光子ははねられてしまう．記述の便宜上，変数偏光子を通り抜ける光子には $\sigma_A=1$，はねられる光子には $\sigma_A=-1$ をあてる．また観測器 B で測った偏光は，同様に $\sigma_B=\pm 1$ で表す．こうすると，電子のスピン状態と同様に，相関関数 $\langle\sigma_A\sigma_B\rangle$ を定義し，測定することができる．

光子偏光の相関関数についても，スピン系と同じようにベルの不等式を設定することができる．**これが大きく破れていることが実験的に確かめられている**．光子のもつれを測定する観測器は，はじめの実験 (1981 年) では 12 m 離れていた．この距離でも，偏光相関が崩れないのは驚くべきことであったが，1998 年には AB 間の距離は 400 m になり，最近 (2007 年) では 100 km 以上という報告がある．このようにして，量子もつれ状態を通信に使うことが現実になりつつある．このような通信は，2 進数に焼き直される古典的情報にとどまらず，複素係数を含む基底の重ね合わせなど量子状態の情報を遠方に送ることができるので，**量子テレポーテーション**とよばれる．一方，**量子暗号**とよばれる暗号技術の中には量子もつれを用いた方法も提案されている．通常の暗号は，次節で述べるように，高速計算機が時間をかければ解読されてしまう．これに対し

て，たとえば (16.20) に示す Ψ_{AB} の観測結果の時系列を暗号化のカギに用いると，検出器 A，B で測定を行う通信者はカギを共有することができるが，第 3 者は決して知ることができない．このカギは再現することができず，またいかなる規則性ももたないので，**暗号を解読することは不可能である．**

例題：　2 電子状態 (16.17) の軌道角運動量がゼロであることを示せ．

解説：　8.7 節の議論から，2 つの p 状態の軌道角運動量 $\hat{\boldsymbol{\ell}}_1, \hat{\boldsymbol{\ell}}_2$ から合成される角運動量 $\hat{\boldsymbol{\ell}}$ の大きさは，2, 1, 0 の 3 種類である．もっとも簡単に $\ell = 0$ を示すには，$\ell_\pm = \ell_x \pm i\ell_y$ を (16.17) に作用することである．ディラックの記法を用いて

$$|4p^2\rangle = \frac{1}{\sqrt{3}}\left(|+1\rangle|-1\rangle + |-1\rangle|+1\rangle - |0\rangle|0\rangle\right) \tag{16.21}$$

と書くと，

$$(\ell_1)_-|4p^2\rangle = \frac{1}{\sqrt{3}}\left(|0\rangle|-1\rangle - |-1\rangle|0\rangle\right), \tag{16.22a}$$

$$(\ell_2)_-|4p^2\rangle = \frac{1}{\sqrt{3}}\left(|-1\rangle|0\rangle - |0\rangle|-1\rangle\right) \tag{16.22b}$$

となるので，$(\ell_1 + \ell_2)_-|4p^2\rangle = 0$ を得る．同様に $(\ell_1 + \ell_2)_+|4p^2\rangle = 0$ となるので，ℓ のすべての成分がゼロになる．

16.5　量子計算の原理

量子コンピュータは，量子もつれ状態を使って，超並列計算を可能にする．このもっとも重要な適用例として，大きな整数の素因数分解がある．現在の暗号は，大きな数の素因数分解が通常のコンピュータを用いたのでは非常に時間がかかることを利用している．したがって，高速の因数分解は暗号解読につながる．量子力学を本質的に利用して，因数分解を行うアイディアの例として，**ショア(Shor) のアルゴリズム**とよばれる方法を説明する．

量子計算では，基本的な情報を表す単位をキュービット (qubit) とよぶ．これは，スピン 1/2 の量子状態すなわちスピノール (8.85) で表現できる．キュービットは，複素数の重ね合わせ係数をもつことが特徴である．これに対して，古典的な情報単位であるビットはスピンが上向きか下向きかで表現され，重ね合わせは意味をなさない．量子コンピュータの基本操作は，キュービットに対して望

みのユニタリー変換を行うことである．キュービットを (11.90) にあるように単位球上の天頂角 θ と方位角 ϕ で表現すると，ユニタリー変換は $(\theta, \phi) \to (\theta', \phi')$ という回転に対応する．量子コンピュータの技術的ポイントは，どのようにしてユニタリー変換を実行するかであり，たとえばマイクロ波のパルスを用いることが提案されている．ここではその詳細に立ち入らず，原理だけを説明する．ユニタリー変換は測定ではないので，状態に量子もつれがあれば，変換後も量子もつれは残る．それに対して，情報の読み出しは観測に対応するので，波動関数は観測量に対応する成分に「収縮」する．

ショアの方法では，与えられた整数の数列から，その周期性を見いだすことに量子計算を用いる．まず，周期性と素因数分解が関連する理由を説明しよう．この部分は古典的計算である．ある整数 I を別の整数 J で割ったときの余りを r とし，これを $I \equiv r \pmod{J}$ のように表記する．さて，因数分解すべき大きな数 J が与えられたとき，これと互いに素の関係 GCD $(J, K) = 1$ にある任意の整数 $K\,(< J)$ を選ぶ．ここで，GCD は最大公約数を表す．GCD の導出に使用するアルゴリズムの一例は互除法とよばれる．これは，紀元前 300 年ころユークリッドによって発見されたもので，現在でも用いられている優れた方法である．

次に自然数 M の関数 $f_{K/J}(M)$ を，K^M を J で割ったときの余りと定義する．これを

$$K^M \equiv f_{K/J}(M) \pmod{J} \tag{16.23}$$

と表現する．M を $0, 1, 2, \ldots$ と増やしていくと，$f_{K/J}(M)$ がとりうる値は J 個しかないので，ある段階で $f_{K/J}(M)$ は $f_{K/J}(0)\ (= 1)$ と同じ値になる．これに対応する M の値を p とする．この後は $f_{K/J}(p+1) = f_{K/J}(1)$ などと繰り返すので，$f_{K/J}(M)$ は M に関する周期関数である．またその周期 p は J 以下である．さて，K を適当に選ぶと，p が偶数になることがある．後の計算にはこの場合だけを用いる．p が満たす関係 $K^p \equiv 1 \pmod{J}$ を変形すると，

$$(K^{p/2})^2 - 1 = (K^{p/2} - 1)(K^{p/2} + 1) \equiv 0 \pmod{J} \tag{16.24}$$

を得る．これは，$K^{p/2} \pm 1$ の少なくともいずれかが，J と非自明な共通因数をもつことを意味する．よって，GCD$(K^{p/2} - 1, J)$ を古典的に計算することによって，J の因数を発見することができる．

さて，n 個のキュービットの集合を**量子レジスタ**とよぶ．これは 2^n 個の独立な基底をもち，それぞれの基底は n 個の 0 あるいは 1 の並びから構成される 2 進数で表現される．たとえば，スピンがすべて上向きの状態は $|11\ldots1\rangle$，すべて下向きの状態は $|00\ldots0\rangle \equiv |0\rangle$ である．一般には，2 進数 $x_m = 0, 1$ の並びを用いて $|x_1x_2\ldots x_n\rangle \equiv |x\rangle$ と表される．量子レジスタを 2 セット用意して，それぞれ A,B とよぶことにする．ショアのアルゴリズムは，以下の 4 段階からなる．

第 1 ステップ： はじめに両方の量子レジスタにすべて下向きスピンを並べ，A レジスタだけに以下のようなユニタリー変換を行う．

$$U_A|0\rangle_A|0\rangle_B = \frac{1}{\sqrt{N}}\sum_{x=0}^{N-1}|x\rangle_A|0\rangle_B \equiv |u\rangle_A|0\rangle_B. \tag{16.25}$$

ここで，$N = 2^n$ $(> J)$ であり，x は 10 進数表示を用いている．A の状態 $|u\rangle$ はすべての基底の線形結合で，この場合の係数 $1/\sqrt{N}$ は結合される状態 $|x\rangle$ によらない．つまり，$|u\rangle_A$ を構成する各キュービットの状態は $(|\uparrow\rangle + |\downarrow\rangle)/\sqrt{2}$ になっている．各キュービット状態の積でかけるので，$|u\rangle_A$ には量子もつれはない．また U_A は各キュービットに 1 回ずつの演算，すなわち計 n 回の演算で完成される．

第 2 ステップ： A,B レジスタが 1 つの量子系であると想定して，以下のユニタリー変換 U_{AB} を行う．

$$U_{AB}\Psi = \frac{1}{\sqrt{N}}\sum_{x=0}^{N-1}|x\rangle_A|f_{K/J}(x)\rangle_B. \tag{16.26}$$

古典的な計算で (16.26) を行うと，$N = 2^n$ 回の演算が必要であるが，量子計算では，**ユニタリー変換を各キュービットに対して同時に実行できること**を示そう．まず x を 2 進数の並び $x_1, x_2, \ldots, x_n$ を用いて

$$x = x_1 2^{n-1} + x_2 2^{n-2} + \ldots + x_n 2^0 \tag{16.27}$$

と表現する．これを K^x に代入すると，x の表現に対応する因子分解ができる．$f_{K/J}(x)$ は，K^x の各因子を J で割ったときの余りの積と mod J で一致する：

$$f_{K/J}(x) = f_{K/J}(x_1 2^{n-1}) f_{K/J}(x_2 2^{n-2}) \ldots f_{K/J}(x_n 2^0). \tag{16.28}$$

すなわち，m 番目のキュービットに対しては，x_m の情報だけを用いて $f_{K/J}(x_m 2^{m-1})$ を計算できる．この計算を各キュービットに対して行うと，(16.28) によって，$f_{K/J}(x)$ が構成される．必要な演算の回数はキュービットの

数 n に比例していることに注意する．すなわち，古典的計算に必要な回数 2^n に比べて，指数関数的に少ない．各キュービットに対する演算を平行して行うのが**超並列化**であり，**量子並列化**ともいわれる．この意味では，(16.26) の $U_{AB}\Psi$ は **1 回の超並列化計算の実行で得られる**．また，$U_{AB}\Psi$ は**量子的にもつれた状態**である．

第 3 ステップ： B レジスタの観測（データ読み出し）を (16.26) の状態で行う．B の量子状態は収縮し，J 以下のある 10 進数 y を与える．しかし，y に対応する x の値は周期的に分布しているので A レジスタは完全には収縮せず，周期 p をもつ 10 進数の重ね合わせになっている．すなわち，読み出し後の状態は

$$\frac{1}{\sqrt{M}}\sum_{m=0}^{M-1}|mp+D_y\rangle_A|y\rangle_B \equiv |\Psi_y\rangle_A|y\rangle_B \tag{16.29}$$

と書くことができる．ここで，$M \simeq N/p$ であり，D_y は $f_{K/J}(D_y)=y$ となる最小の数である．

最後の第 4 ステップでは，フーリエ変換が必要なので，ここで説明する．フーリエ変換は，基底 $|x\rangle$ にユニタリー変換をほどこし，別の基底 $k=0,1,\cdots,N-1$ を構成することに相当する．ここで N 個の独立の基底 $|k\rangle$ は

$$|k\rangle = \frac{1}{\sqrt{N}}\sum_{x=0}^{N-1}e^{2\pi ikx/N}|x\rangle \tag{16.30}$$

と定義する．新旧の基底の関係は $\langle x|k\rangle = e^{2\pi ikx/N}/\sqrt{N}$ とも表現できる．x と k を座標と運動量に類推してフーリエ変換，あるいは特に量子計算の分野では**量子フーリエ変換**とよぶ．量子フーリエ変換で $k=0$ とした特別な場合が，A レジスタに対する変換 (16.25) にほかならない．任意の $|k\rangle$ は，$k=0$ の場合と同様に量子もつれをもたない．したがって，量子フーリエ変換は n 個のキュービットに対する操作を 1 回ずつ行って，各キュービット状態の積をとれば得られる．任意の状態 $|\psi\rangle$ に対して，$|x\rangle$ の完全性から

$$\langle k|\psi\rangle = \sum_{x=0}^{N-1}\langle k|x\rangle\langle x|\psi\rangle = \frac{1}{\sqrt{N}}\sum_{x=0}^{N-1}e^{-2\pi ikx/N}\langle x|\psi\rangle \tag{16.31}$$

が成立する．$\langle x|\psi\rangle$ から $\langle k|\psi\rangle$ への移行もフーリエ変換とよぶ．

第 4 ステップ： レジスタ A の状態 $|\Psi_y\rangle$ に対してフーリエ変換を行う．(16.31) をレジスタ A の状態 $|\Psi_y\rangle$ に対して行うと，**周期 p に対応した値** $k=N/p$

とその整数倍だけで有限な値をもち，しかもこれらの確率振幅は等しくなる． したがって，フーリエ変換の後で k に対応する観測を行うと，周期 p を推測することができる．p が大きくなると，有限になる k の数が増えるので，各 k を見いだす確率 $|\langle k|\Psi_y\rangle|^2 = 1/p$ は小さくなる．この詳細は以下の例題で示す．このようにして，フーリエ変換の結果から周期 p がわかると，先に説明した古典的計算方法で，素因数を求められる．以上がショアのアルゴリズムの概要である．

キュービットの数 n が大きくなると，量子並列化 2^n の効果は指数関数的に増大する．たとえば，$2^{20} \sim 10^6$ なので，20 個のキュービットで 1 回の量子並列化計算を実行すると，約百万回の通常計算をしたことに相当する．しかし，実際にはキュービット間の量子もつれ状態を持続させることがネックになっていて，2007 年現在では，量子もつれを保てるキュービットの最大数は 7 個程度である．本章で説明した量子暗号や量子コンピュータは，**量子力学ではアインシュタインが望んだ「完全な記述」は不可能であることを逆手にとった，**高度な応用である．

例題： k **の観測が有限の結果になるのは，**$k{=}mN/p$ $(m{=}0, 1, \cdots, p-1)$ **の場合だけであることを示せ．**

解説： B レジスタは関係がないので，A レジスタだけを考える．k の観測に対応する確率振幅は以下のようになる．

$$\begin{aligned}\langle k|\Psi_y\rangle &= \frac{1}{\sqrt{NM}} \sum_{x=0}^{N-1} \sum_{m=0}^{M-1} e^{2\pi ikx/N} \langle x|mp + D_y\rangle \\ &= \frac{1}{\sqrt{NM}} e^{2\pi ikD_y/N} \sum_{m=0}^{M-1} e^{2\pi ikmp/N}\ . \qquad (16.32)\end{aligned}$$

ここで，規格直交関係 $\langle x|z\rangle = \delta_{x,z}$ を用いている．ただし $z = mp + D_y$ である．特別な場合として $p = 1$ とすると左辺は δ_{k0} になる．(16.25) の変換は，$k = 0$ の状態を作っているからである．一方，$p > 1$ の場合の (16.32) は，フーリエ変換を間引きしながら行ったことに対応する．簡単のため $D_y = 0$ とすると，$M = N/p$ となる．(16.32) からわかるように，$k = 0$ の成分は $\langle k = 0|\Psi_y\rangle = 1/\sqrt{p}$ を与え，$k = N/p, 2N/p, \ldots (p-1)N/p$ の成分も同じ絶対値を与える．これら p 個の成分の寄与だけで

$$\sum_{m=0}^{p-1} |\langle k = mN/p|\Psi_y\rangle|^2 = 1 \tag{16.33}$$

となるので，$\langle\Psi_y|\Psi_y\rangle = 1$ の規格化条件をつくす．したがって，k を観測する確率は p 個の値で同じ大きさ $1/p$ になり，その他の k ではゼロになる．

A 量子力学で用いる単位系

物理学で用いる単位系として，国際単位系 (SI) が推奨されている．これは長さを m，重さを kg，時間を s，電流を A で表す MKSI 系が基本になっている．一方，電磁気の単位系としては，MKSI 系以前には CGS ガウス単位系が広く用いられていて，特に磁性の分野ではいまでも普通に使われている．また量子力学出現以降に，主に理論的な扱いに便利なように考案された特殊な単位系も用いられている．量子力学では電磁気量を頻繁に用いるので，SI 単位系だけで済ますことは現実的ではなく，問題に応じて最適の単位系を選ぶことが求められる．本文でも，この方針にしたがって記述している．そこで，重要な単位系について簡単にまとめる．

A.1 SI 単位系

時間の単位を Cs の原子時計から決める．具体的には，^{133}Cs 原子核のスピン 7/2 と最外殻の $6s^1$ 電子のスピン 1/2 を合成した全角運動量 $\hbar J$ は $J=4$ と $J=3$ の 2 通りある．基底状態である $J=3$ と第 1 励起状態である $J=4$ とのエネルギー差はマイクロ波領域の電磁波に対応し，振動数と周期は $\omega=2\pi/T$ の関係で決まる．そこで，この周期 T を用いて 1 秒を $1\,\mathrm{s}=9192631770\,T$ と定める．次に長さの単位 m は光速度 c を用いて $c=299792458\,\mathrm{m/s}$ と定める．重さの単位 kg はいまだに標準器を採用している．すなわち，フランスの国際度量衡局に保管されているイリジウム・プラチナ合金の国際キログラム原器（1889 年に製造）の質量を 1 kg とする．

電流の単位 1 A（アンペア）は，真空中に間隔 1 m でおかれた無限に長く，太さの無視できる 2 本の平行導線の間に働く力が 1 m あたり 2×10^{-7} N になるような電流の大きさである．電流を電荷の流れとみなすと，電流の単位から電荷の単位が決まる．磁場 H の単位は A/m で，電流の単位から決まる．一方，電場の単位は，クーロンの法則 $\boldsymbol{E} = q/(4\pi\varepsilon_0 r^2)$ を用いて決める．ここで真空の誘電率 ε_0 が現れるが，この大きさは，光速 c と真空の透磁率 μ_0 を含む関係式 $c^2 = (\varepsilon_0\mu_0)^{-1}$，および，$\mu_0 = 4\pi \times 10^{-7}$ から決められている．

A.2 CGS ガウス単位系

長さの単位を cm, 重さの単位を g, 時間の単位を s とした単位系であり，MKS 単位系とは単純に変換できる．しかし電磁気の単位が SI 単位系とはかなり異なっていて，電気と磁気それぞれに対して静電単位 (esu)，電磁単位 (emu) とよばれている．真空中のクーロンの法則により $q^2/(1\ \text{cm}){=}1\,\text{erg}$ となる電荷 q の大きさが 1 esu である．SI 単位との関係は 1 esu$=$ $10/c$ C（クーロン）である．ここで，$c \sim 3 \times 10^{10}$ は CGS 単位系での光速である．電荷の大きさから電場 $\boldsymbol{E}$ の単位が，$|\boldsymbol{E}| = q/r^2$ から決まる．また単位電荷から単位電流密度 $\boldsymbol{j}$ が決まり，ビオ–サバール (Biot-Savart) の法則

$$\boldsymbol{B} = \frac{1}{c}\int d\boldsymbol{r}\frac{\boldsymbol{j}(\boldsymbol{r}) \times \boldsymbol{r}}{r^3} \tag{A.1}$$

から磁束密度 $\boldsymbol{B}$ の単位であるガウス (G) の大きさが決まる．CGS ガウス単位系では，$\boldsymbol{B}$ と磁場 $\boldsymbol{H}$ は同じ次元をもつ．すなわち，真空の帯磁率 μ_0 は 1 である．また，真空の誘電率 ε_0 も 1 なので，電場 $\boldsymbol{E}$ と電束密度 $\boldsymbol{D}$ は同じ次元を持つ．さらに，$\boldsymbol{E}$ と $\boldsymbol{B}$ も同じ次元をもつ．

磁場と電場は，相対性理論では互いに交じり合う量なので，これらが同じ次元をつことは，理論的には自然である．しかし，不幸なことに静電単位の大きさが，日常よく使われる大きさとかけ離れている．たとえば，1 A は CGS ガウス単位系では 3×10^9 esu にもなり，電圧 1V は 3.3×10^7 esu となる[*1)]．この大きさのミスマッチが，esu 単位が実用面で廃れた主な原因となっている．それに対して，磁気的な emu 単位は日常使う大きさに合っているので，いまでも使われている．

---

*1) このように，esu は次元が異なる複数の単位の総称としても用いられる．emu も同様である．

A.3 自然単位系

SI 単位系や CGS ガウス単位系は，人間の都合によって基本的単位の大きさを決めている．それに対して，光速やプランク定数など，自然に現れる物理量を基本単位の大きさにすれば，理論的な扱いにははるかに便利である．$c = 1, \hbar = 1$ とした単位系を自然単位系という．自然単位系は，量子力学の進化版ともいえる場の量子論や物性理論の文献において通常用いられている．微細構造定数 $\alpha = e^2/\hbar c \sim 1/137$ は無次元なので，素電荷も無次元になる．しかし，e を単位の大きさにはとれず，$e^2 \sim 1/137$ となる．もともと光速が [長さ/時間]，プランク定数が [エネルギー・時間] の次元をもつので，これらをともに 1 にとって，残る次元を長さとすることができる．すなわち，すべての物理量の次元は，長さの正負べきで表される．たとえば，時間は長さの次元をもち，質量やエネルギーは [長さ]$^{-1}$ の次元をもつ．長さの単位は特に選ばないのが普通であるが，数値を出す必要があれば cm にとることが多い．

A.4 原子単位系

非相対論が主となる原子物理学の計算には，光速 c を単位にとるよりも，素電荷を単位にしたほうが便利である．そこで，$\hbar = 1, e = 1$ とした原子単位系が用いられているが，亜種として以下の 2 種類がある．

- ハートレー原子単位系：　$\hbar = 1, e = 1, m_e = 1$ とする．こうすると，$a_{\mathrm{B}} = 1$, Ryd $= 1/2$ となる．エネルギーの単位 (2 Ryd) をハートレー (Hartree) とよぶ．長さの単位 a_{B} を a.u. と書くことがある．
- リュードベリ原子単位系：　$\hbar = 1$, $e^2 = 2$, $m_e = 1/2$ とする．こうすると，$a_{\mathrm{B}} = 1$, Ryd $= 1$ となる．

索　　引

ア　行

カ　行

サ　行

タ　行

ナ　行

ハ　行

ヤ 行

ラ 行

著者略歴

倉本義夫《くらもとよしお》

1949 年　東京都に生まれる
1976 年　東京大学大学院理学系研究科
　　　　博士課程中退
現　在　東北大学大学院理学研究科教授
　　　　理学博士

江澤潤一《えざわじゅんいち》

1945 年　東京都に生まれる
1973 年　東京大学大学院理学系研究科
　　　　博士課程修了
現　在　東北大学名誉教授
　　　　理化学研究所客員研究員
　　　　理学博士

現代物理学［基礎シリーズ］1

量子力学　　　定価はカバーに表示

2008 年 4 月 15 日　初版第 1 刷
2019 年 12 月 25 日　　　第 8 刷

著　者　倉　本　義　夫
　　　　江　澤　潤　一
発行者　朝　倉　誠　造
発行所　株式会社　朝　倉　書　店

東京都新宿区新小川町 6－29
郵便番号　162－8707
電　話　03(3260)0141
ＦＡＸ　03(3260)0180
http://www.asakura.co.jp

〈検印省略〉

東京書籍印刷・渡辺製本

ISBN 978-4-254-13771-2　C 3342　　Printed in Japan

物理定数表 (**SI** 単位系．カッコ内は **CGS** ガウス単位系の表現)

物理量	記号	数値	単位
プランク定数	h	$6.62606896(33) \times 10^{-34}$	J s
$h/2\pi$	$\hbar$	$1.054571628(53) \times 10^{-34}$	J s
光速度	c	2.99792458×10^{8}	$\mathrm{m\,s^{-1}}$
微細構造定数 $e^2/4\pi\varepsilon_0\hbar c$	α	$7.2973525376(50) \times 10^{-3}$	
$(e^2/\hbar c)$		$=1/137.035\ 999\ 679(94)$	
真空の透磁率	μ_0	$4\pi \times 10^{-7}$	$\mathrm{NA^{-2}}$
		1	
真空の誘電率 $1/\mu_0 c^2$	ε_0	$8.854187817 \times 10^{-12}$	$\mathrm{Fm^{-1}}$
		1	
磁束量子 $h/2e$	Φ_0	$2.067833667(52) \times 10^{-15}$	Wb
$(\pi\hbar c/e)$			
電子質量	m_{e}	$9.10938215(45) \times 10^{-31}$	kg
陽子質量	m_{p}	$1.672621637(83) \times 10^{-27}$	kg
素電荷	e	$1.602176487(40) \times 10^{-19}$	C
		$4.80298(7) \times 10^{-10}$	[esu]
ボーア半径 $4\pi\varepsilon_0\hbar^2/m_{\mathrm{e}}e^2$	a_{B}	$0.529177249(24) \times 10^{-10}$	m
$(\hbar^2/m_e e^2)$			
リュードベリ定数 $\alpha^2 m_e c/2h$	R_∞	$1.0973731568527(73) \times 10^{7}$	$\mathrm{m^{-1}}$
リドベルグ $e^2/8\pi\varepsilon_0 a_{\mathrm{B}}$	Ryd	13.605698	eV
$(e^2/2a_{\mathrm{B}})$			
古典電子半径 $e^2/4\pi\varepsilon_0 m_{\mathrm{e}}c^2$	r_e	$2.81794092(38) \times 10^{-15}$	m
$(e^2/m_e c^2)$			
電子ボルト Je/C	eV	$1.602176487(40) \times 10^{-19}$	J

多くは CODATA(国際科学技術データ委員会)2006 年推奨値